"绿十字"安全基础建设新知丛书

新员工入厂安全教育知识

"'绿十字'安全基础建设新知丛书"编委会　编

U0251110

中国劳动社会保障出版社

图书在版编目(CIP)数据

新员工入厂安全教育知识/《"绿十字"安全基础建设新知丛书》编委会编. —北京：中国劳动社会保障出版社，2016

("绿十字"安全基础建设新知丛书)

ISBN 978-7-5167-2444-6

Ⅰ.①新…　Ⅱ.①绿…　Ⅲ.①企业管理-安全管理　Ⅳ.①X931

中国版本图书馆 CIP 数据核字(2016)第 065579 号

中国劳动社会保障出版社出版发行

(北京市惠新东街 1 号　邮政编码：100029)

*

三河市华骏印务包装有限公司印刷装订　　新华书店经销

787 毫米×1092 毫米　16 开本　16.75 印张　322 千字

2016 年 4 月第 1 版　　2020 年 5 月第 3 次印刷

定价：45.00 元

读者服务部电话：(010)64929211/84209101/64921644

营销中心电话：(010)64962347

出版社网址：http://www.class.com.cn

编 委 会

内 容 提 要

企业安全管理的基本任务，就是消除和控制生产系统中的各种有害与危险因素，预防事故和职业病危害的发生，创造安全舒适的劳动条件，保护企业员工在生产过程中的安全与健康。对新员工进行安全教育，是培养新员工安全意识、树立安全理念、学习安全知识、掌握安全技能的重要环节，这不仅是法律法规的规定，也是生产作业的必然要求。

在本书中，针对企业新员工应具备的安全管理与安全生产知识，比较系统地介绍了安全生产法律法规知识、企业安全管理知识、班组安全管理知识、作业现场安全知识、安全生产知识、事故意外伤害与急救知识、职业病防治知识等。本书适合于各类企业对新员工进行安全教育，也是各类企业生产班组对员工进行安全教育的必备图书。

前　言

　　党中央、国务院高度重视安全生产工作，确立了安全发展理念和"安全第一、预防为主、综合治理"的方针，采取一系列重大举措加强安全生产工作。目前，以新《安全生产法》为基础的安全生产法律法规体系不断完善，以"关爱生命、关注安全"为主旨的安全文化建设不断深入，安全生产形势也在不断好转，事故起数、重特大事故起数连续几年持续下降。

　　2015 年 10 月 29 日，中国共产党第十八届中央委员会第五次全体会议通过的《中共中央十三五规划建议》指出："牢固树立安全发展观念，坚持人民利益至上，加强全民安全意识教育，健全公共安全体系。完善和落实安全生产责任和管理制度，实行党政同责、一岗双责、失职追责，强化预防治本，改革安全评审制度，健全预警应急机制，加大监管执法力度，及时排查化解安全隐患，坚决遏制重特大安全事故频发势头。实施危险化学品和化工企业生产、仓储安全环保搬迁工程，加强安全生产基础能力和防灾减灾能力建设，切实维护人民生命财产安全。"

　　"十三五"时期是我国全面建成小康社会的决胜阶段，《中共中央十三五规划建议》中有关安全生产工作的论述，为这一阶段的安全生产工作指明了方向。这一阶段的安全生产工作既要解决长期积累的深层次、结构性和区域性问题，又要积极应对新情况、新挑战，任务十分艰巨。随着经济发展和社会进步，全社会对安全生产的期望值不断提高，广大从业人员安全健康观念不断增强，对加强安全监管、改善作业环境、保障职工安全健康权益等方面的要求越来越高。企业也迫切需要我们按照国家安全监管总局制定的安全生产"十三五"规划和工作部署，根据新的法律法规、部门规章组织编写"'绿十字'安全基础建设新知丛书"，以满足企业在安全管理、安全教育、技术培训方面的要求。

　　本套丛书内容全面、重点突出，主要分为四个部分，即安全管理知识、安全培训知识、通用技术知识、行业安全知识。在这套丛书中，介绍了新的相关法律法规知识、企业安全管理知识、班组安全管理知识、行业安全知识和通用技术知识。读者对象主要为安全生产监管人员、企业管理人员、企业班组长和员工。

本套丛书的编写人员除安全生产方面的专家外，还有许多来自企业，他们对企业的安全生产工作十分熟悉，有着切身的感受，从选材、叙述、语言文字等方面更加注重企业的实际需要。

在企业安全生产工作中，人是起决定作用的关键因素，企业安全生产工作需要具体人员来贯彻落实，企业的生产、技术、经营等活动也需要人员来实现。因此，加强人员的安全培训，实际上就是在保障企业的安全。安全生产是人们共同的追求与期盼，是国家经济发展的需要，也是企业发展的需要。

"'绿十字'安全基础建设新知丛书"编委会

2016 年 4 月

目　　录

第一章 安全生产法律法规知识

安全生产是为了预防生产过程中发生人身、设备事故，形成良好劳动环境和工作秩序而采取的一系列措施和活动。安全生产需要法律法规的保障，没有法律法规的强制性约束，企业的生产经营活动就难以得到规范和控制。安全生产不仅与企业相关，也直接关系到每一位职工的切身利益。因此，职工需要了解相关法律法规知识，只有按照法律法规的要求，积极做好安全生产各项工作，在思想上高度重视安全，真正做到"安全第一、预防为主、综合治理"，并采取行之有效的措施，才能防患于未然，避免事故的发生。

第一节　我国安全生产法律法规体系

安全生产是安全与生产的统一，其宗旨是安全促进生产，生产必须安全。搞好安全工作，改善劳动条件，可以调动职工的生产积极性；减少职工伤亡，可以减少劳动力的损失；减少财产损失，可以增加企业效益，无疑会促进生产的发展。

一、安全生产的方针和原则

1. 安全生产方针

《中华人民共和国安全生产法》（下简称《安全生产法》）明确规定："安全生产管理，坚持安全第一、预防为主、综合治理的方针。"

（1）安全第一。安全生产的目的是保护劳动者在劳动过程中的安全和健康，保障生产活动的正常进行。没有安全，就没有生产，就会造成人员伤亡和财产损失。进一步讲，没有安全，就没有国民经济的健康稳定发展；没有安全，就不能促进社会稳定，无法保证人民生活幸福。因此，必须在一切生产和社会活动中把安全工作放在第一位，把安全生产工作作为一切经济工作的头等大事，给予充分的重视，坚决做到不安全不生产，先安全后生产。这就是"安全第一"。坚持"安全第一"，要求每个职工都应自觉遵章守纪，坚决与"三违"现象做斗争，在具体生产活动中，坚持把安全生产工作摆在首位，真正做到不安全不生产，先安全后生产。

（2）预防为主。"预防为主"就是要把安全生产的重点放在预防事故上。就安全生产来说，任何人从事任何工作，都必须预先考虑可能会发生哪些事故，事前有无征兆，如何发现，应采取哪些防范措施；一旦出现险情，应如何处理；如果发生事故，应如何抢救、自救、避险、逃生等。只有通过预防，才能真正有效地减少事故，降低事故损失，达到安全生产的目的。预防是实现安全生产的基本途径和根本保障。

"安全第一""综合治理"和"预防为主"讲的是一个问题的两个方面，前者是解决认识问题，后者是解决方法问题。只有先解决认识问题，把安全的位置摆正了，才能脚踏实地地做好事故预防；反过来，只有脚踏实地地预防事故，才能实现安全生产目标。

2. 安全生产原则

为了确保"安全第一、预防为主、综合治理"方针的落实，还必须遵守一把手全面负责，管生产必须管安全，安全具有否决权，"四不放过"等原则。

（1）一把手全面负责的原则。《安全生产法》第五条规定："生产经营单位的主要负责人对本单位的安全生产工作全面负责。"坚持一把手全面负责的原则，有利于在全体员工中树立"安全第一"的思想，有利于协调各有关部门共同解决安全生产重大问题。一把手全面负责的原则，不仅适用于生产经营单位，也适用于地方政府。

（2）管生产必须管安全的原则。有生产就有安全问题，安全是生产的前提，生产是安全的载体，两者密不可分。坚持这一原则就是要把二者看作统一的整体进行统筹安排，管生产的领导者也必须是管安全的领导者，负有兼顾安全与生产两者的责任。

（3）安全具有否决权的原则。安全工作状况如何，是衡量企业经营管理工作好坏的一项基本标准。这一原则要求：在对企业各项指标考核及评选先进时，首先要考核安全指标的完成情况。安全指标没完成，其他指标完成得再好，也不能评为先进，安全具有一票否决的作用。

（4）"四不放过"的原则。"四不放过"是指对发生事故的原因分析不清不放过；广大职工群众没受到教育不放过；安全防范措施不落实不放过；事故责任者没得到处理不放过。坚持"四不放过"原则，就是抓住事故不放，深刻吸取事故教训，采取有效的组织和技术措施，防止类似事故重复发生。

3. 安全生产的政治与经济意义

安全生产是指在劳动生产过程中，努力改善劳动条件，克服不安全因素，防止伤亡事故的发生，使劳动生产在保证劳动者安全健康和国家财产及人民生命财产安全的前提下顺利进行。从安全生产的经济意义角度上讲，搞好安全生产是企业生产和国民经济健康发展的前提。没有安全健康的生产条件，企业生产正常进行是不可能的。搞好安全生产，还有利于调节企业内部的劳动关系，促进企业外部的社会稳定。避免和减少因劳动条件恶劣而引发的劳动纠纷，以及因伤亡事故和职业病引发的劳动关系激化，进而发展为影响社会稳定的突发事件。

二、安全生产管理体制与法制

1. 我国现阶段的安全生产管理体制

依据《安全生产法》的有关规定，我国目前实行的安全生产管理体制是："生产经营单位负责、国家依法监督管理、群众监督检查、劳动者遵章守纪。"它体现了"安全第一、预防为主、综合治理"的安全生产管理方针，强调了"管生产必须管安全"的原则，明确了生产经营单位和企业在安全生产管理中的职责。

（1）生产经营单位负责。这是指生产经营单位在其经营活动中必须对企业的安全工作负全面责任。在安全管理体制中，将"生产经营单位负责"放在首位，这说明党和国家把安全生产法律、法规和政策的落脚点放在生产经营单位，而生产经营单位又是职工的工作场所，也是伤亡事故和职业病发生的主要场所。保护职工在劳动过程中的安全与健康，其基本权益不受损害，为职工创造良好的劳动条件等，只有"生产经营单位负责"才能实现。

（2）国家依法监督管理。这是指依据国家法律法规授权设立的监察机构，以国家名义并运用国家权力，对生产经营单位和企业、事业和有关机关履行劳动安全健康职责与执行安全生产法规、政策的情况，依法进行纠正和处罚，如下达监察意见通知书、行政处罚意见书，做出限期整改和停产整顿的决定，必要时，可提请当地人民政府或行业主管部门关闭企业。国家依法监督管理是一种带有国家强制性的监督，具有相对的独立性、公正性和权威性。

（3）群众监督检查。群众监督检查是安全管理不可缺少的重要环节，它包括各级工会、社会团体、民主党派、新闻单位等对安全生产工作的监督。其中工会监督是最基本的监督形式，是指工会组织代表职工群众依法对安全生产法律、法规的贯彻实施情况进行监督，维护职工劳动安全卫生方面的合法权益。针对政府和生产经营单位行政方面存在的忽视劳动安全的问题，提出批评和建议，甚至抗议，以至支持职工拒绝操作，组织职工撤离危害作业现场。对严重损害职工利益的违法行为，向司法机关提出控告。

（4）劳动者遵章守纪。在事故致因中，人的不安全行为占有十分重要的位置。除了不断地改善生产条件，消除、控制生产过程中各种不安全因素外，预防事故最有效的措施是劳动者自觉地遵章守纪。遵章守纪就是遵守安全生产方面的法规、制度、规范标准和纪律。为使劳动者能够自觉地遵章守纪，必须加强安全生产思想教育，牢固树立安全第一的思想。在安全管理工作中，采取有效的教育措施，并建立相应的激励机制，激发广大职工安全生产的积极性和自觉性，变"要我安全"为"我要安全"；要采取强制措施，建立相应的约束机制，规范、约束人们的行为。

2. 安全生产法律法规体系

根据我国立法体系的特点，以及安全生产法律法规调整范围的不同，安全生产法律体系由若干层次构成。安全生产法律法规按照层次由高到低依次是：

（1）国家根本法。国家的根本法是《中华人民共和国宪法》，它是其他所有法律的基础和根本，其他任何法律必须在《宪法》确立的基本原则框架内制定并发挥效力，任何其他法律不得与国家《宪法》发生冲突。

（2）国家基本法。国家的基本法律是《刑法》与《民法通则》。国家法律调整的两个基本对象一个是刑事责任，另一个则是民事责任。刑法为了惩罚犯罪，保护人民而设立；而民法则是为了保障公民、法人的合法的民事权益，正确调整民事关系而设立。

（3）劳动综合法。《劳动法》是一部有关劳动关系的综合法律，明确规定了劳动者和用人单位的权利与义务，其中包括劳动者和用人单位在安全生产和职业卫生方面的权利与义务。它是各类安全生产法的基础。

（4）安全生产与职业健康基本法。在生产过程中，对人的危害一方面来自事故伤害，另一方面来自各种职业病造成的伤害。而《安全生产法》和《职业病防治法》正是针对这两个方面而制定的法律，因此它们是安全生产与健康的基本法。

（5）专门安全法。国家针对某些特殊的领域与行业制定的专门安全法，如《矿山安全法》和《消防法》等。

（6）行政法规。党中央、国务院对安全工作非常重视，近年来推出了很多有关安全的行政法规，如《工伤保险条例》《建设工程安全生产管理条例》等。

（7）安全规章。国家各个部委在其所管辖的领域内，各自对安全生产与职业卫生制定了规章。如国家安全生产监督管理总局制定了《安全生产违法行为行政处罚办法》《特种作业人员安全技术培训考核管理规定》等，公安部制定了《消防监督检查规定》《火灾事故调查规定》等。这些规章对各自领域的安全法律法规做出了更加具体和明确的规定，是对安全生产的经验的总结，是对安全生产法的进一步补充。

（8）标准。安全生产标准是安全生产法规体系中的一个重要组成部分，也是安全生产管理的基础和监督执法工作的重要技术依据。安全生产标准大致分为设计规范类，安全生产设备、工具类，生产工艺安全卫生类，防护用品类四类标准。

（9）国际公约。经我国批准的有关安全与卫生国际公约，也是我国安全生产法规的重要组成部分。国际公约经其会员国权力机关批准后，批准国应采取措施使公约发生效力，对批准的公约负有国际法的义务。因此，国际公约一旦经政府批准，就具有与本国法律同等的效力。

3. 安全生产法规的三种类型

安全生产法规从内容上划分主要有以下三类：

（1）安全生产管理法规。安全生产管理法规也称安全管理法规，是指国家为搞好安全生产，加强劳动保护，保障职工安全健康所制定的管理规范。这里主要是指规定领导和管理原则、管理制度的管理规范。从广义上讲，国家立法、监察、监督检查和教育也属管理范畴。

安全生产管理法规规定的主要内容有：确定安全生产方针、政策、原则；明确安全生产管理体制和安全生产责任制；制订和实施安全生产措施计划及确定安全经费的来源；"三同时""五同时"规定；安全检查制度；安全教育制度；事故管理制度；女职工和未成年工的特殊保护、禁止使用童工的规定；工时、休假制度；个人防护用品用具、保健食品管理等非技术性管理规定。

（2）安全技术法规。国家为了消除或控制生产过程中的危险因素，防止发生人身伤亡事故所制定的技术性与组织性法规，统称为安全技术法规。它以规定、规则、标准的形式出现，大多是单项规定。

安全技术法规规定的主要内容大体可分为以下几个方面：工矿企业设计、建设的安全技术，机器设备的安全装置，特种设备的安全措施，防火、防爆安全规则，锅炉压力容器安全技术，工作环境的安全条件，劳动者的个体防护等。某些行业还有一些特殊的安全技术问题，如矿山，特别是煤矿，突出的问题是预防井下开采中水、火、瓦斯、煤尘和冒顶片帮五大灾害的安全技术措施；化工企业主要是解决防火、防爆、防毒、防腐蚀的安全技术问题；建筑安装工程则主要是解决立体高空作业中的高空坠落、物体打击，以及土石方工程和拆除工程等方面的问题。对于这些行业，国家有关部门都制定了专门的安全技术法规。

安全技术范围极广，法规也比较多，不但专业性强，而且规定得很具体。在制定安全生产法规时，一般只重点强调某个方面或采用"准用性规范"的形式。但所有单项的安全技术规则在评估企业安全管理水平，进行"三同时"审查验收或分析处理事故时，都可以作为法律规范性文件的附件和依据，同样具有法律效力。所以企业应根据其产业性质与所使用的设备，组织有关人员学习、掌握、运用相关的安全技术规定、规则或标准。

（3）职业卫生法规。职业卫生法规，是指国家为了改善劳动条件，保护职工在劳动过程中的健康，预防和消除职业中毒而制定的各种法律规范。这里既包括劳动卫生工程技术措施方面的规定，也包括预防医学保健措施方面的规定。其主要内容包括工矿企业设计、建设的劳动卫生规定，防止粉尘危害，防止有毒物质的危害，防止物理性危害因素的危害，劳动卫生及个体防护和劳动卫生辅助设施等。劳动卫生法规和安全技术法规一样，同样具有法律效力。

第二节 《安全生产法》(修订版) 相关知识

《安全生产法》是我国第一部全面规范安全生产的专门法律,是我国安全生产法律体系的主体法,是各类生产经营单位及其从业人员实现安全生产所必须遵循的行为准则,也是各级人民政府及其有关部门进行监督管理和行政执法的法律依据,以及制裁各种安全生产违法犯罪行为的有力武器。《安全生产法》的颁布实施,对于全面加强我国安全生产法制建设,强化安全生产监督管理,规范生产经营单位的安全生产,遏制重特大事故的发生,促进经济发展和保持社会稳定,具有重大而深远的意义。

一、贯彻实施《安全生产法》的目的与意义

1. 制定《安全生产法》的目的

《中华人民共和国安全生产法》于 2002 年 6 月 29 日由全国人民代表大会常务委员会第二十八次会议通过,自 2002 年 11 月 1 日起施行。2014 年 8 月 31 日,全国人民代表大会常务委员会第十次会议审议通过了《关于修改〈中华人民共和国安全生产法〉的决定》,自 2014 年 12 月 1 日起施行。

新修订的《安全生产法》分为七章一百一十四条,各章内容为:第一章总则,第二章生产经营单位的安全生产保障,第三章从业人员的安全生产权利义务,第四章安全生产的监督管理,第五章生产安全事故的应急救援与调查处理,第六章法律责任,第七章附则。制定该法的目的,是加强安全生产工作,防止和减少生产安全事故,保障人民群众生命和财产安全,促进经济社会持续健康发展。

修改后的《安全生产法》从加强预防、强化安全生产主体责任、加强隐患排查、完善监管、加大违法惩处力度等方面做了修改,涉及修改的条款达 70 多条,旨在为我国经济社会健康发展、营造安全的生产环境提供有力的法制保障。

《安全生产法》还规定:安全生产工作应当以人为本,坚持安全发展,坚持安全第一、预防为主、综合治理的方针,强化和落实生产经营单位的主体责任,建立生产经营单位负责、职工参与、政府监管、行业自律和社会监督的机制。

2. 贯彻实施《安全生产法》的重要意义

《安全生产法》的颁布和实施,对全面加强我国安全生产法制建设,增强全民族的安全

法律意识，维护劳动者和广大人民群众的合法权益，强化安全生产监督管理，规范生产经营单位的安全生产，遏制重、特大事故的发生，促进经济发展和维护社会稳定，有着重要的现实意义和深远的历史意义。

（1）有利于保护广大职工的生命安全，维护合法权益。重视和保护广大职工的生命和健康权，是贯穿《安全生产法》的主线，也是《安全生产法》的立法宗旨。《安全生产法》通过对"生产经营单位的安全生产保障""从业人员的权利义务""安全生产的监督管理"以及"法律责任"等方面的有关规定，系统地全面地明确了从业人员应当获得哪些安全生产保障的权利及如何维护这种权利的渠道和法律手段。各级政府主管部门和各类生产经营单位负责人以及各级工会组织，必须以对人民群众高度负责的精神和强烈的政治责任感，重视人的价值，履行自己的职责和义务，关注安全，关爱生命。

（2）有利于依法规范生产经营单位的安全生产工作。《安全生产法》对生产经营单位必须具备的安全生产条件，主要负责人的安全生产职责、特种作业人员的资质、安全投入、安全建设工程和安全设施、安全管理机构和人员配置、生产经营现场的安全管理等安全生产保障措施和安全生产违法行为应负的法律责任，做出了严格、明确的规定。这对促进生产经营单位提高人员素质，严格规章制度和明确安全生产责任、改善安全技术装备、加强现场管理、消除事故隐患和减少事故，提高企业管理水平，都具有重要意义。

（3）有利于各级人民政府加强对安全生产工作的领导。《安全生产法》确定了各级人民政府在安全生产中的地位、任务和责任，要求各级人民政府，特别是地方人民政府要真正把安全生产当作重要工作来抓，处理好安全生产与稳定发展的关系，加强领导，采取有力措施，遏制重、特大事故发生，促进地方经济发展。

（4）有利于安全生产监督管理部门依法行政，加强监管。《安全生产法》规定各级安全生产监督管理部门依法对安全生产工作实施综合监督管理，其他有关部门依照《安全生产法》和其他相关法律、行政法规规定的职责范围，对有关的安全生产工作实施监督管理。这就依法界定了综合监督管理与专项监督管理的关系，有利于综合监管部门与专项监管部门依法各司其职，相互协调，齐抓共管。

（5）有利于提高从业人员的安全素质。目前，大量企业的从业人员存在着不同程度的安全素质偏低的问题，《安全生产法》在赋予他们获得安全生产保障权利的同时，还明确规定了他们必须履行遵章守规，服从管理，接受培训，提高安全技能，及时发现、处理和报告事故隐患、不安全因素等法定义务及其法律责任。从业人员应切实履行这些义务，逐步提高自身的安全素质，严格遵守安全规程和规章制度，及时有效地避免和消除大量事故隐患，从而掌握安全生产的主动权。

（6）有利于制裁各种违法犯罪行为。《安全生产法》针对近年来主要的安全生产违法行为，设定了严厉的法律责任，其范围之广、力度之大是空前的。这为各级安全生产监督管理部门坚持有法必依、执法必严、违法必究的法制原则，严惩那些敢于以身试法的违法犯罪分子，提供了强大的法律武器。以法律作保障，促进安全生产的健康发展。

二、《安全生产法》的主要内容

1. 总则中的有关规定

在《安全生产法》第一章总则中，对一些重大事项和原则问题做出了明确的规定。有关规定有：

◆在中华人民共和国领域内从事生产经营活动的单位（以下统称生产经营单位）的安全生产，适用本法；有关法律、行政法规对消防安全和道路交通安全、铁路交通安全、水上交通安全、民用航空安全以及核与辐射安全、特种设备安全另有规定的，适用其规定。

◆安全生产工作应当以人为本，坚持安全发展，坚持安全第一、预防为主、综合治理的方针，强化和落实生产经营单位的主体责任，建立生产经营单位负责、职工参与、政府监督、行业自律和社会监督的机制。

◆生产经营单位必须遵守本法和其他有关安全生产的法律、法规，加强安全生产管理，建立、健全安全生产责任制和安全生产规章制度，改善安全生产条件，推进安全生产标准化建设，提高安全生产水平，确保安全生产。

◆生产经营单位的主要负责人对本单位的安全生产工作全面负责。

◆生产经营单位的从业人员有依法获得安全生产保障的权利，并应当依法履行安全生产方面的义务。

◆工会依法对安全生产工作进行监督。生产经营单位的工会依法组织职工参加本单位安全生产工作的民主管理和民主监督，维护职工在安全生产方面的合法权益。生产经营单位制定或者修改有关安全生产的规章制度，应当听取工会的意见。

◆国务院安全生产监督管理部门依照本法，对全国安全生产工作实施综合监督管理；县级以上地方各级人民政府安全生产监督管理部门依照本法，对本行政区域内安全生产工作实施综合监督管理。

◆国家实行生产安全事故责任追究制度，依照本法和有关法律、法规的规定，追究生产安全事故责任人员的法律责任。

◆国家对在改善安全生产条件、防止生产安全事故、参加抢险救护等方面取得显著成绩的单位和个人，给予奖励。

2. 生产经营单位安全生产保障的有关规定

在第二章生产经营单位的安全生产保障中，对相关事项作了规定。

◆生产经营单位应当具备本法和有关法律、行政法规和国家标准或者行业标准规定的安全生产条件；不具备安全生产条件的，不得从事生产经营活动。

◆生产经营单位的主要负责人对本单位安全生产工作负有下列职责：

（1）建立、健全本单位安全生产责任制。

（2）组织制定本单位安全生产规章制度和操作规程。

（3）组织制定并实施本单位安全生产教育和培训计划。

（4）保证本单位安全生产投入的有效实施。

（5）督促、检查本单位的安全生产工作，及时消除生产安全事故隐患。

（6）组织制定并实施本单位的生产安全事故应急救援预案。

（7）及时、如实报告生产安全事故。

◆生产经营单位的安全生产责任制应当明确各岗位的责任人员、责任范围和考核标准等内容。

生产经营单位应当建立相应的机制，加强对安全生产责任制落实情况的监督考核，保证安全生产责任制的落实。

◆生产经营单位应当具备的安全生产条件所必需的资金投入，由生产经营单位的决策机构、主要负责人或者个人经营的投资人予以保证，并对由于安全生产所必需的资金投入不足导致的后果承担责任。

◆矿山、金属冶炼、建筑施工、道路运输单位和危险物品的生产、经营、储存单位，应当设置安全生产管理机构或者配备专职安全生产管理人员。

前款规定以外的其他生产经营单位，从业人员超过一百人的，应当设置安全生产管理机构或者配备专职安全生产管理人员；从业人员在一百人以下的，应当配备专职或者兼职的安全生产管理人员。

◆生产经营单位的安全生产管理机构以及安全生产管理人员履行下列职责：

（1）组织或者参与拟订本单位安全生产规章制度、操作规程和生产安全事故应急救援预案。

（2）组织或者参与本单位安全生产教育和培训，如实记录安全生产教育和培训情况。

（3）督促落实本单位重大危险源的安全管理措施。

（4）组织或者参与本单位应急救援演练。

（5）检查本单位的安全生产状况，及时排查生产安全事故隐患，提出改进安全生产管理的建议。

（6）制止和纠正违章指挥、强令冒险作业、违反操作规程的行为。

（7）督促落实本单位安全生产整改措施。

◆生产经营单位的安全生产管理机构以及安全生产管理人员应当恪尽职守，依法履行职责。

生产经营单位做出涉及安全生产的经营决策，应当听取安全生产管理机构以及安全生产管理人员的意见。

生产经营单位不得因安全生产管理人员依法履行职责而降低其工资、福利等待遇或者解除与其订立的劳动合同。

◆生产经营单位的主要负责人和安全生产管理人员必须具备与本单位所从事的生产经营活动相应的安全生产知识和管理能力。

◆生产经营单位应当对从业人员进行安全生产教育和培训，保证从业人员具备必要的安全生产知识，熟悉有关的安全生产规章制度和安全操作规程，掌握本岗位的安全操作技能，了解事故应急处理措施，知悉自身在安全生产方面的权利和义务。未经安全生产教育和培训合格的从业人员，不得上岗作业。

生产经营单位使用被派遣劳动者的，应当将被派遣劳动者纳入本单位从业人员统一管理，对被派遣劳动者进行岗位安全操作规程和安全操作技能的教育和培训。劳务派遣单位应当对被派遣劳动者进行必要的安全生产教育和培训。

生产经营单位接收中等职业学校、高等学校学生实习的，应当对实习学生进行相应的安全生产教育和培训，提供必要的劳动防护用品。学校应当协助生产经营单位对实习学生进行安全生产教育和培训。

生产经营单位应当建立安全生产教育和培训档案，如实记录安全生产教育和培训的时间、内容、参加人员以及考核结果等情况。

◆生产经营单位采用新工艺、新技术、新材料或者使用新设备，必须了解、掌握其安全技术特性，采取有效的安全防护措施，并对从业人员进行专门的安全生产教育和培训。

◆生产经营单位的特种作业人员必须按照国家有关规定经专门的安全作业培训，取得相应资格，方可上岗作业。

◆生产经营单位新建、改建、扩建工程项目（以下统称建设项目）的安全设施，必须与主体工程同时设计、同时施工、同时投入生产和使用。安全设施投资应当纳入建设项目概算。

◆生产经营单位应当在有较大危险因素的生产经营场所和有关设施、设备上，设置明显的安全警示标志。

◆生产经营单位必须对安全设备进行经常性维护、保养，并定期检测，保证正常运转。

维护、保养、检测应当做好记录，并由有关人员签字。

◆生产经营单位对重大危险源应当登记建档，进行定期检测、评估、监控，并制定应急预案，告知从业人员和相关人员在紧急情况下应当采取的应急措施。

◆生产经营单位应当建立健全生产安全事故隐患排查治理制度，采取技术、管理措施，及时发现并消除事故隐患。事故隐患排查治理情况应当如实记录，并向从业人员通报。

◆生产、经营、储存、使用危险物品的车间、商店、仓库不得与员工宿舍在同一座建筑物内，并应当与员工宿舍保持安全距离。

生产经营场所和员工宿舍应当设有符合紧急疏散要求、标志明显、保持畅通的出口。禁止锁闭、封堵生产经营场所或者员工宿舍的出口。

◆生产经营单位应当教育和督促从业人员严格执行本单位的安全生产规章制度和安全操作规程；并向从业人员如实告知作业场所和工作岗位存在的危险因素、防范措施以及事故应急措施。

◆生产经营单位必须为从业人员提供符合国家标准或者行业标准的劳动防护用品，并监督、教育从业人员按照使用规则佩戴、使用。

◆生产经营单位的安全生产管理人员应当根据本单位的生产经营特点，对安全生产状况进行经常性检查；对检查中发现的安全问题，应当立即处理；不能处理的，应当及时报告本单位有关负责人，有关负责人应当及时处理。检查及处理情况应当如实记录在案。

◆生产经营单位应当安排用于配备劳动防护用品、进行安全生产培训的经费。

◆两个以上生产经营单位在同一作业区域内进行生产经营活动，可能危及对方生产安全的，应当签订安全生产管理协议，明确各自的安全生产管理职责和应当采取的安全措施，并指定专职安全生产管理人员进行安全检查与协调。

◆生产经营单位不得将生产经营项目、场所、设备发包或者出租给不具备安全生产条件或者相应资质的单位或者个人。

◆生产经营单位发生生产安全事故时，单位的主要负责人应当立即组织抢救，并不得在事故调查处理期间擅离职守。

◆生产经营单位必须依法参加工伤保险，为从业人员缴纳保险费。国家鼓励生产经营单位投保安全生产责任保险。

3. 从业人员安全生产权利义务的有关规定

在第三章从业人员的安全生产权利义务中，对相关事项作了规定。

◆生产经营单位与从业人员订立的劳动合同，应当载明有关保障从业人员劳动安全、防止职业危害的事项，以及依法为从业人员办理工伤保险的事项。生产经营单位不得以任何形式与从业人员订立协议，免除或者减轻其对从业人员因生产安全事故伤亡依法应承担的责任。

◆生产经营单位的从业人员有权了解其作业场所和工作岗位存在的危险因素、防范措施及事故应急措施，有权对本单位的安全生产工作提出建议。

◆从业人员有权对本单位安全生产工作中存在的问题提出批评、检举、控告；有权拒绝违章指挥和强令冒险作业。生产经营单位不得因从业人员对本单位安全生产工作提出批评、检举、控告或者拒绝违章指挥、强令冒险作业而降低其工资、福利等待遇或者解除与其订立的劳动合同。

◆从业人员发现直接危及人身安全的紧急情况时，有权停止作业或者在采取可能的应急措施后撤离作业场所。生产经营单位不得因从业人员在前款紧急情况下停止作业或者采取紧急撤离措施而降低其工资、福利等待遇或者解除与其订立的劳动合同。

◆因生产安全事故受到损害的从业人员，除依法享有工伤保险外，依照有关民事法律尚有获得赔偿的权利的，有权向本单位提出赔偿要求。

◆从业人员在作业过程中，应当严格遵守本单位的安全生产规章制度和操作规程，服从管理，正确佩戴和使用劳动防护用品。

◆从业人员应当接受安全生产教育和培训，掌握本职工作所需的安全生产知识，提高安全生产技能，增强事故预防和应急处理能力。

◆从业人员发现事故隐患或者其他不安全因素，应当立即向现场安全生产管理人员或者本单位负责人报告；接到报告的人员应当及时予以处理。

◆工会有权对建设项目的安全设施与主体工程同时设计、同时施工、同时投入生产和使用进行监督，提出意见。工会对生产经营单位违反安全生产法律、法规，侵犯从业人员合法权益的行为，有权要求纠正；发现生产经营单位违章指挥、强令冒险作业或者发现事故隐患时，有权提出解决的建议，生产经营单位应当及时研究答复；发现危及从业人员生命安全的情况时，有权向生产经营单位建议组织从业人员撤离危险场所，生产经营单位必须立即做出处理。工会有权依法参加事故调查，向有关部门提出处理意见，并要求追究有关人员的责任。

◆生产经营单位使用被派遣劳动者的，被派遣劳动者享有本法规定的从业人员的权利，并应当履行本法规定的从业人员的义务。

4. 生产安全事故应急救援与调查处理的有关规定

在第五章生产安全事故的应急救援与调查处理中，对相关事项作了明确规定。

◆生产经营单位应当制定本单位生产安全事故应急救援预案，与所在地县级以上地方人民政府组织制定的生产安全事故应急救援预案相衔接，并定期组织演练。

◆危险物品的生产、经营、储存单位以及矿山、金属冶炼、城市轨道交通运营、建筑施工单位应当建立应急救援组织；生产经营规模较小的，可以不建立应急救援组织，但应当指定兼职的应急救援人员。

危险物品的生产、经营、储存、运输单位以及矿山、金属冶炼、城市轨道交通运营、建筑施工单位应当配备必要的应急救援器材、设备和物资，并进行经常性维护、保养，保证正常运转。

◆生产经营单位发生生产安全事故后，事故现场有关人员应当立即报告本单位负责人。单位负责人接到事故报告后，应当迅速采取有效措施，组织抢救，防止事故扩大，减少人员伤亡和财产损失，并按照国家有关规定立即如实报告当地负有安全生产监督管理职责的部门，不得隐瞒不报、谎报或者迟报，不得故意破坏事故现场、毁灭有关证据。

◆任何单位和个人都应当支持、配合事故抢救，并提供一切便利条件。

◆任何单位和个人不得阻挠和干涉对事故的依法调查处理。

5. 有关法律责任的规定

在第六章法律责任中，对相关事项作了明确规定。

◆生产经营单位有下列行为之一的，责令限期改正，可以处五万元以下的罚款；逾期未改正的，责令停产停业整顿，并处五万元以上十万元以下的罚款，对其直接负责的主管人员和其他直接责任人员处一万元以上二万元以下的罚款。

（1）未按照规定设置安全生产管理机构或者配备安全生产管理人员的。

（2）危险物品的生产、经营、储存单位以及矿山、金属冶炼、建筑施工、道路运输单位的主要负责人和安全生产管理人员未按照规定经考核合格的。

（3）未按照规定对从业人员、被派遣劳动者、实习学生进行安全生产教育和培训，或者未按照规定如实告知有关的安全生产事项的。

（4）未如实记录安全生产教育和培训情况的。

（5）未将事故隐患排查治理情况如实记录或者未向从业人员通报的。

（6）未按照规定制定生产安全事故应急救援预案或者未定期组织演练的。

（7）特种作业人员未按照规定经专门的安全作业培训并取得相应资格，上岗作业的。

◆生产经营单位有下列行为之一的，责令限期改正，可以处五万元以下的罚款；逾期未改正的，处五万元以上二十万元以下的罚款，对其直接负责的主管人员和其他直接责任人员处一万元以上二万元以下的罚款；情节严重的，责令停产停业整顿；构成犯罪的，依照刑法有关规定追究刑事责任：

（1）未在有较大危险因素的生产经营场所和有关设施、设备上设置明显的安全警示标志的。

（2）安全设备的安装、使用、检测、改造和报废不符合国家标准或者行业标准的。

（3）未对安全设备进行经常性维护、保养和定期检测的。

（4）未为从业人员提供符合国家标准或者行业标准的劳动防护用品的。

（5）危险物品的容器、运输工具，以及涉及人身安全、危险性较大的海洋石油开采特种设备和矿山井下特种设备未经具有专业资质的机构检测、检验合格，取得安全使用证或者安全标志，投入使用的。

（6）使用应当淘汰的危及生产安全的工艺、设备的。

◆生产经营单位的从业人员不服从管理，违反安全生产规章制度或者操作规程的，由生产经营单位给予批评教育，依照有关规章制度给予处分；构成犯罪的，依照刑法有关规定追究刑事责任。

第三节　《职业病防治法》相关知识

职业病是指企业、事业单位和个体经济组织的劳动者在职业活动中，因接触粉尘、放射性物质和其他有毒、有害物质等因素而引起的疾病。各国法律都有对于职业病预防方面的规定，一般来说，凡是符合法律规定的疾病才能称为职业病。比较常见的职业病有尘肺、职业中毒、职业性皮肤病等。目前我国的职业病危害十分严重，而且职业病发病率呈上升趋势，这对劳动者的健康构成威胁。因此必须加强管理，加强法制建设，通过法律法规来制止和控制职业病的危害。

一、制定和实施《职业病防治法》的目的与意义

1. 制定《职业病防治法》的目的

2001 年 10 月 27 日，第九届全国人大常委会第二十四次会议通过《中华人民共和国职业病防治法》（下简称《职业病防治法》），自 2002 年 5 月 1 日起施行。2011 年 12 月 31 日，第十一届全国人大常委会第二十四会议《关于修改〈中华人民共和国职业病防治法〉的决定》，自 2011 年 12 月 31 日起施行。

《职业病防治法》分为七章九十条，各章内容为：第一章总则，第二章前期预防，第三章劳动过程中的防护与管理，第四章职业病诊断与职业病病人保障，第五章监督检查，第六章法律责任，第七章附则。

制定《职业病防治法》的目的，是根据宪法，为了预防、控制和消除职业病危害，防治职业病，保护劳动者健康及其相关权益，促进经济社会发展。

《职业病防治法》适用于中华人民共和国领域内的职业病防治活动。《职业病防治法》所称职业病，是指企业、事业单位和个体经济组织（以下统称用人单位）的劳动者在职业活动中，因接触粉尘、放射性物质和其他有毒、有害物质等因素而引起的疾病。

2. 实施《职业病防治法》的重要意义

我国的劳动者人数众多，职业病危害也十分严重，职业病发病率呈现出逐年上升的趋势，对劳动者的健康构成威胁。需要注意的是，许多小企业缺乏职业卫生保障，特别容易导致职业病的发生，而这些小企业却是大批农村劳动力的主要就业单位。据有关卫生专家预测，如不采取有效防治措施，今后几十年将有大批职业病病人出现，因职业病危害导致劳动者死亡、致残、部分丧失劳动能力的人数将不断增加，其危害程度远远高于生产安全事故和交通事故。许多职业病严重损害劳动者的健康及劳动能力，其治疗和康复费用昂贵，给用人单位、国家和劳动者造成巨大损失，严重影响社会经济的进步与发展。因此，必须强化预防、控制和消除职业病危害的法制管理。

防治职业病是指预防、治理和治疗。预防，在于控制和消除职业病危害，为劳动者创造良好的工作环境和劳动条件，保障劳动者获得职业卫生保护，防止职业病的发生；治疗，首先是对职业病危害进行积极治理，其次是保障职业病病人的医治、疗养和康复，包括职业健康、职业能力在内的职业素质尽可能的恢复。

积极防治职业病，保护劳动者健康及相关权益，对于用人单位来说，是提高劳动者职业素质和用人单位整体素质的重要因素之一，能否做好职业卫生工作，也直接关系到企业的生产效率和经济效益，以及企业在国内外市场的竞争能力；对于劳动者来说，职业病危害是造成劳动者过早丧失劳动能力的最主要因素，会给身患职业病的劳动者及其家庭带来身心痛苦，并且会导致社会劳动生产率下降和劳动生产力的巨大损失。

劳动者健康素质的高低，直接关系到一个国家的生产力发展水平。保护劳动者健康及其相关权益，不仅关系到劳动者家庭幸福，而且对提高劳动者工作生命质量，延长劳动者有效工作年限，保持劳动力资源的可持续发展，从而促进社会生产力及经济的发展，都是十分重要的。

二、《职业病防治法》的主要内容

1.《职业病防治法》总则中的有关规定

在第一章总则中，对一些重要的原则性问题作了明确规定。

◆《职业病防治法》适用于中华人民共和国领域内的职业病防治活动。

本法所称职业病，是指企业、事业单位和个体经济组织等用人单位的劳动者在职业活动中，因接触粉尘、放射性物质和其他有毒、有害因素而引起的疾病。

◆职业病防治工作坚持预防为主、防治结合的方针，建立用人单位负责、行政机关监管、行业自律、职工参与和社会监督的机制，实行分类管理、综合治理。

◆劳动者依法享有职业卫生保护的权利。用人单位应当为劳动者创造符合国家职业卫生标准和卫生要求的工作环境和条件，并采取措施保障劳动者获得职业卫生保护。工会组织依法对职业病防治工作进行监督，维护劳动者的合法权益。用人单位制定或者修改有关职业病防治的规章制度，应当听取工会组织的意见。

◆用人单位应当建立、健全职业病防治责任制，加强对职业病防治的管理，提高职业病防治水平，对本单位产生的职业病危害承担责任。

◆用人单位的主要负责人对本单位的职业病防治工作全面负责。

◆用人单位必须依法参加工伤保险。

◆任何单位和个人有权对违反本法的行为进行检举和控告。有关部门收到相关的检举和控告后，应当及时处理。对防治职业病成绩显著的单位和个人，给予奖励。

2. 前期预防的有关规定

在第二章前期预防中，对相关事项作了规定。

◆用人单位应当依照法律、法规要求，严格遵守国家职业卫生标准，落实职业病预防措施，从源头上控制和消除职业病危害。

◆产生职业病危害的用人单位的设立除应当符合法律、行政法规规定的设立条件外，其工作场所还应当符合下列职业卫生要求：

（1）职业病危害因素的强度或者浓度符合国家职业卫生标准。

（2）有与职业病危害防护相适应的设施。

（3）生产布局合理，符合有害与无害作业分开的原则。

（4）有配套的更衣间、洗浴间、孕妇休息间等卫生设施。

（5）设备、工具、用具等设施符合保护劳动者生理、心理健康的要求。

（6）法律、行政法规和国务院卫生行政部门、安全生产监督管理部门关于保护劳动者健康的其他要求。

◆国家建立职业病危害项目申报制度。用人单位工作场所存在职业病目录所列职业病的危害因素的，应当及时、如实向所在地安全生产监督管理部门申报危害项目，接受监督。

◆国家对从事放射性、高毒、高危粉尘等作业实行特殊管理。具体管理办法由国务院制定。

3. 劳动过程中防护与管理的有关规定

在第三章劳动过程中的防护与管理中，对相关事项作了规定。

◆用人单位应当采取下列职业病防治管理措施：

（1）设置或者指定职业卫生管理机构或者组织，配备专职或者兼职的职业卫生管理人员，负责本单位的职业病防治工作。

（2）制定职业病防治计划和实施方案。

（3）建立、健全职业卫生管理制度和操作规程。

（4）建立、健全职业卫生档案和劳动者健康监护档案。

（5）建立、健全工作场所职业病危害因素监测及评价制度。

（6）建立、健全职业病危害事故应急救援预案。

◆用人单位应当保障职业病防治所需的资金投入，不得挤占、挪用，并对因资金投入不足导致的后果承担责任。

◆用人单位必须采用有效的职业病防护设施，并为劳动者提供个人使用的职业病防护用品。用人单位为劳动者个人提供的职业病防护用品必须符合防治职业病的要求；不符合要求的，不得使用。

◆用人单位应当优先采用有利于防治职业病和保护劳动者健康的新技术、新工艺、新设备、新材料，逐步替代职业病危害严重的技术、工艺、设备、材料。

◆产生职业病危害的用人单位，应当在醒目位置设置公告栏，公布有关职业病防治的规章制度、操作规程、职业病危害事故应急救援措施和工作场所职业病危害因素检测结果。

对产生严重职业病危害的作业岗位，应当在其醒目位置，设置警示标识和中文警示说明。警示说明应当载明产生职业病危害的种类、后果、预防以及应急救治措施等内容。

◆对可能发生急性职业损伤的有毒、有害工作场所，用人单位应当设置报警装置，配置现场急救用品、冲洗设备、应急撤离通道和必要的泄险区。

对放射工作场所和放射性同位素的运输、贮存，用人单位必须配置防护设备和报警装置，保证接触放射线的工作人员佩戴个人剂量计。

对职业病防护设备、应急救援设施和个人使用的职业病防护用品，用人单位应当进行经常性的维护、检修，定期检测其性能和效果，确保其处于正常状态，不得擅自拆除或者停止使用。

◆用人单位应当实施由专人负责的职业病危害因素日常监测，并确保监测系统处于正常运行状态。

用人单位应当按照国务院安全生产监督管理部门的规定，定期对工作场所进行职业病危害因素检测、评价。检测、评价结果存入用人单位职业卫生档案，定期向所在地安全生产监督管理部门报告并向劳动者公布。

发现工作场所职业病危害因素不符合国家职业卫生标准和卫生要求时，用人单位应当立即采取相应治理措施，仍然达不到国家职业卫生标准和卫生要求的，必须停止存在职业病危害因素的作业；职业病危害因素经治理后，符合国家职业卫生标准和卫生要求的，方可重新作业。

◆向用人单位提供可能产生职业病危害的设备的，应当提供中文说明书，并在设备的醒目位置设置警示标识和中文警示说明。警示说明应当载明设备性能、可能产生的职业病危害、安全操作和维护注意事项、职业病防护以及应急救治措施等内容。

◆向用人单位提供可能产生职业病危害的化学品、放射性同位素和含有放射性物质的材料的，应当提供中文说明书。说明书应当载明产品特性、主要成分、存在的有害因素、可能产生的危害后果、安全使用注意事项、职业病防护以及应急救治措施等内容。产品包装应当有醒目的警示标识和中文警示说明。贮存上述材料的场所应当在规定的部位设置危险物品标识或者放射性警示标识。

◆任何单位和个人不得生产、经营、进口和使用国家明令禁止使用的可能产生职业病危害的设备或者材料。

◆任何单位和个人不得将产生职业病危害的作业转移给不具备职业病防护条件的单位和个人。不具备职业病防护条件的单位和个人不得接受产生职业病危害的作业。

◆用人单位对采用的技术、工艺、设备、材料，应当知悉其产生的职业病危害，对有职业病危害的技术、工艺、设备、材料隐瞒其危害而采用的，对所造成的职业病危害后果承担责任。

◆用人单位与劳动者订立劳动合同（含聘用合同，下同）时，应当将工作过程中可能产生的职业病危害及其后果、职业病防护措施和待遇等如实告知劳动者，并在劳动合同中写明，不得隐瞒或者欺骗。

劳动者在已订立劳动合同期间因工作岗位或者工作内容变更，从事与所订立劳动合同中未告知的存在职业病危害的作业时，用人单位应当依照前款规定，向劳动者履行如实告知的义务，并协商变更原劳动合同相关条款。

用人单位违反前两款规定的，劳动者有权拒绝从事存在职业病危害的作业，用人单位不得因此解除与劳动者所订立的劳动合同。

◆用人单位的主要负责人和职业卫生管理人员应当接受职业卫生培训，遵守职业病防治法律、法规，依法组织本单位的职业病防治工作。

用人单位应当对劳动者进行上岗前的职业卫生培训和在岗期间的定期职业卫生培训，普及职业卫生知识，督促劳动者遵守职业病防治法律、法规、规章和操作规程，指导劳动者正确使用职业病防护设备和个人使用的职业病防护用品。

劳动者应当学习和掌握相关的职业卫生知识，增强职业病防范意识，遵守职业病防治法律、法规、规章和操作规程，正确使用、维护职业病防护设备和个人使用的职业病防护用品，发现职业病危害事故隐患应当及时报告。

劳动者不履行前款规定义务的，用人单位应当对其进行教育。

◆对从事接触职业病危害的作业的劳动者，用人单位应当按照国务院安全生产监督管理部门、卫生行政部门的规定组织上岗前、在岗期间和离岗时的职业健康检查，并将检查结果书面告知劳动者。职业健康检查费用由用人单位承担。

用人单位不得安排未经上岗前职业健康检查的劳动者从事接触职业病危害的作业；不得安排有职业禁忌的劳动者从事其所禁忌的作业；对在职业健康检查中发现有与所从事的职业相关的健康损害的劳动者，应当调离原工作岗位，并妥善安置；对未进行离岗前职业健康检查的劳动者不得解除或者终止与其订立的劳动合同。

职业健康检查应当由省级以上人民政府卫生行政部门批准的医疗卫生机构承担。

◆用人单位应当为劳动者建立职业健康监护档案，并按照规定的期限妥善保存。

职业健康监护档案应当包括劳动者的职业史、职业病危害接触史、职业健康检查结果和职业病诊疗等有关个人健康资料。

劳动者离开用人单位时，有权索取本人职业健康监护档案复印件，用人单位应当如实、无偿提供，并在所提供的复印件上签章。

◆发生或者可能发生急性职业病危害事故时，用人单位应当立即采取应急救援和控制措施，并及时报告所在地安全生产监督管理部门和有关部门。安全生产监督管理部门接到报告后，应当及时会同有关部门组织调查处理；必要时，可以采取临时控制措施。卫生行政部门应当组织做好医疗救治工作。

对遭受或者可能遭受急性职业病危害的劳动者，用人单位应当及时组织救治、进行健康检查和医学观察，所需费用由用人单位承担。

◆用人单位不得安排未成年工从事接触职业病危害的作业；不得安排孕期、哺乳期的女职工从事对本人和胎儿、婴儿有危害的作业。

◆劳动者享有下列职业卫生保护权利：

（1）获得职业卫生教育、培训。

（2）获得职业健康检查、职业病诊疗、康复等职业病防治服务。

（3）了解工作场所产生或者可能产生的职业病危害因素、危害后果和应当采取的职业病防护措施。

（4）要求用人单位提供符合防治职业病要求的职业病防护设施和个人使用的职业病防护用品，改善工作条件。

（5）对违反职业病防治法律、法规以及危及生命健康的行为提出批评、检举和控告。

（6）拒绝违章指挥和强令进行没有职业病防护措施的作业。

（7）参与用人单位职业卫生工作的民主管理，对职业病防治工作提出意见和建议。

用人单位应当保障劳动者行使前款所列权利。因劳动者依法行使正当权利而降低其工资、福利等待遇或者解除、终止与其订立的劳动合同的，其行为无效。

◆工会组织应当督促并协助用人单位开展职业卫生宣传教育和培训，有权对用人单位的职业病防治工作提出意见和建议，依法代表劳动者与用人单位签订劳动安全卫生专项集体合同，与用人单位就劳动者反映的有关职业病防治的问题进行协调并督促解决。

工会组织对用人单位违反职业病防治法律、法规，侵犯劳动者合法权益的行为，有权要求纠正；产生严重职业病危害时，有权要求采取防护措施，或者向政府有关部门建议采取强制性措施；发生职业病危害事故时，有权参与事故调查处理；发现危及劳动者生命健康的情形时，有权向用人单位建议组织劳动者撤离危险现场，用人单位应当立即作出处理。

◆用人单位按照职业病防治要求，用于预防和治理职业病危害、工作场所卫生检测、健康监护和职业卫生培训等费用，按照国家有关规定，在生产成本中据实列支。

◆职业卫生监督管理部门应当按照职责分工，加强对用人单位落实职业病防护管理措施情况的监督检查，依法行使职权，承担责任。

4. 职业病诊断与职业病病人保障的有关规定

在第四章职业病诊断与职业病病人保障中，对相关事项作了规定。

◆劳动者可以在用人单位所在地、本人户籍所在地或者经常居住地依法承担职业病诊断的医疗卫生机构进行职业病诊断。

◆职业病诊断，应当综合分析下列因素：

（1）病人的职业史。

（2）职业病危害接触史和工作场所职业病危害因素情况。

（3）临床表现以及辅助检查结果等。

没有证据否定职业病危害因素与病人临床表现之间的必然联系的，应当诊断为职业病。

承担职业病诊断的医疗卫生机构在进行职业病诊断时，应当组织三名以上取得职业病诊断资格的执业医师集体诊断。职业病诊断证明书应当由参与诊断的医师共同签署，并经承担职业病诊断的医疗卫生机构审核盖章。

◆用人单位应当如实提供职业病诊断、鉴定所需的劳动者职业史和职业病危害接触史、工作场所职业病危害因素检测结果等资料；安全生产监督管理部门应当监督检查和督促用人单位提供上述资料；劳动者和有关机构也应当提供与职业病诊断、鉴定有关的资料。

职业病诊断、鉴定机构需要了解工作场所职业病危害因素情况时，可以对工作场所进行现场调查，也可以向安全生产监督管理部门提出，安全生产监督管理部门应当在十日内组织现场调查。用人单位不得拒绝、阻挠。

◆职业病诊断、鉴定过程中，用人单位不提供工作场所职业病危害因素检测结果等资料的，诊断、鉴定机构应当结合劳动者的临床表现、辅助检查结果和劳动者的职业史、职业病危害接触史，并参考劳动者的自述、安全生产监督管理部门提供的日常监督检查信息等，作出职业病诊断、鉴定结论。

劳动者对用人单位提供的工作场所职业病危害因素检测结果等资料有异议，或者因劳动者的用人单位解散、破产，无用人单位提供上述资料的，诊断、鉴定机构应当提请安全生产监督管理部门进行调查，安全生产监督管理部门应当自接到申请之日起三十日内对存在异议的资料或者工作场所职业病危害因素情况做出判定；有关部门应当配合。

◆职业病诊断、鉴定过程中，在确认劳动者职业史、职业病危害接触史时，当事人对劳动关系、工种、工作岗位或者在岗时间有争议的，可以向当地的劳动人事争议仲裁委员会申请仲裁；接到申请的劳动人事争议仲裁委员会应当受理，并在三十日内做出裁决。

劳动者对仲裁裁决不服的，可以依法向人民法院提起诉讼。

用人单位对仲裁裁决不服的，可以在职业病诊断、鉴定程序结束之日起十五日内依法向人民法院提起诉讼；诉讼期间，劳动者的治疗费用按照职业病待遇规定的途径支付。

◆当事人对职业病诊断有异议的，可以向作出诊断的医疗卫生机构所在地地方人民政府卫生行政部门申请鉴定。

职业病诊断争议由设区的市级以上地方人民政府卫生行政部门根据当事人的申请，组织职业病诊断鉴定委员会进行鉴定。

当事人对设区的市级职业病诊断鉴定委员会的鉴定结论不服的，可以向省、自治区、直辖市人民政府卫生行政部门申请再鉴定。

◆职业病诊断鉴定委员会由相关专业的专家组成。

◆职业病诊断鉴定委员会组成人员应当遵守职业道德，客观、公正地进行诊断鉴定，并承担相应的责任。职业病诊断鉴定委员会组成人员不得私下接触当事人，不得收受当事人的财物或者其他好处，与当事人有利害关系的，应当回避。

人民法院受理有关案件需要进行职业病鉴定时，应当从省、自治区、直辖市人民政府卫生行政部门依法设立的相关的专家库中选取参加鉴定的专家。

◆医疗卫生机构发现疑似职业病病人时，应当告知劳动者本人并及时通知用人单位。用人单位应当及时安排对疑似职业病病人进行诊断；在疑似职业病病人诊断或者医学观察期间，不得解除或者终止与其订立的劳动合同。

疑似职业病病人在诊断、医学观察期间的费用，由用人单位承担。

◆用人单位应当保障职业病病人依法享受国家规定的职业病待遇。用人单位应当按照国家有关规定，安排职业病病人进行治疗、康复和定期检查。用人单位对不适宜继续从事原工作的职业病病人，应当调离原岗位，并妥善安置。用人单位对从事接触职业病危害的作业的劳动者，应当给予适当岗位津贴。

◆职业病病人的诊疗、康复费用，伤残以及丧失劳动能力的职业病病人的社会保障，按照国家有关工伤保险的规定执行。

◆职业病病人除依法享有工伤保险外，依照有关民事法律，尚有获得赔偿的权利的，有权向用人单位提出赔偿要求。

◆劳动者被诊断患有职业病，但用人单位没有依法参加工伤保险的，其医疗和生活保障由该用人单位承担。

◆职业病病人变动工作单位，其依法享有的待遇不变。用人单位在发生分立、合并、解散、破产等情形时，应当对从事接触职业病危害的作业的劳动者进行健康检查，并按照国家有关规定妥善安置职业病病人。

◆用人单位已经不存在或者无法确认劳动关系的职业病病人，可以向地方人民政府民政部门申请医疗救助和生活等方面的救助。

5. 法律责任的有关规定

在第六章法律责任中，对相关事项作了规定。

◆违反本法规定，有下列行为之一的，由安全生产监督管理部门给予警告，责令限期改正；逾期不改正的，处十万元以下的罚款：

（1）工作场所职业病危害因素检测、评价结果没有存档、上报、公布的。

（2）未采取本法规定的职业病防治管理措施的。

（3）未按照规定公布有关职业病防治的规章制度、操作规程、职业病危害事故应急救援措施的。

（4）未按照规定组织劳动者进行职业卫生培训，或者未对劳动者个人职业病防护采取指导、督促措施的。

（5）国内首次使用或者首次进口与职业病危害有关的化学材料，未按照规定报送毒性鉴定资料以及经有关部门登记注册或者批准进口的文件的。

◆用人单位违反本法规定，有下列行为之一的，由安全生产监督管理部门责令限期改正，给予警告，可以并处五万元以上十万元以下的罚款：

（1）未按照规定及时、如实向安全生产监督管理部门申报产生职业病危害的项目的。

（2）未实施由专人负责的职业病危害因素日常监测，或者监测系统不能正常监测的。

（3）订立或者变更劳动合同时，未告知劳动者职业病危害真实情况的。

（4）未按照规定组织职业健康检查、建立职业健康监护档案或者未将检查结果书面告知劳动者的。

（5）未依照本法规定在劳动者离开用人单位时提供职业健康监护档案复印件的。

◆用人单位违反本法规定，有下列行为之一的，由安全生产监督管理部门给予警告，责令限期改正，逾期不改正的，处五万元以上二十万元以下的罚款；情节严重的，责令停止产生职业病危害的作业，或者提请有关人民政府按照国务院规定的权限责令关闭：

（1）工作场所职业病危害因素的强度或者浓度超过国家职业卫生标准的。

（2）未提供职业病防护设施和个人使用的职业病防护用品，或者提供的职业病防护设施和个人使用的职业病防护用品不符合国家职业卫生标准和卫生要求的。

（3）对职业病防护设备、应急救援设施和个人使用的职业病防护用品未按照规定进行维护、检修、检测，或者不能保持正常运行、使用状态的。

（4）未按照规定对工作场所职业病危害因素进行检测、评价的。

（5）工作场所职业病危害因素经治理仍然达不到国家职业卫生标准和卫生要求时，未停止存在职业病危害因素的作业的。

（6）未按照规定安排职业病病人、疑似职业病病人进行诊治的。

（7）发生或者可能发生急性职业病危害事故时，未立即采取应急救援和控制措施或者未按照规定及时报告的。

（8）未按照规定在产生严重职业病危害的作业岗位醒目位置设置警示标识和中文警示说明的。

（9）拒绝职业卫生监督管理部门监督检查的。

（10）隐瞒、伪造、篡改、毁损职业健康监护档案、工作场所职业病危害因素检测评价结果等相关资料，或者拒不提供职业病诊断、鉴定所需资料的。

（11）未按照规定承担职业病诊断、鉴定费用和职业病病人的医疗、生活保障费用的。

◆违反本法规定，构成犯罪的，依法追究刑事责任。

第四节 与企业员工相关法规知识

安全生产既是贯穿生产活动始终的经济问题，也是保障人民生命财产安全，促进稳定的社会问题，是一切生产活动正常运行的前提条件。为了保障生产劳动过程中的人身安全、产品和设备安全以及交通运输安全，必须搞好安全生产，加强安全生产管理。近年来，国务院及相关部门从安全生产工作的实际需要出发，不断完善安全生产法规体系，先后制定发布一系列法规。在此介绍工伤保险、事故报告与调查、生产经营单位安全培训、特种作业人员、特种设备作业人员等相关法规知识。

一、《工伤保险条例》相关内容

2003 年 4 月 16 日国务院第 5 次常务会议讨论通过《工伤保险条例》（国务院令第 375 号）；2010 年 12 月 8 日，国务院第 136 次常务会议通过《国务院关于修改〈工伤保险条例〉的决定》（国务院令第 586 号），自 2011 年 1 月 1 日起施行。

《工伤保险条例》分为八章六十七条，各章内容为：第一章总则，第二章工伤保险基金，第三章工伤认定，第四章劳动能力鉴定，第五章工伤保险待遇，第六章监督管理，第七章法律责任，第八章附则。制定《工伤保险条例》的目的，是保障因工作遭受事故伤害或者患职业病的职工获得医疗救治和经济补偿，促进工伤预防和职业康复，分散用人单位的工伤风险。

1. 总则和工伤保险基金的有关规定

在第一章总则和第二章工伤保险基金中，对相关事项作了规定。

◆国务院社会保险行政部门负责全国的工伤保险工作。

县级以上地方各级人民政府社会保险行政部门负责本行政区域内的工伤保险工作。

社会保险行政部门按照国务院有关规定设立的社会保险经办机构（以下称经办机构）具体承办工伤保险事务。

◆工伤保险基金由用人单位缴纳的工伤保险费、工伤保险基金的利息和依法纳入工伤保险基金的其他资金构成。

◆用人单位应当按时缴纳工伤保险费。职工个人不缴纳工伤保险费。用人单位缴纳工伤保险费的数额为本单位职工工资总额乘以单位缴费费率之积。对难以按照工资总额缴纳工伤保险费的行业，其缴纳工伤保险费的具体方式，由国务院社会保险行政部门规定。

2. 工伤认定的有关规定

在第三章工伤认定中，对相关事项作了规定。

◆职工有下列情形之一的，应当认定为工伤：

（1）在工作时间和工作场所内，因工作原因受到事故伤害的。

（2）工作时间前后在工作场所内，从事与工作有关的预备性或者收尾性工作受到事故伤害的。

（3）在工作时间和工作场所内，因履行工作职责受到暴力等意外伤害的。

（4）患职业病的。

（5）因工外出期间，由于工作原因受到伤害或者发生事故下落不明的。

（6）在上下班途中，受到非本人主要责任的交通事故或者城市轨道交通、客运轮渡、火车事故伤害的。

（7）法律、行政法规规定应当认定为工伤的其他情形。

◆职工有下列情形之一的，视同工伤：

（1）在工作时间和工作岗位，突发疾病死亡或者在 48 小时之内经抢救无效死亡的。

（2）在抢险救灾等维护国家利益、公共利益活动中受到伤害的。

（3）职工原在军队服役，因战、因公负伤致残，已取得革命伤残军人证，到用人单位后旧伤复发的。

◆职工符合本条例上述两条的规定，但是有下列情形之一的，不得认定为工伤或者视同工伤：

（1）故意犯罪的。

（2）醉酒或者吸毒的。

（3）自残或者自杀的。

◆职工发生事故伤害或者按照职业病防治法规定被诊断、鉴定为职业病，所在单位应当自事故伤害发生之日或者被诊断、鉴定为职业病之日起 30 日内，向统筹地区社会保险行政部门提出工伤认定申请。遇有特殊情况，经报社会保险行政部门同意，申请时限可以适当延长。

用人单位未按前款规定提出工伤认定申请的，工伤职工或者其近亲属、工会组织在事故伤害发生之日或者被诊断、鉴定为职业病之日起 1 年内，可以直接向用人单位所在地统筹地区社会保险行政部门提出工伤认定申请。

◆提出工伤认定申请应当提交下列材料：

（1）工伤认定申请表。

（2）与用人单位存在劳动关系（包括事实劳动关系）的证明材料。

（3）医疗诊断证明或者职业病诊断证明书（或者职业病诊断鉴定书）。

工伤认定申请表应当包括事故发生的时间、地点、原因以及职工伤害程度等基本情况。

工伤认定申请人提供材料不完整的，社会保险行政部门应当一次性书面告知工伤认定申请人需要补正的全部材料。申请人按照书面告知要求补正材料后，社会保险行政部门应当受理。

◆社会保险行政部门受理工伤认定申请后，根据审核需要可以对事故伤害进行调查核实，用人单位、职工、工会组织、医疗机构以及有关部门应当予以协助。职业病诊断和诊断争议的鉴定，依照职业病防治法的有关规定执行。对依法取得职业病诊断证明书或者职业病诊断鉴定书的，社会保险行政部门不再进行调查核实。

职工或者其近亲属认为是工伤，用人单位不认为是工伤的，由用人单位承担举证责任。

◆社会保险行政部门应当自受理工伤认定申请之日起 60 日内做出工伤认定的决定，并书面通知申请工伤认定的职工或者其近亲属和该职工所在单位。

社会保险行政部门对受理的事实清楚、权利义务明确的工伤认定申请，应当在 15 日内做出工伤认定的决定。

做出工伤认定决定需要以司法机关或者有关行政主管部门的结论为依据的，在司法机关或者有关行政主管部门尚未做出结论期间，做出工伤认定决定的时限中止。

3. 劳动能力鉴定的有关规定

在第四章劳动能力鉴定中，对相关事项作了规定。

◆职工发生工伤，经治疗伤情相对稳定后存在残疾、影响劳动能力的，应当进行劳动能力鉴定。

◆劳动能力鉴定是指劳动功能障碍程度和生活自理障碍程度的等级鉴定。

劳动功能障碍分为十个伤残等级，最重的为一级，最轻的为十级。

生活自理障碍分为三个等级：生活完全不能自理、生活大部分不能自理和生活部分不能自理。

◆劳动能力鉴定由用人单位、工伤职工或者其近亲属向设区的市级劳动能力鉴定委员会提出申请，并提供工伤认定决定和职工工伤医疗的有关资料。

◆省、自治区、直辖市劳动能力鉴定委员会和设区的市级劳动能力鉴定委员会分别由省、自治区、直辖市和设区的市级社会保险行政部门、卫生行政部门、工会组织、经办机构代表以及用人单位代表组成。

◆劳动能力鉴定工作应当客观、公正。劳动能力鉴定委员会组成人员或者参加鉴定的专家与当事人有利害关系的，应当回避。

◆自劳动能力鉴定结论做出之日起 1 年后，工伤职工或者其近亲属、所在单位或者经办机构认为伤残情况发生变化的，可以申请劳动能力复查鉴定。

4. 工伤保险待遇的有关规定

在第五章工伤保险待遇中，对相关事项作了规定。

◆职工因工作遭受事故伤害或者患职业病进行治疗，享受工伤医疗待遇。

职工治疗工伤应当在签订服务协议的医疗机构就医，情况紧急时可以先到就近的医疗机构急救。

◆社会保险行政部门做出认定为工伤的决定后发生行政复议、行政诉讼的，行政复议和行政诉讼期间不停止支付工伤职工治疗工伤的医疗费用。

◆工伤职工因日常生活或者就业需要，经劳动能力鉴定委员会确认，可以安装假肢、矫形器、假眼、假牙和配置轮椅等辅助器具，所需费用按照国家规定的标准从工伤保险基金支付。

◆职工因工作遭受事故伤害或者患职业病需要暂停工作接受工伤医疗的，在停工留薪期内，原工资福利待遇不变，由所在单位按月支付。

◆工伤职工已经评定伤残等级并经劳动能力鉴定委员会确认需要生活护理的，从工伤保险基金按月支付生活护理费。

生活护理费按照生活完全不能自理、生活大部分不能自理或者生活部分不能自理3个不同等级支付，其标准分别为统筹地区上年度职工月平均工资的50%、40%或者30%。

◆职工因工死亡，其近亲属按照下列规定从工伤保险基金领取丧葬补助金、供养亲属抚恤金和一次性工亡补助金。

◆伤残津贴、供养亲属抚恤金、生活护理费由统筹地区社会保险行政部门根据职工平均工资和生活费用变化等情况适时调整。调整办法由省、自治区、直辖市人民政府规定。

需要注意的是，2010年7月19日，国务院颁布《关于进一步加强企业安全生产工作的通知》（国发〔2010〕23号），要求从2011年1月1日起，依照《工伤保险条例》的规定，对因生产安全事故造成的职工死亡，其一次性工亡补助金标准调整为按全国上一年度城镇居民人均可支配收入的20倍计算，发放给工亡职工近亲属。

◆职工因工外出期间发生事故或者在抢险救灾中下落不明的，从事故发生当月起3个月内照发工资，从第4个月起停发工资，由工伤保险基金向其供养亲属按月支付供养亲属抚恤金。生活有困难的，可以预支一次性工亡补助金的50%。

◆工伤职工有下列情形之一的，停止享受工伤保险待遇：

（1）丧失享受待遇条件的。

（2）拒不接受劳动能力鉴定的。

（3）拒绝治疗的。

◆用人单位分立、合并、转让的，承继单位应当承担原用人单位的工伤保险责任；原用人单位已经参加工伤保险的，承继单位应当到当地经办机构办理工伤保险变更登记。

用人单位实行承包经营的，工伤保险责任由职工劳动关系所在单位承担。

职工被借调期间受到工伤事故伤害的，由原用人单位承担工伤保险责任，但原用人单位与借调单位可以约定补偿办法。

企业破产的，在破产清算时依法拨付应当由单位支付的工伤保险待遇费用。

◆职工被派遣出境工作，依据前往国家或者地区的法律应当参加当地工伤保险的，参加当地工伤保险，其国内工伤保险关系中止；不能参加当地工伤保险的，其国内工伤保险关系不中止。

◆职工再次发生工伤，根据规定应当享受伤残津贴的，按照新认定的伤残等级享受伤残津贴待遇。

5. 监督管理的有关规定

在第六章监督管理中，对相关事项作了规定。

◆经办机构具体承办工伤保险事务，履行下列职责：

（1）根据省、自治区、直辖市人民政府规定，征收工伤保险费。

（2）核查用人单位的工资总额和职工人数，办理工伤保险登记，并负责保存用人单位缴费和职工享受工伤保险待遇情况的记录。

（3）进行工伤保险的调查、统计。

（4）按照规定管理工伤保险基金的支出。

（5）按照规定核定工伤保险待遇。

（6）为工伤职工或者其近亲属免费提供咨询服务。

◆任何组织和个人对有关工伤保险的违法行为，有权举报。社会保险行政部门对举报应当及时调查，按照规定处理，并为举报人保密。

◆工会组织依法维护工伤职工的合法权益，对用人单位的工伤保险工作实行监督。

◆职工与用人单位发生工伤待遇方面的争议，按照处理劳动争议的有关规定处理。

◆有下列情形之一的，有关单位或者个人可以依法申请行政复议，也可以依法向人民法院提起行政诉讼：

（1）申请工伤认定的职工或者其近亲属、该职工所在单位对工伤认定申请不予受理的决定不服的。

（2）申请工伤认定的职工或者其近亲属、该职工所在单位对工伤认定结论不服的。

（3）用人单位对经办机构确定的单位缴费费率不服的。

（4）签订服务协议的医疗机构、辅助器具配置机构认为经办机构未履行有关协议或者规定的。

（5）工伤职工或者其近亲属对经办机构核定的工伤保险待遇有异议的。

6. 法律责任的有关规定

在第七章法律责任中，对相关事项作了规定。

◆社会保险行政部门工作人员有下列情形之一的，依法给予处分；情节严重，构成犯罪的，依法追究刑事责任：

（1）无正当理由不受理工伤认定申请，或者弄虚作假将不符合工伤条件的人员认定为工伤职工的。

（2）未妥善保管申请工伤认定的证据材料，致使有关证据灭失的。

（3）收受当事人财物的。

◆用人单位、工伤职工或者其近亲属骗取工伤保险待遇，医疗机构、辅助器具配置机构骗取工伤保险基金支出的，由社会保险行政部门责令退还，处骗取金额 2 倍以上 5 倍以下的罚款；情节严重，构成犯罪的，依法追究刑事责任。

◆用人单位依照本条例规定应当参加工伤保险而未参加的，由社会保险行政部门责令限期参加，补缴应当缴纳的工伤保险费，并自欠缴之日起，按日加收万分之五的滞纳金；逾期仍不缴纳的，处欠缴数额 1 倍以上 3 倍以下的罚款。

依照本条例规定应当参加工伤保险而未参加工伤保险的用人单位职工发生工伤的，由该用人单位按照本条例规定的工伤保险待遇项目和标准支付费用。

用人单位参加工伤保险并补缴应当缴纳的工伤保险费、滞纳金后，由工伤保险基金和用人单位依照本条例的规定支付新发生的费用。

二、《生产安全事故报告和调查处理条例》相关内容

2007 年 4 月 9 日，国务院公布《生产安全事故报告和调查处理条例》（国务院令第 493 号）自 2007 年 6 月 1 日起施行。国务院 1989 年 3 月 29 日公布的《特别重大事故调查程序暂行规定》和 1991 年 2 月 22 日公布的《企业职工伤亡事故报告和处理规定》同时废止。

《生产安全事故报告和调查处理条例》分为六章四十六条，各章内容为：第一章总则，第二章事故报告，第三章事故调查，第四章事故处理，第五章法律责任，第六章附则。

制定《生产安全事故报告和调查处理条例》的目的，是根据《安全生产法》和有关法律，规范生产安全事故的报告和调查处理，落实生产安全事故责任追究制度，防止和减少生产安全事故。

1. 总则中的有关规定

在第一章总则中，对相关事项作了规定。

◆生产经营活动中发生的造成人身伤亡或者直接经济损失的生产安全事故的报告和调查处理，适用本条例。

◆根据生产安全事故（以下简称事故）造成的人员伤亡或者直接经济损失，事故一般分为以下等级：

（1）特别重大事故，是指造成 30 人以上死亡，或者 100 人以上重伤（包括急性工业中毒，下同），或者 1 亿元以上直接经济损失的事故。

（2）重大事故，是指造成 10 人以上 30 人以下死亡，或者 50 人以上 100 人以下重伤，或者 5 000 万元以上 1 亿元以下直接经济损失的事故。

（3）较大事故，是指造成 3 人以上 10 人以下死亡，或者 10 人以上 50 人以下重伤，或

者 1 000 万元以上 5 000 万元以下直接经济损失的事故。

（4）一般事故，是指造成 3 人以下死亡，或者 10 人以下重伤，或者 1 000 万元以下直接经济损失的事故。

◆事故报告应当及时、准确、完整，任何单位和个人对事故不得迟报、漏报、谎报或者瞒报。

事故调查处理应当坚持实事求是、尊重科学的原则，及时、准确地查清事故经过、事故原因和事故损失，查明事故性质，认定事故责任，总结事故教训，提出整改措施，并对事故责任者依法追究责任。

◆县级以上人民政府应当依照本条例的规定，严格履行职责，及时、准确地完成事故调查处理工作。

事故发生地有关地方人民政府应当支持、配合上级人民政府或者有关部门的事故调查处理工作，并提供必要的便利条件。

参加事故调查处理的部门和单位应当互相配合，提高事故调查处理工作的效率。

◆工会依法参加事故调查处理，有权向有关部门提出处理意见。

◆任何单位和个人不得阻挠和干涉对事故的报告和依法调查处理。

◆对事故报告和调查处理中的违法行为，任何单位和个人有权向安全生产监督管理部门、监察机关或者其他有关部门举报，接到举报的部门应当依法及时处理。

2. 事故报告的有关规定

在第二章事故报告中，对相关事项作了规定。

◆事故发生后，事故现场有关人员应当立即向本单位负责人报告；单位负责人接到报告后，应当于 1 小时内向事故发生地县级以上人民政府安全生产监督管理部门和负有安全生产监督管理职责的有关部门报告。

情况紧急时，事故现场有关人员可以直接向事故发生地县级以上人民政府安全生产监督管理部门和负有安全生产监督管理职责的有关部门报告。

◆报告事故应当包括下列内容：

（1）事故发生单位概况。

（2）事故发生的时间、地点以及事故现场情况。

（3）事故的简要经过。

（4）事故已经造成或者可能造成的伤亡人数（包括下落不明的人数）和初步估计的直接经济损失。

（5）已经采取的措施。

（6）其他应当报告的情况。

◆事故报告后出现新情况的，应当及时补报。

自事故发生之日起 30 日内，事故造成的伤亡人数发生变化的，应当及时补报。道路交通事故、火灾事故自发生之日起 7 日内，事故造成的伤亡人数发生变化的，应当及时补报。

◆事故发生单位负责人接到事故报告后，应当立即启动事故相应应急预案，或者采取有效措施，组织抢救，防止事故扩大，减少人员伤亡和财产损失。

◆事故发生地有关地方人民政府、安全生产监督管理部门和负有安全生产监督管理职责的有关部门接到事故报告后，其负责人应当立即赶赴事故现场，组织事故救援。

◆事故发生后，有关单位和人员应当妥善保护事故现场以及相关证据，任何单位和个人不得破坏事故现场、毁灭相关证据。

因抢救人员、防止事故扩大以及疏通交通等原因，需要移动事故现场物件的，应当做出标志，绘制现场简图并做出书面记录，妥善保存现场重要痕迹、物证。

◆事故发生地公安机关根据事故的情况，对涉嫌犯罪的，应当依法立案侦查，采取强制措施和侦查措施。犯罪嫌疑人逃匿的，公安机关应当迅速追捕归案。

◆安全生产监督管理部门和负有安全生产监督管理职责的有关部门应当建立值班制度，并向社会公布值班电话，受理事故报告和举报。

3. 事故调查与事故处理的有关规定

在第三章事故调查和第四章事故处理中，对相关事项作了规定。

◆特别重大事故由国务院或者国务院授权有关部门组织事故调查组进行调查。

重大事故、较大事故、一般事故分别由事故发生地省级人民政府、设区的市级人民政府、县级人民政府负责调查。省级人民政府、设区的市级人民政府、县级人民政府可以直接组织事故调查组进行调查，也可以授权或者委托有关部门组织事故调查组进行调查。

未造成人员伤亡的一般事故，县级人民政府也可以委托事故发生单位组织事故调查组进行调查。

◆事故调查组履行下列职责：

（1）查明事故发生的经过、原因、人员伤亡情况及直接经济损失。

（2）认定事故的性质和事故责任。

（3）提出对事故责任者的处理建议。

（4）总结事故教训，提出防范和整改措施。

（5）提交事故调查报告。

◆事故调查组有权向有关单位和个人了解与事故有关的情况，并要求其提供相关文件、资料，有关单位和个人不得拒绝。

事故发生单位的负责人和有关人员在事故调查期间不得擅离职守，并应当随时接受事故调查组的询问，如实提供有关情况。

事故调查中发现涉嫌犯罪的，事故调查组应当及时将有关材料或者其复印件移交司法机关处理。

◆事故调查报告应当包括下列内容：

（1）事故发生单位概况。

（2）事故发生经过和事故救援情况。

（3）事故造成的人员伤亡和直接经济损失。

（4）事故发生的原因和事故性质。

（5）事故责任的认定以及对事故责任者的处理建议。

（6）事故防范和整改措施。

事故调查报告应当附具有关证据材料。事故调查组成员应当在事故调查报告上签名。

◆事故发生单位应当认真吸取事故教训，落实防范和整改措施，防止事故再次发生。防范和整改措施的落实情况应当接受工会和职工的监督。

三、《生产经营单位安全培训规定》相关内容

1. 制定《生产经营单位安全培训规定》的目的

2006年1月17日，国家安全生产监督管理总局公布《生产经营单位安全培训规定》（国家安全生产监督管理总局令第3号）自2006年3月1日起施行。

本规定分为七章三十五条，各章内容为：第一章总则，第二章主要负责人、安全生产管理人员的安全培训，第三章其他从业人员的安全培训，第四章安全培训的组织实施，第五章监督管理，第六章罚则，第七章附则。制定本规定的目的，是根据安全生产法和有关法律、行政法规，为加强和规范生产经营单位安全培训工作，提高从业人员安全素质，防范伤亡事故，减轻职业危害。

工矿商贸生产经营单位（以下简称生产经营单位）从业人员的安全培训，适用本规定。

2. 《生产经营单位安全培训规定》的主要内容

◆生产经营单位负责本单位从业人员安全培训工作。生产经营单位应当按照安全生产法和有关法律、行政法规和本规定，建立健全安全培训工作制度。

◆生产经营单位应当进行安全培训的从业人员包括主要负责人、安全生产管理人员、特种作业人员和其他从业人员。

生产经营单位从业人员应当接受安全培训，熟悉有关安全生产规章制度和安全操作规

程，具备必要的安全生产知识，掌握本岗位的安全操作技能，增强预防事故、控制职业危害和应急处理的能力。

未经安全生产培训合格的从业人员，不得上岗作业。

◆生产经营单位主要负责人和安全生产管理人员应当接受安全培训，具备与所从事的生产经营活动相适应的安全生产知识和管理能力。

煤矿、非煤矿山、危险化学品、烟花爆竹等生产经营单位主要负责人和安全生产管理人员，必须接受专门的安全培训，经安全生产监管监察部门对其安全生产知识和管理能力考核合格，取得安全资格证书后，方可任职。

◆煤矿、非煤矿山、危险化学品、烟花爆竹等生产经营单位必须对新上岗的临时工、合同工、劳务工、轮换工、协议工等进行强制性安全培训，保证其具备本岗位安全操作、自救互救以及应急处置所需的知识和技能后，方能安排上岗作业。

◆加工、制造业等生产单位的其他从业人员，在上岗前必须经过厂（矿）、车间（工段、区、队）、班组三级安全培训教育。

生产经营单位可以根据工作性质对其他从业人员进行安全培训，保证其具备本岗位安全操作、应急处置等知识和技能。

◆生产经营单位新上岗的从业人员，岗前培训时间不得少于24学时。

煤矿、非煤矿山、危险化学品、烟花爆竹等生产经营单位新上岗的从业人员安全培训时间不得少于72学时，每年接受再培训的时间不得少于20学时。

◆厂（矿）级岗前安全培训内容应当包括：

（1）本单位安全生产情况及安全生产基本知识。

（2）本单位安全生产规章制度和劳动纪律。

（3）从业人员安全生产权利和义务。

（4）有关事故案例等。

煤矿、非煤矿山、危险化学品、烟花爆竹等生产经营单位厂（矿）级安全培训除包括上述内容外，应当增加事故应急救援、事故应急预案演练及防范措施等内容。

◆车间（工段、区、队）级岗前安全培训内容应当包括：

（1）工作环境及危险因素。

（2）所从事工种可能遭受的职业伤害和伤亡事故。

（3）所从事工种的安全职责、操作技能及强制性标准。

（4）自救互救、急救方法、疏散和现场紧急情况的处理。

（5）安全设备设施、个人防护用品的使用和维护。

（6）本车间（工段、区、队）安全生产状况及规章制度。

（7）预防事故和职业危害的措施及应注意的安全事项。

（8）有关事故案例。

（9）其他需要培训的内容。

◆班组级岗前安全培训内容应当包括：

（1）岗位安全操作规程。

（2）岗位之间工作衔接配合的安全与职业卫生事项。

（3）有关事故案例。

（4）其他需要培训的内容。

◆从业人员在本生产经营单位内调整工作岗位或离岗一年以上重新上岗时，应当重新接受车间（工段、区、队）和班组级的安全培训。

生产经营单位实施新工艺、新技术或者使用新设备、新材料时，应当对有关从业人员重新进行有针对性的安全培训。

◆生产经营单位的特种作业人员，必须按照国家有关法律、法规的规定接受专门的安全培训，经考核合格，取得特种作业操作资格证书后，方可上岗作业。

特种作业人员的范围和培训考核管理办法，另行规定。

◆生产经营单位应当将安全培训工作纳入本单位年度工作计划。保证本单位安全培训工作所需资金。

◆生产经营单位应建立健全从业人员安全培训档案，详细、准确记录培训考核情况。

◆生产经营单位安排从业人员进行安全培训期间，应当支付工资和必要的费用。

◆各级安全生产监管监察部门对生产经营单位安全培训及其持证上岗的情况进行监督检查，主要包括以下内容：

（1）安全培训制度、计划的制定及其实施的情况。

（2）煤矿、非煤矿山、危险化学品、烟花爆竹等生产经营单位主要负责人和安全生产管理人员安全资格证持证上岗的情况，其他生产经营单位主要负责人和安全生产管理人员培训的情况。

（3）特种作业人员操作资格证持证上岗的情况。

（4）建立安全培训档案的情况。

（5）其他需要检查的内容。

四、《特种设备作业人员监督管理办法》相关内容

2011 年 5 月 3 日，国家质量监督检验检疫总局公布《关于修改〈特种设备作业人员监督管理办法〉的决定》（国家质量监督检验检疫总局令第 140 号），自 2011 年 7 月 1 日起施行。

《特种设备作业人员监督管理办法》分为五章四十一条，各章内容为：第一章总则，第二章考试和审核发证程序，第三章证书使用及监督管理，第四章罚则，第五章附则。制定本办法的目的，是为了加强特种设备作业人员监督管理工作，规范作业人员考核发证程序，保障特种设备安全运行。

1. 总则中相关规定

在第一章总则中，对有关原则性事项作了规定。

◆锅炉、压力容器（含气瓶）、压力管道、电梯、起重机械、客运索道、大型游乐设施、场（厂）内专用机动车辆等特种设备的作业人员及其相关管理人员统称特种设备作业人员。从事特种设备作业的人员应当按照本办法的规定，经考核合格取得"特种设备作业人员证"，方可从事相应的作业或者管理工作。

◆国家质量监督检验检疫总局（以下简称国家质检总局）负责全国特种设备作业人员的监督管理，县以上质量技术监督部门负责本辖区内的特种设备作业人员的监督管理。

◆申请"特种设备作业人员证"的人员，应当首先向省级质量技术监督部门指定的特种设备作业人员考试机构（以下简称考试机构）报名参加考试。对特种设备作业人员数量较少不需要在各省、自治区、直辖市设立考试机构的，由国家质检总局指定考试机构。

◆特种设备生产、使用单位（以下统称用人单位）应当聘（雇）用取得"特种设备作业人员证"的人员从事相关管理和作业工作，并对作业人员进行严格管理。特种设备作业人员应当持证上岗，按章操作，发现隐患及时处置或者报告。

2. 对考试和审核发证程序相关规定

在第二章考试和审核发证程序中，对相关事项作了规定。

◆特种设备作业人员考试和审核发证程序包括：考试报名、考试、领证申请、受理、审核、发证。

◆发证部门和考试机构应当在办公处所公布本办法、考试和审核发证程序、考试作业人员种类、报考具体条件、收费依据和标准、考试机构名称及地点、考试计划等事项。其中，考试报名时间、考试科目、考试地点、考试时间等具体考试计划事项，应当在举行考试之日 2 个月前公布。有条件的应当在有关网站、新闻媒体上公布。

◆申请"特种设备作业人员证"的人员应当符合下列条件：

（1）年龄在 18 周岁以上。

（2）身体健康并满足申请从事的作业种类对身体的特殊要求。

（3）有与申请作业种类相适应的文化程度。

（4）具有相应的安全技术知识与技能。

（5）符合安全技术规范规定的其他要求。

作业人员的具体条件应当按照相关安全技术规范的规定执行。

◆用人单位应当对作业人员进行安全教育和培训，保证特种设备作业人员具备必要的特种设备安全作业知识、作业技能和及时进行知识更新。作业人员未能参加用人单位培训的，可以选择专业培训机构进行培训。作业人员培训的内容按照国家质检总局制定的相关作业人员培训考核大纲等安全技术规范执行。

◆符合条件的申请人员应当向考试机构提交有关证明材料，报名参加考试。

◆考试机构应当制定和认真落实特种设备作业人员的考试组织工作的各项规章制度，严格按照公开、公正、公平的原则，组织实施特种设备作业人员的考试，确保考试工作质量。考试结束后，考试机构应当在 20 个工作日内将考试结果告知申请人，并公布考试成绩。

考试合格的人员，凭考试结果通知单和其他相关证明材料，向发证部门申请办理"特种设备作业人员证"。

发证部门应当在 5 个工作日内对报送材料进行审查，或者告知申请人补正申请材料，并做出是否受理的决定。能够当场审查的，应当当场办理。

◆对同意受理的申请，发证部门应当在 20 个工作日内完成审核批准手续。准予发证的，在 10 个工作日内向申请人颁发"特种设备作业人员证"；不予发证的，应当书面说明理由。

◆特种设备作业人员考核发证工作遵循便民、公开、高效的原则。为方便申请人办理考核发证事项，发证部门可以将受理和发放证书的地点设在考试报名地点，并在报名考试时委托考试机构对申请人是否符合报考条件进行审查，考试合格后发证部门可以直接办理受理手续和审核、发证事项。

3. 对证书使用及监督管理的相关规定

在第三章证书使用及监督管理中，对相关事项作了规定。

◆持有"特种设备作业人员证"的人员，必须经用人单位的法定代表人（负责人）或者其授权人雇（聘）用后，方可在许可的项目范围内作业。

◆用人单位应当加强对特种设备作业现场和作业人员的管理，履行下列义务：

（1）制定特种设备操作规程和有关安全管理制度。

（2）聘用持证作业人员，并建立特种设备作业人员管理档案。

（3）对作业人员进行安全教育和培训。

（4）确保持证上岗和按章操作。

（5）提供必要的安全作业条件。

（6）其他规定的义务。

用人单位可以指定一名本单位管理人员作为特种设备安全管理负责人，具体负责前款规定的相关工作。

◆特种设备作业人员应当遵守以下规定：

（1）作业时随身携带证件，并自觉接受用人单位的安全管理和质量技术监督部门的监督检查。

（2）积极参加特种设备安全教育和安全技术培训。

（3）严格执行特种设备操作规程和有关安全规章制度。

（4）拒绝违章指挥。

（5）发现事故隐患或者不安全因素应当立即向现场管理人员和单位有关负责人报告。

（6）其他有关规定。

◆"特种设备作业人员证"每4年复审一次。持证人员应当在复审期届满3个月前，向发证部门提出复审申请。对持证人员在4年内符合有关安全技术规范规定的不间断作业要求和安全、节能教育培训要求，且无违章操作或者管理等不良记录、未造成事故的，发证部门应当按照有关安全技术规范的规定准予复审合格，并在证书正本上加盖发证部门复审合格章。复审不合格、逾期未复审的，其"特种设备作业人员证"予以注销。

◆有下列情形之一的，应当撤销"特种设备作业人员证"：

（1）持证作业人员以考试作弊或者以其他欺骗方式取得"特种设备作业人员证"的。

（2）持证作业人员违反特种设备的操作规程和有关的安全规章制度操作，情节严重的。

（3）持证作业人员在作业过程中发现事故隐患或者其他不安全因素未立即报告，情节严重的。

（4）考试机构或者发证部门工作人员滥用职权、玩忽职守、违反法定程序或者超越发证范围考核发证的。

（5）依法可以撤销的其他情形。

◆"特种设备作业人员证"遗失或者损毁的，持证人应当及时报告发证部门，并在当地媒体予以公告。查证属实的，由发证部门补办证书。

◆任何单位和个人不得非法印制、伪造、涂改、倒卖、出租或者出借"特种设备作业人员证"。

4. 对有关罚则的规定

在第四章罚则中，对相关事项作了规定。

◆申请人隐瞒有关情况或者提供虚假材料申请"特种设备作业人员证"的，不予受理或者不予批准发证，并在 1 年内不得再次申请"特种设备作业人员证"。

◆有下列情形之一的，责令用人单位改正，并处 1000 元以上 3 万元以下罚款：

（1）违章指挥特种设备作业的。

（2）作业人员违反特种设备的操作规程和有关的安全规章制度操作，或者在作业过程中发现事故隐患或者其他不安全因素未立即向现场管理人员和单位有关负责人报告，用人单位未给予批评教育或者处分的。

◆非法印制、伪造、涂改、倒卖、出租、出借"特种设备作业人员证"，或者使用非法印制、伪造、涂改、倒卖、出租、出借"特种设备作业人员证"的，处 1 000 元以下罚款；构成犯罪的，依法追究刑事责任。

◆特种设备作业人员未取得"特种设备作业人员证"上岗作业，或者用人单位未对特种设备作业人员进行安全教育和培训的，按照《特种设备安全监察条例》相关规定对用人单位予以处罚。

五、《特种作业人员安全技术培训考核管理规定》相关内容

1. 制定《特种作业人员安全技术培训考核管理规定》的目的

2010 年 5 月 24 日，国家安全生产监督管理总局发布《特种作业人员安全技术培训考核管理规定》（国家安全生产监督管理总局令第 30 号）并附特种作业目录，自 2010 年 7 月 1 日实施。1999 年 7 月 12 日原国家经济贸易委员会发布的《特种作业人员安全技术培训考核管理办法》同时废止。

《特种作业人员安全技术培训考核管理规定》分为七章四十六条，各章内容为：第一章总则，第二章培训，第三章考核发证，第四章复审，第五章监督管理，第六章罚则，第七章附则。

制定《特种作业人员安全技术培训考核管理规定》的目的，是根据《安全生产法》《行政许可法》等有关法律、行政法规，为了规范特种作业人员的安全技术培训考核工作，提高特种作业人员的安全技术水平，防止和减少伤亡事故。

生产经营单位特种作业人员的安全技术培训、考核、发证、复审及其监督管理工作，适用本规定。有关法律、行政法规和国务院对有关特种作业人员管理另有规定的，从其规定。

2.《特种作业人员安全技术培训考核管理规定》的主要内容

◆本规定所称特种作业，是指容易发生事故，对操作者本人、他人的安全健康及设备、设施的安全可能造成重大危害的作业。特种作业的范围由特种作业目录规定。

本规定所称特种作业人员，是指直接从事特种作业的从业人员。

◆特种作业人员应当符合下列条件：

（1）年满 18 周岁，且不超过国家法定退休年龄。

（2）经社区或者县级以上医疗机构体检健康合格，并无妨碍从事相应特种作业的器质性心脏病、癫痫病、美尼尔氏症、眩晕症、癔病、震颤麻痹症、精神病、痴呆症以及其他疾病和生理缺陷。

（3）具有初中及以上文化程度。

（4）具备必要的安全技术知识与技能。

（5）相应特种作业规定的其他条件。

对于危险化学品特种作业人员，除符合所规定的其他条件外，还应当具备高中或者相当于高中及以上文化程度。

◆特种作业人员必须经专门的安全技术培训并考核合格，取得"中华人民共和国特种作业操作证"（以下简称特种作业操作证）后，方可上岗作业。

◆特种作业人员的安全技术培训、考核、发证、复审工作实行统一监管、分级实施、教考分离的原则。

◆国家安全生产监督管理总局（以下简称安全监管总局）指导、监督全国特种作业人员的安全技术培训、考核、发证、复审工作；省、自治区、直辖市人民政府安全生产监督管理部门负责本行政区域特种作业人员的安全技术培训、考核、发证、复审工作。

国家煤矿安全监察局（以下简称煤矿安监局）指导、监督全国煤矿特种作业人员（含煤矿矿井使用的特种设备作业人员）的安全技术培训、考核、发证、复审工作；省、自治区、直辖市人民政府负责煤矿特种作业人员考核发证工作的部门或者指定的机构负责本行政区域煤矿特种作业人员的安全技术培训、考核、发证、复审工作。

◆特种作业人员应当接受与其所从事的特种作业相应的安全技术理论培训和实际操作培训。

已经取得职业高中、技工学校及中专以上学历的毕业生从事与其所学专业相应的特种作业，持学历证明经考核发证机关同意，可以免予相关专业的培训。

跨省、自治区、直辖市从业的特种作业人员，可以在户籍所在地或者从业所在地参加培训。

◆从事特种作业人员安全技术培训的机构（以下统称培训机构），必须按照有关规定取得安全生产培训资质证书后，方可从事特种作业人员的安全技术培训。

培训机构开展特种作业人员的安全技术培训，应当制订相应的培训计划、教学安排，并报有关考核发证机关审查、备案。

◆培训机构应当按照安全监管总局、煤矿安监局制订的特种作业人员培训大纲和煤矿特种作业人员培训大纲进行特种作业人员的安全技术培训。

◆特种作业人员的考核包括考试和审核两部分。考试由考核发证机关或其委托的单位负责；审核由考核发证机关负责。

安全监管总局、煤矿安监局分别制定特种作业人员、煤矿特种作业人员的考核标准，并建立相应的考试题库。

考核发证机关或其委托的单位应当按照安全监管总局、煤矿安监局统一制定的考核标准进行考核。

◆参加特种作业操作资格考试的人员，应当填写考试申请表，由申请人或者申请人的用人单位持学历证明或者培训机构出具的培训证明向申请人户籍所在地或者从业所在地的考核发证机关或其委托的单位提出申请。

考核发证机关或其委托的单位收到申请后，应当在 60 日内组织考试。

特种作业操作资格考试包括安全技术理论考试和实际操作考试两部分。考试不及格的，允许补考 1 次。经补考仍不及格的，重新参加相应的安全技术培训。

◆考核发证机关委托承担特种作业操作资格考试的单位应当具备相应的场所、设施、设备等条件，建立相应的管理制度，并公布收费标准等信息。

◆考核发证机关或其委托承担特种作业操作资格考试的单位，应当在考试结束后 10 个工作日内公布考试成绩。

◆符合规定并经考试合格的特种作业人员，应当向其户籍所在地或者从业所在地的考核发证机关申请办理特种作业操作证，并提交身份证复印件、学历证书复印件、体检证明、考试合格证明等材料。

◆收到申请的考核发证机关应当在 5 个工作日内完成对特种作业人员所提交申请材料的审查，做出受理或者不予受理的决定。能够当场做出受理决定的，应当当场做出受理决定；申请材料不齐全或者不符合要求的，应当当场或者在 5 个工作日内一次告知申请人需要补正的全部内容，逾期不告知的，视为自收到申请材料之日起即被受理。

◆对已经受理的申请，考核发证机关应当在 20 个工作日内完成审核工作。符合条件的，颁发特种作业操作证；不符合条件的，应当说明理由。

◆特种作业操作证有效期为 6 年，在全国范围内有效。

特种作业操作证由安全监管总局统一式样、标准及编号。

◆特种作业操作证遗失的，应当向原考核发证机关提出书面申请，经原考核发证机关审查同意后，予以补发。

特种作业操作证所记载的信息发生变化或者损毁的，应当向原考核发证机关提出书面申请，经原考核发证机关审查确认后，予以更换或者更新。

◆特种作业操作证每 3 年复审 1 次。

　　特种作业人员在特种作业操作证有效期内，连续从事本工种 10 年以上，严格遵守有关安全生产法律法规的，经原考核发证机关或者从业所在地考核发证机关同意，特种作业操作证的复审时间可以延长至每 6 年 1 次。

　　◆特种作业操作证需要复审的，应当在期满前 60 日内，由申请人或者申请人的用人单位向原考核发证机关或者从业所在地考核发证机关提出申请，并提交下列材料：

　　（1）社区或者县级以上医疗机构出具的健康证明。

　　（2）从事特种作业的情况。

　　（3）安全培训考试合格记录。

　　特种作业操作证有效期届满需要延期换证的，应当按照前款的规定申请延期复审。

　　◆特种作业操作证申请复审或者延期复审前，特种作业人员应当参加必要的安全培训并考试合格。

　　安全培训时间不少于 8 个学时，主要培训法律、法规、标准、事故案例和有关新工艺、新技术、新装备等知识。

　　◆申请复审的，考核发证机关应当在收到申请之日起 20 个工作日内完成复审工作。复审合格的，由考核发证机关签章、登记，予以确认；不合格的，说明理由。

　　申请延期复审的，经复审合格后，由考核发证机关重新颁发特种作业操作证。

　　◆特种作业人员有下列情形之一的，复审或者延期复审不予通过：

　　（1）健康体检不合格的。

　　（2）违章操作造成严重后果或者有 2 次以上违章行为，并经查证确实的。

　　（3）有安全生产违法行为，并给予行政处罚的。

　　（4）拒绝、阻碍安全生产监管监察部门监督检查的。

　　（5）未按规定参加安全培训，或者考试不合格的。

　　（6）具有本规定所规定的其他情形的。

　　◆特种作业操作证复审或者延期复审符合本规定相关要求，按照本规定经重新安全培训考试合格后，再办理复审或者延期复审手续。再复审、延期复审仍不合格，或者未按期复审的，特种作业操作证失效。

　　◆申请人对复审或者延期复审有异议的，可以依法申请行政复议或者提起行政诉讼。

　　◆有下列情形之一的，考核发证机关应当撤销特种作业操作证：

　　（1）超过特种作业操作证有效期未延期复审的。

　　（2）特种作业人员的身体条件已不适合继续从事特种作业的。

　　（3）对发生生产安全事故负有责任的。

　　（4）特种作业操作证记载虚假信息的。

　　（5）以欺骗、贿赂等不正当手段取得特种作业操作证的。

特种作业人员违反相关规定要求，3年内不得再次申请特种作业操作证。

◆有下列情形之一的，考核发证机关应当注销特种作业操作证：

（1）特种作业人员死亡的。

（2）特种作业人员提出注销申请的。

（3）特种作业操作证被依法撤销的。

◆离开特种作业岗位6个月以上的特种作业人员，应当重新进行实际操作考试，经确认合格后方可上岗作业。

◆生产经营单位应当加强对本单位特种作业人员的管理；建立健全特种作业人员培训、复审档案，做好申报、培训、考核、复审的组织工作和日常的检查工作。

◆特种作业人员在劳动合同期满后变动工作单位的，原工作单位不得以任何理由扣押其特种作业操作证。

跨省、自治区、直辖市从业的特种作业人员应当接受从业所在地考核发证机关的监督管理。

◆生产经营单位不得印制、伪造、倒卖特种作业操作证，或者使用非法印制、伪造、倒卖的特种作业操作证。

特种作业人员不得伪造、涂改、转借、转让、冒用特种作业操作证或者使用伪造的特种作业操作证。

◆生产经营单位未建立健全特种作业人员档案的，给予警告，并处1万元以下的罚款。

◆生产经营单位使用未取得特种作业操作证的特种作业人员上岗作业的，责令限期改正；逾期未改正的，责令停产停业整顿，可以并处2万元以下的罚款。

◆特种作业人员伪造、涂改特种作业操作证或者使用伪造的特种作业操作证的，给予警告，并处1 000元以上5 000元以下的罚款。

特种作业人员转借、转让、冒用特种作业操作证的，给予警告，并处2 000元以上10 000元以下的罚款。

附件：特种作业目录

1. 电工作业：高压电工作业、低压电工作业、防爆电气作业。

2. 焊接与热切割作业：熔化焊接与热切割作业、压力焊作业、钎焊作业。

3. 高处作业：登高架设作业（指在高处从事脚手架、跨越架架设或拆除的作业）、高处安装、维护、拆除作业。

4. 制冷与空调作业：制冷与空调设备运行操作作业、制冷与空调设备安装修理作业。

5. 煤矿安全作业：煤矿井下电气作业、煤矿井下爆破作业、煤矿安全监测监控作业、煤矿瓦斯检查作业、煤矿安全检查作业、煤矿提升机操作作业、煤矿采煤机（掘进机）操作作业、煤矿瓦斯抽采作业、煤矿防突作业、煤矿探放水作业。

6. 金属非金属矿山安全作业：金属非金属矿井通风作业、尾矿作业、金属非金属矿山安全检查作业、金属非金属矿山提升机操作作业、金属非金属矿山支柱作业、金属非金属矿山井下电气作业、金属非金属矿山排水作业、金属非金属矿山爆破作业。

7. 石油天然气安全作业：司钻作业（指石油、天然气开采过程中操作钻机起升钻具的作业）。

8. 冶金（有色）生产安全作业：煤气作业（指冶金、有色企业内从事煤气生产、储存、输送、使用、维护检修的作业）。

9. 危险化学品安全作业：光气及光气化工艺作业、氯碱电解工艺作业、氯化工艺作业、硝化工艺作业、合成氨工艺作业、裂解（裂化）工艺作业、氟化工艺作业、加氢工艺作业、重氮化工艺作业、氧化工艺作业、过氧化工艺作业、胺基化工艺作业、磺化工艺作业、聚合工艺作业、烷基化工艺作业、化工自动化控制仪表作业。

10. 烟花爆竹安全作业：烟火药制造作业、黑火药制造作业、引火线制造作业、烟花爆竹产品涉药作业、烟花爆竹储存作业。

11. 安全监管总局认定的其他作业。

第二章　企业安全管理知识

企业管理是为实现生产目的而组织和使用人力、物力、财力等各种资源的过程，从而保证企业高效安全地进行生产。企业安全管理是企业管理的一个重要组成部分，与其他各项管理工作密切关联、互相渗透。企业安全管理的基本目标，是通过科学有效的管理方法，使生产过程顺利进行，不断提高劳动生产率，不断实现企业发展要求。这个基本目标只有搞好安全生产才能实现。搞好安全生产，不仅能够消除危害人身安全和设备安全的不良因素，保障职工的安全和健康，还可以调动广大劳动者的生产热情和积极性。

第一节　企业安全管理的作用与内容

对于任何企业来讲，不能缺少管理。一般来说，管理的基本要素主要有人、财、物、信息、时间、机构、规章制度等，前五项是管理内容，后两项是管理手段。安全生产管理也是企业管理的重要组成部分，企业职工必须接受安全管理，这是每一个职工自身利益的需要。安全生产管理最根本的目的是保护人的生命和健康。坚持以人为本，树立全面、协调、可持续的发展观，是对企业安全生产的根本要求。

一、企业安全管理工作概念与作用

1. 安全管理概念

安全管理是为了实现安全目标而进行的有关决策、计划、组织和控制等方面的活动；主要运用现代安全管理原理、方法和手段，分析和研究各种不安全因素，从技术上、组织上和管理上采取有力的措施，解决和消除各种不安全因素，防止事故的发生。

企业安全管理的内容主要包括：行政管理、技术管理、工业卫生管理；安全管理的对象包括：生产的人员、生产的设备和环境、生产的动力和能量，以及管理的信息和资料；安全管理的手段有：行政手段、法制手段、经济手段、文化手段等。

安全管理不是少数人和安全机构的事，而是一切与生产有关的人共同的事情。缺乏全员的参与，安全管理就不会出现好的管理效果。这并非否定安全管理者和安全机构的作用，而是安全管理必须发动群众，全员参与，这样才能实现安全管理的目标。

2. 安全管理的作用

安全工作的根本目的是保护广大职工的安全与健康，防止伤亡事故和职业危害，保护国家和集体的财产不受损失。为了实现这一目的，需要开展三方面的工作，即安全管理、安全技术、职业危害，而这三者之中，安全管理起着决定性的作用。安全管理的作用主要体现在这样几个方面。

（1）搞好安全管理是防止伤亡事故和职业危害的根本对策。造成伤亡事故的直接原因，概括起来不外乎人的不安全行为和物的不安全状态。然而在这些直接原因的背后还隐藏着若干层次的背景原因，直至最深层的本质原因，即管理上的原因。发生事故以后，经常把导致事故的原因简单地归咎为人员违章，但是人员之所以违章作业，往往还存在着许多更深层次的原因。如果不深入分析这些深层次的原因，并采取措施加以消除，就难免再次发生类似的事故。因此，防止发生事故和职业危害，归根结底应从改进安全管理做起。

（2）搞好安全管理是贯彻落实安全工作指导方针的基本保证。"安全第一、预防为主、综合治理"是我国安全工作的指导方针，是多年来做好劳动保护工作，实现安全生产实践经验的科学总结。为了贯彻这一方针，一方面需要各级领导要具有高度的安全责任感和自觉性，千方百计地在各方面实施防止事故和职业危害的对策；另一方面需要广大职工提高安全意识，自觉贯彻执行各项安全生产的规章制度，不断增强自我防护能力。而所有这些都有赖于良好的安全管理工作。因此，唯有设定目标，建立制度，计划组织，加强教育，督促检查，考核激励，综合各方面的管理手段，才能够调动起各级领导和广大职工安全生产的积极性。

（3）安全技术和职业卫生措施要靠有效的安全管理，才能发挥应有的作用。安全技术指各行业有关安全方面的专门技术，如电气、锅炉与压力容器、起重、运输、防火、防爆等安全技术。职业卫生指对尘毒、噪声、辐射等各方面物理化学危害因素的预防和治理。一般来说，安全技术和职业卫生措施对从根本上改善劳动条件，实现安全生产起着巨大的作用。通过安全管理，运用计划、组织、督促、检查等手段，进行有效的安全管理活动才能发挥它们应有的作用。另外，单独某一方面的安全技术，其安全保障作用也是有限的，需要应用各方面的安全技术，才能实现整体的安全，而这种横向综合的功能也只有依靠有效的安全管理才能得以实现。

（4）搞好安全管理，有助于改进企业管理，全面推进企业各方面工作的进步，促进经济效益的提高。安全管理是企业管理的一个组成部分，与生产管理密切联系，互相影响，互相促进。为了防止伤亡事故和职业危害，必须从人、物、环境等方面采取对策，包括提高人员的素质，改善作业环境，对设备与设施进行检查、维修、改造和更新，劳动组织的科学化，以及作业方法的改进等。当然，为了实现这些方面的对策，势必要对企业各方面管理工作提出越来越高的要求，从而推动企业管理的改善和全面工作的进步。企业管理的改善和全面工作的进步反过来又为改进安全管理创造了条件，促使安全管理水平不断得到提高。

实践表明，一个企业安全生产状况的好坏可以反映出企业的管理水平，企业管理得好，安全工作也必然受到重视，安全管理自然就比较好。反之，安全管理混乱，伤亡事故不断，职工则无法安心工作。在这种情况下，是不可能建立正常稳定的工作秩序的，也不可能促进企业的发展。由此可见，安全管理的改善，能够调动职工的积极性，能够促进劳动生产率的提高，从而带来企业经济效益的增长。

3. 企业安全生产管理机构的设置

企业安全管理机构可分为四个层次：第一个层次是成立以厂长、分管副厂长、各职能部门负责人、车间领导和工会领导组成的企业安全生产委员会，对企业安全工作的重大问题进行研究、决策、督促、处理。第二个层次是成立安全管理部门，负责企业日常安全管理工作。上对厂长负责，成为厂长的参谋和助手；下对车间、班组负责，指导车间、班组安全员的工作。第三个层次是各级各部门的兼职安全员，负责部门日常安全检查、措施制定、现场监护等方面的工作。第四个层次是成立工会劳动保护监督检查委员会，组织职工广泛开展遵章守纪和预防事故的群众性检查活动，发动群众搞好安全生产。这样自上而下，形成"纵到底、横到边"的安全管理监督网络。

根据《安全生产法》第十九条的规定：矿山、建筑施工单位和危险物品的生产、经营、储存单位，应当设置安全生产管理机构或者配备专职安全生产管理人员。其他生产经营单位，从业人员超过三百人的，应当设置安全生产管理机构或者配备专职安全生产管理人员；从业人员在三百人以下的，应当配备专职或者兼职的安全生产管理人员，或者委托具有国家规定的相关专业技术资格的工程技术人员提供安全生产管理服务。

4. 企业安全管理部门的主要职责

企业安全管理部门是企业领导的参谋和助手，应当全面负责安全生产工作，贯彻执行上级的安全生产、劳动保护的方针、政策、法规和标准，检查企业有关职能部门执行安全生产制度和规定的情况，督促和协助这些部门采取整改措施，防止发生伤亡事故和职业病，保障职工的安全、健康和生产建设的顺利进行。其主要职责是：

（1）协助企业领导，认真贯彻执行安全生产、劳动保护有关法规、制度。

（2）汇总和审查安全技术措施计划，并督促有关部门切实执行落实。

（3）组织和协助有关部门制定或修订安全生产制度和安全技术操作规程。

（4）经常进行现场检查，协助解决问题，遇到特别紧急的不安全情况时，有权指令先行停止生产，并立即报告企业领导研究。

（5）总结和推广安全生产的先进经验。

（6）对职工进行安全生产的宣传教育。

（7）指导生产班组安全员工作。

（8）督促有关部门按规定及时分发和合理使用个体防护用品、保健食品和清凉饮料。

（9）参加审查新建、改建、扩建和大修的设计计划，并且参加工程验收和试运转工作。

（10）参加伤亡事故的调查和处理，进行伤亡事故的统计、分析和报告，协助有关部门提出防止事故的措施，并督促有关部门实施。

（11）组织有关部门研究执行防止职业中毒和职业病的措施。

（12）督促有关部门做好劳逸结合和女工、未成年工的保护工作。

二、对企业安全生产规范化建设的要求

2010 年 8 月 20 日，国家安全生产监督管理总局印发《关于进一步加强企业安全生产规范化建设 严格落实企业安全生产主体责任的指导意见》（安监总办〔2010〕139 号），（以下简称《指导意见》）目的是为了认真贯彻落实《国务院关于进一步加强企业安全生产工作的通知》（国发〔2010〕23 号）精神，进一步加强企业安全生产规范化建设，严格落实企业安全生产主体责任，提高企业安全生产管理水平，实现全国安全生产状况持续稳定好转。《指导意见》的主要内容有：

1. 总体要求

深入贯彻落实科学发展观，坚持安全发展理念，指导督促企业完善安全生产责任体系，建立健全安全生产管理制度，加大安全基础投入，加强教育培训，推进企业全员、全过程、全方位安全管理，全面实施安全生产标准化，夯实安全生产基层基础工作，提升安全生产管理工作的规范化、科学化水平，有效遏制重特大事故发生，为实现安全生产提供基础保障。

2. 健全和完善责任体系

（1）落实企业法定代表人安全生产第一责任人的责任。法定代表人要依法确保安全投入、管理、装备、培训等措施落实到位，确保企业具备安全生产基本条件。

（2）明确企业各级管理人员的安全生产责任。企业分管安全生产的负责人协助主要负责人履行安全生产管理职责，其他负责人对各自分管业务范围内的安全生产负领导责任。企业安全生产管理机构及其人员对本单位安全生产实施综合管理，企业各级管理人员对分

管业务范围的安全生产工作负责。

（3）健全企业安全生产责任体系。责任体系应涵盖本单位各部门、各层级和生产各环节，明确有关协作、合作单位责任，并签订安全责任书。要做好相关单位和各个环节安全管理责任的衔接，相互支持、互为保障，做到责任无盲区、管理无死角。

3. 健全和完善管理体系

（1）加强企业安全生产工作的组织领导。企业及其下属单位应建立安全生产委员会或安全生产领导小组，负责组织、研究、部署本单位安全生产工作，专题研究重大安全生产事项，制订、实施加强和改进本单位安全生产工作的措施。

（2）依法设立安全管理机构并配齐专（兼）职安全生产管理人员。矿山、建筑施工单位和危险物品的生产、经营、储存单位及从业人员超过 300 人的企业，要设置安全生产管理专职机构或者配备专职安全生产管理人员。其他单位有条件的，应设置安全生产管理机构，或者配备专职或兼职的安全生产管理人员，或者委托注册安全工程师等具有相关专业技术资格的人员提供安全生产管理服务。

（3）提高企业安全生产标准化水平。企业要严格执行安全生产法律法规和行业规程标准，按照《企业安全生产标准化基本规范》（AQ/T9006－2010）的要求，加大安全生产标准化建设投入，积极组织开展岗位达标、专业达标和企业达标的建设活动，并持续巩固达标成果，实现全面达标、本质达标和动态达标。

4. 健全和完善基本制度

（1）安全生产例会制度。建立班组班前会、周安全生产活动日，车间周安全生产调度会，企业月安全生产办公会、季安全生产形势分析会、年度安全生产工作会等例会制度，定期研究、分析、布置安全生产工作。

（2）安全生产例检制度。建立班组班前、班中、班后安全生产检查（即"一班三检"），重点对象和重点部位安全生产检查（即"点检"），作业区域安全生产巡查（即"巡检"），车间周安全生产检查、月安全生产大检查，企业月安全生产检查、季安全生产大检查、复工复产前安全生产大检查等例检制度，对各类检查的频次、重点、内容提出要求。

（3）岗位安全生产责任制。以企业负责人为重点，逐级建立企业管理人员、职能部门、车间班组、各工种的岗位安全生产责任制，明确企业各层级、各岗位的安全生产职责，形成涵盖全员、全过程、全方位的责任体系。

（4）领导干部和管理人员现场带班制度。企业主要负责人、领导班子成员和生产经营管理人员要认真执行现场带班的规定，认真制定本企业领导成员带班制度，立足现场安全管理，加强对重点部位、关键环节的检查巡视，及时发现和解决问题，并据实做好交接。

（5）安全技术操作规程。分专业、分工艺制定安全技术操作规程，并当生产条件发生变化时及时重新组织审查或修订。对实施作业许可证管理的动火作业、受限空间作业、爆破作业、临时用电作业、高空作业等危险性作业，要制定专项安全技术措施，并严格审批监督。企业员工应当熟知并严格执行安全技术操作规程。

（6）作业场所职业安全卫生健康管理制度。积极开展职业健康安全管理体系认证。依照国家有关法律法规及规章标准，完善现场职业安全健康设施、设备和手段。为员工配备合格的职业安全卫生健康防护用品，督促员工正确佩戴和使用，并对接触有毒有害物质的作业人员进行定期的健康检查。

（7）隐患排查治理制度。建立安全生产隐患全员排查、登记报告、分级治理、动态分析、整改销号制度。对排查出的隐患实施登记管理，按照分类分级治理原则，逐一落实整改方案、责任人员、整改资金、整改期限和应急预案。建立隐患整改评价制度，定期分析、评估隐患治理情况，不断完善隐患治理工作机制。建立隐患举报奖励制度，鼓励员工发现和举报事故隐患。

（8）安全生产责任考核制度。完善企业绩效工资制度，加大安全生产挂钩比重。建立以岗位安全绩效考核为重点，以落实岗位安全责任为主线，以杜绝岗位安全责任事故为目标的全员安全生产责任考核办法，加大安全生产责任在员工绩效工资、晋级、评先评优等考核中的权重，重大责任事项实行"一票否决"。

（9）高危行业（领域）员工风险抵押金制度。根据各行业（领域）特点，推广企业内部全员安全风险抵押金制度，加大奖惩兑现力度，充分调动全员安全生产的积极性和主动性。

（10）民主管理监督制度。企业安全生产基本条件、安全生产目标、重大隐患治理、安全生产投入、安全生产形势等情况应以适当方式向员工公开，接受员工监督。充分发挥班组安全管理监督作用。

保障工会依法组织员工参加本单位安全生产工作的民主管理和民主监督，维护员工安全生产的合法权益。

（11）安全生产承诺制度。企业就遵守安全生产法律法规、执行安全生产规章制度、保证安全生产投入、持续具备安全生产条件等签订安全生产承诺书，向企业员工及社会做出公开承诺，自觉接受监督。同时，员工就履行岗位安全责任向企业做出承诺。

各类企业均要建立以上基本制度，同时要依照国家有关法律法规及规章标准规定，结合本单位实际，建立健全适合本单位特点的安全生产规章制度。

5. 加大安全投入

（1）及时足额提取并切实管好用好安全费用。煤矿、非煤矿山、建筑施工、危险化学品、烟花爆竹、道路交通运输等高危行业（领域）企业必须落实提取安全费用税前列支政策。其他行业（领域）的企业要根据本地区有关政策规定提足用好安全费用。安全费用必须专项用于安全防护设备设施、应急救援器材装备、安全生产检查评价、事故隐患评估整改和监控、安全技能培训和应急演练等与安全生产直接相关的投入。

（2）确保安全设施投入。严格落实企业建设项目安全设施"三同时"制度，新建、改建、扩建工程项目的安全设施投资应纳入项目建设概算，安全设施与建设项目主体工程同时设计、同时施工、同时投入生产和使用。高危行业（领域）建设项目要依法进行安全评价。

（3）加大安全科技投入。坚持"科技兴安"战略。健全安全管理工作技术保障体系，强化企业技术管理机构的安全职能，按规定配备安全技术人员。切实落实企业负责人安全生产技术管理负责制，针对影响和制约本单位安全生产的技术问题开展科研攻关，鼓励员工进行技术革新，积极推广应用先进适用的新技术、新工艺、新装备和新材料，提高企业本质安全水平。

6. 加强安全教育培训

（1）强化企业人员素质培训。落实校企合作办学、对口单招、订单式培养等政策，大力培养企业专业技术人才。有条件的高危行业企业可通过兴办职业学校培养技术人才。结合本企业安全生产特点，制定员工教育培训计划和实施方案，针对不同岗位人员落实培训时间、培训内容、培训机构、培训费用，提高员工安全生产素质。

（2）加强安全技能培训。企业安全生产管理人员必须按规定接受培训并取得相应资格证书。加强新进人员岗前培训工作，新员工上岗前、转岗员工换岗前要进行岗位操作技能培训，保证其具有本岗位安全操作、应急处置等知识和技能。特种作业人员必须取得特种作业操作资格证书方可上岗。

（3）强化风险防范教育。企业要推进安全生产法律法规的宣传贯彻，做到安全宣传教育日常化。要及时分析和掌握安全生产工作的规律和特点，定期开展安全生产技术方法、事故案例及安全警示教育，普及安全生产基本知识和风险防范知识，提高员工安全风险辨析与防范能力。

（4）深入开展安全文化建设。注重企业安全文化在安全生产工作中的作用，把先进的安全文化融入企业管理思想、管理理念、管理模式和管理方法之中，努力建设安全诚信企业。

7. 加强重大危险源和重大隐患的监控预警

（1）实行重大隐患挂牌督办。企业应当实行重大隐患挂牌督办制度，并及时将重大隐患现状、可能造成的危害、消除隐患的治理方案报告企业所在地相关政府有关部门。对政府有关部门挂牌督办的重大隐患，企业应按要求报告治理进展、治理结果等情况，切实落实企业重大隐患整改责任。

（2）加强重大危险源监控。企业应建立重大危险源辨识登记、安全评估、报告备案、监控整改、应急救援等工作机制和管理办法。

设立重大危险源警示标志，并将本单位重大危险源及有关管理措施、应急预案等信息报告有关部门，并向相关单位、人员和周边群众公告。

（3）利用科学的方法加强预警预报。企业应定期进行安全生产风险分析，积极利用先进的技术和方法建立安全生产监测监控系统，进行有效的实时动态预警。遇重大危险源失控或重大安全隐患出现事故苗头时，应当立即预警预报，组织撤离人员、停止运行、加强监控，防止事故发生和事故损失扩大。

8. 加强应急管理，提高事故处置能力

（1）加强应急管理。要针对重大危险源和可能突发的生产安全事故，制定相应的应急组织、应急队伍、应急预案、应急资源、应急培训教育、应急演练、应急救援等方案和应急管理办法，并注重与社会应急组织体系相衔接。加强应急预案演练，及时分析查找应急预案及其执行中存在的问题并有针对性地予以修改完善，防止因撤离不及时或救援不适当造成事故扩大。

（2）提高应急救援保障能力。煤矿、非煤矿山和危险化学品企业，应当依法建立专职或兼职人员组成的应急救援队伍；不具备单独建立专业应急救援队伍的小型企业，除建立兼职应急救援队伍外，还应当与邻近建有专业救援队伍的企业或单位签订救援协议，或者联合建立专业应急救援队伍。根据应急救援需要储备一定数量的应急物资，为应急救援队伍配备必要的应急救援器材、设备和装备。

（3）做好事故报告和处置工作。事故发生后，要按照规定的报告时限、报告内容、报告方式、报告对象等要求，及时、完整、客观地报告事故，不得瞒报、漏报、谎报、迟报。发生事故的企业主要负责人必须坚守岗位，立即启动事故应急救援预案，采取措施组织抢救，防止事故扩大，减少人员伤亡和财产损失。

（4）严肃事故调查处理。企业要认真组织或配合事故调查，妥善处理事故善后工作。对于事故调查报告提出的防范措施和整改意见，要认真吸取教训，按要求及时整改，并把落实情况及时报告有关部门。

三、企业安全目标管理基本模式

1. 目标管理的提出和发展

安全目标管理是指企业内部各个部门以至每个职工，从上到下围绕企业安全生产的总

目标，层层展开各自的目标，确定行动方针，安排安全工作进度，制定实施有效组织措施，并对安全成果严格考核的一种管理制度。安全目标管理是根据企业安全工作目标来控制企业安全生产的一种科学有效的管理方法，是目前企业普遍实行的安全管理模式。

目标管理的概念是管理专家彼得·德鲁克于 1954 年在其名著《管理实践》中最先提出的，其后他又提出"目标管理和自我控制"的主张。德鲁克认为，并不是有了工作才有目标，而是相反，有了目标才能确定每个人的工作。所以，"企业的使命和任务，必须转化为目标"，如果一个领域没有目标，这个领域的工作必然被忽视。因此管理者应该通过目标对下级进行管理，当组织最高层管理者确定了组织目标后，必须对其进行有效分解，转变成各个部门以及各个人的分目标，管理者根据分目标的完成情况对下级进行考核、评价和奖惩。

目标管理提出以后，便在美国迅速流传。时值第二次世界大战后西方经济由恢复转向迅速发展的时期，企业急需采用新的方法调动员工积极性，以提高竞争力，目标管理可谓应运而生，遂被广泛应用，并很快为日本、西欧国家的企业所仿效，在世界管理界大行其道。

2. 安全目标管理的作用

实行安全目标管理，将充分启发、激励、调动企业全体职工在安全生产中的责任感和创造力，有效提高企业的现代安全管理水平。具体体现在以下三方面：

（1）充分体现了"安全生产，人人有责"的原则，使安全管理向全员管理发展。安全目标管理通过目标层层分解，措施层层落实，工作层层开展来实现全员参加全员管理和全过程管理。这种管理事先只为企业每个成员定了明确的责任和清楚的任务，并对这些责任、任务的完成规定了时间、指标、质量等具体要求，每个人都可以在自己的管辖或工作范围内自由选择实现这些目标的方式和方法。职工在"自我控制"的原则下，充分发挥自己的能动性、积极性和创造性，从而使人人参加管理。这样可以克服传统管理中常出现的"管理死角"的弊端。

（2）有利于提高职工安全技术素质。安全目标管理的重要特色之一，就是推行"成果第一"的方针，而成果的取得主要依赖个人的知识结构、业务能力和努力程度。安全生产以预防各类事故的发生为目标，因此，每个职工为了实现通过目标分解下达给自己的安全目标，就必须在日常生产工作等过程中，增长知识，提高在安全生产上的技术素质。这样就能够促使职工自我学习和提高工作能力，使职工对安全技术知识的学习由被动型转化为主动型。经过若干个目标周期，职工安全意识、安全知识、安全技术水平等都将会得到很大提高，职工自我预防事故的能力也会得到增强。

（3）促进在企业内推行安全科学管理。目标管理为了目标的实现，利用科学的预测方法、确定设计过程、生产过程、检修过程和工艺设备中的危险部位，明确重点部位的"危险控制点"或"事故控制点"。因此，企业安全目标管理的推行，使许多科学的管理方法得以广泛运用。要想控制事故的发生，就必须采用安全检查、事故树分析法、故障类型及影响分析法等安全系统工程的分析法和 QC 活动中的 PDCA 循环、排列图、因果图和矩阵数据分析图等全面质量管理的方法，确定影响安全的重要岗位、危险部位、关键因素、主要原因等，然后依据测定、分析、归纳的结果，采取相应的措施，加强重点管理和事故的防范，以达到目标管理的最终目的。这些科学预测方法和管理方法在企业安全目标管理上的应用，正是由于企业推行安全目标管理的结果。反过来，只有采用这种科学管理方法，才能使企业安全目标管理得以实现。

3. 安全目标管理的特点

推行目标管理，可以有力地激发职工参与民主管理的积极性。我国一些企业在推行目标管理方面，取得了可喜的成绩。

安全目标管理具有目的性、分权性和民主性三个主要特点。

（1）目的性。实行目标管理，将企业在一定时期内的目标、任务转化为全体成员上下一致的、明确的行动准则，使每个成员有努力方向，有利于上级的领导、检查和考核，并减少企业内部的矛盾和浪费。这里所说的目标与以往的目标概念有所不同，它包含完成程度、完成期限、完成任务体系，根据原定任务测定执行人员的成绩等。

（2）分权性。随着企业总目标的逐层分解、展开，也要逐层下放目标管理的自主权，实行分权。即在目标制定之后，上级根据目标的内容授予下级以人事、财务和对外处理事务的最大限度的权力，使下级能运用这些权力来完成目标。有水平的上级，在目标管理中只抓两项工作，一是根据企业总目标向下一层次发出指令信息，最后考核指令的执行结果；二是协调下一层次各单位之间的不协调关系，对有争议的问题做出裁决。

（3）民主性。目标管理是全员参加的，为实现其目标的体系性活动。由企业领导者制定目标，经过职代会讨论通过，然后编制企业目标展示图，层层展开，层层落实，围绕目标值制定主要措施，责任落实到人并提出进度要求，从而形成目标连锁。这样，通过有效的实行自我管理和自我控制，就可以进一步激发广大职工的主人翁责任感，充分发挥他们的积极性、创造性，更好地达到企业总目标。

4. 安全目标管理的模式

安全目标管理可分为目标的制定、目标的执行、实施目标成果的评价与考核等步骤。

目标的制定。企业为了提高生产经营活动的安全成果，必须自上而下共同商定切实可行的企业安全总目标，而全体职工都要制定与安全、总目标相一致的分目标，从而形成以总目标为中心的完整的安全目标体系。

安全目标的制定必须有一定的管理依据，要进行科学的分析，要结合各方面因素，并做到重点突出，主攻方向明确、先进可行，目标、措施对应。在具体实施过程中，需要注意以下事项：

（1）目标的重点性。要分清主次，绝对不能平均分配，面面俱到。安全目标一般应突出重大事故、负伤频率、尘毒监测率、合格率等方面指标。在保证重点目标的基础上，还应做到次要目标对重点目标的有效配合。

（2）目标的先进性。目标的先进性是它的适用性和挑战性。确定目标高低的原则是：一般略高于执行者的能力和水平，使之经过努力可以完成。应该是"跳一跳，够得到，不能高不可攀，望而生畏"，也不能"毫不费力，一步登天"，从而达到调动职工积极性的目的。

（3）目标的可比性。就是应尽最大努力使目标的预期成果具体化、定量化、数据化。如负伤频率不能只笼统提比去年有所下降，而应提出降低百分之几，这样有利于比较，易于检查和评价。当然，当轻伤事故降到一定程度后，根据质量指标波动理论，负伤频率不可能一直连年下降，有时可能会波动回升，只要在指标范围内还是允许的，要灵活掌握。

（4）目标的综合性。企业安全目标管理，既要保证上级下达指标的完成，又要兼顾企业各个环节、各个部门及每个职工所能，不能顾此失彼。要使每个部门、每个职工都能接受，要有针对性，要有实现的可能性。

（5）目标与措施的相应性。如果措施不为目标服务，或目标不用措施保证，则会成为没有措施保证的目标或没有目标的保证措施，目标管理就失去了科学性、针对性和有效性。

合理确定安全目标值是安全目标管理中最重要的工作。合理、适宜的目标值应该是企业管理水平的客观反映，也是先进性和可行性的辩证统一，太高太低都不合适，甚至会产生副作用。因此，定目标值应慎重，要进行纵横比较和对比调整，从而制定出较为先进的、被上级认可的安全目标值，作为年度或阶段考核指标。

5. 安全目标体系的建立

安全目标管理涉及企业各个部门、各个单位，是关系安全生产全局的大问题。安全目标体系具有包容性、适用性和科学性。编制一个完善的目标体系是实现目标管理的前提。安全目标管理体系由安全目标体系和措施体系组成。

安全目标的内容主要包括：安全管理水平提高目标、安全教育达到程度目标、伤亡事故控制目标、劳动环境与劳动条件治理后的尘毒有害作业场所达标率提高目标、事故隐患整改完成率目标、现代化科学管理方法应用目标、安全标准化班组达标率目标、工厂安全性评价目标、厂长任职安全目标、各项安全工作目标。

目标分解要做到横向到边,纵向到底,纵横连锁,形成网络。横向到边就是把企业安全总目标分解到各个科室、车间、部门,纵向到底就是把全厂的总目标由上而下一层一层分解,明确责任,使责任落实到每个人头,实现多层管理安全目标连锁体系。

根据目标层层分解的原则,保证措施也要层层落实,做到目标和保证措施相对应,使每个目标值都有具体保证措施。就目前安全管理来看,措施的主要方面有:落实各级安全生产责任制;加强全员安全培训,提高职工安全技术素质;编制、修订各类安全管理制度;有毒、有害岗位治理;落实安全技术措施项目;加强各类安全检查,及时消除事故隐患;开展事故预测,提高防灾害能力;确定危险岗位,管理危险设备;完善各种安全措施等。保证措施的落实在整个目标管理中的作用很大,关系到目标管理的最后结果。所以,措施要越往下越具体,要有质量、时间等方面的要求,并尽可能做到定量化、细分化。

在制定目标和措施时,还要制定考核细则,考核细则包括目标标准和考核办法。它是目标管理中对执行者完成任务情况进行评价的尺度和方法,是编制目标管理的一个不可缺少的内容。考核细则中的项目应力争做到定量化,对定性目标也要有可比的标准和考核办法。考核细则中的工作标准、奖惩标准与措施部分的工作目标和考核条件应保持一致。

6. 推行安全目标管理的注意事项

企业要推行安全目标管理并取得理想的成果,除考虑上述要求外,还应注意以下事项。

(1)要加强对全体职工的思想教育。为统一全体职工对安全目标管理的认识,必须进行全员教育,充分发挥广大职工在目标管理中的积极作用。在推行中,要认真研究职工心理变化的规律,做好对职工的引导工作。

(2)要有较完善、系统的安全管理基础。企业管理基础工作的质量,直接决定着企业安全目标制定的科学性、先进性和客观性。为了制定既先进又可行的职工工伤频率指标和保证措施,必须有本企业历年来事故统计资料、职工接触尘毒情况、有毒有害岗位监测情况和治理结果等基础工作。只有这样,才能把安全目标管理建立在可靠的基础上。

(3)全员参加安全目标管理。由于安全目标管理以"自我控制"为特点,实行全员、全过程管理,并且是通过目标层层分解、措施层层落实来实现的,所以必须充分发动群众,将企业的全体职工都严密地科学地组织在安全目标管理体系内。在制定目标时,要充分与职工和下级协商。安全管理要落实到每个职工身上,渗透到每个操作环节中。实际上,每个职工在企业安全管理上都承担一定的目标值。没有广大职工参加安全目标管理,就失去了目标管理的真正意义。

(4)安全目标管理要责、权、利相结合。企业实行安全目标管理时,要明确职工在目标管理上的职责,因为没有责任的责任制就等于流于形式。同时要赋予他们在日常管理的权力，权限大小，应根据各人所担负的目标责任的大小和完成目标任务的实际需要来确定。还要给予他们应得的利益，不能"干与不干一样"，这样就能调动广大职工在安全目标管理上的积极性和持久性。

总之，安全目标管理工作在企业的安全管理中运用很广，但它作为一种先进的科学管理方法，今后必将在企业管理中起到越来越大的作用。

第二节　企业对人员的安全管理

在企业生产活动中，安全是一切生产活动正常运行的前提条件。在企业安全管理工作中，特别需要做好人员的安全管理。因此，加强人员的安全管理，特别是加强作业人员的安全管理，提高人员的安全素质，控制人员的不安全行为，对实现安全生产具有重要意义。

一、人员安全管理的任务与内容

1. 人员安全管理的主要任务

人员安全管理的主要任务，就是提高人员的安全素质，控制人员的不安全行为，预防事故的发生。

人的不安全行为主要有两种情况，一是由于安全意识差而做的有意的行为或错误的行为；二是由于人的大脑对信息处理不当而所做的无意行为。也就是有意违章与无意违章行为。例如，属于有意违章行为的有：使机器超速运行、未经许可或未发出警告就开动机器、使用有缺陷的机器、私自拆除安全装置或造成安全装置失效、未夹紧工件或刀具而启动机床、装卸或放置工夹量具不当、没有使用个人防护用品、在机器运转中进行维修和调整或清扫等作业。属于无意违章行为的有：由于疏忽导致的误操作、误动作；技术水平差导致的调整错误，造成安全装置失效；一时疏忽开动、关停机器时未给信号；开关未锁紧，造成意外转动、通电或泄漏；忘记关闭设备；按钮、阀门、扳手、把柄等的操作错误等。

要预防事故，就要提高人员的安全素质，控制人员的不安全行为。理念决定意识，意识主导行为。安全培训可以帮助员工不断强化安全理念，使广大员工不仅把安全理念入脑入心，而且内化到心灵深处，转化为安全行为，升华为员工的自觉行动。企业可以通过培训的方式，对员工进行"技能教育"和"素质教育"，提升自身素质。强化安全价值观，引导员工自觉追求安全。同时，在安全管理中，还可以通过职务分析、职业适应性测试、职业选拔测试等方法，保证人员的特性与所从事职业或工种更加匹配，减少事故倾向者，从而减少因人的不安全行为导致的事故。

2. 人员安全管理的主要内容

对作业人员的安全管理，主要包括以下方面的内容：

（1）把好选人关。包含两个方面，一是新选人员应保证符合岗位安全特性的要求，尤其对于比较危险的作业、特种作业岗位，必须严格按有关安全规程要求选拔作业人员；二是在职人员的动态考核，对于那些由于生理、心理等变化不再胜任本岗位操作的人员应及时给予调整。此项工作的主要技术方法有：安全素质分析法、职务分析法、职业适应性测试法等。

（2）提高人员的安全素质。提高人员的安全素质是预防工伤事故的根本，主要有宣传教育、人员培训、安全活动等方法。

（3）安全管理制度的建立。如安全活动制度、安全教育培训制度、安全奖惩制度、劳动组织制度等。

（4）对人员作业过程的监督管理。人员工伤事故大多数发生在作业过程中，因此应加强对人员作业过程的监督管理。主要包括：对人员不安全行为的监督；对现场作业方法合理性的监督；对人员操作动作的合理性监督。

（5）人员安全信息系统的建立与管理。主要是人员安全台账的建设与管理，如人员的安全心理特征类型、生理状况、身体检查记录、作业工种、违章记录、安全考核情况等方面的信息。主要技术方法有：手工安全台账建档法、计算机信息管理系统法等。

3. 作业人员安全管理的重要性

事故发生的原因虽然多种多样，但归纳起来主要有 4 类（即事故的 4 M 构成要素）：人的错误推测与错误行为（统称为不安全行为），物的不安全状态，危险的环境和较差的管理。由于管理较差，人的不安全行为和物、环境的不安全状态发生接触时就会发生工伤事故。工伤事故都与人有关，如果人的不安全行为得不到纠正，即使其他三个方面工作做得再好，发生工伤事故的可能性还是存在的。例如，机床安全性能很好，但是工人戴手套操作旋转物件，手被卷入而出工伤；女工不戴女工帽头发被绞而出工伤事故等。

在各种事故原因构成中，人的不安全行为和物的不安全状态是造成事故的直接原因。在生产过程中，常常出现物的不安全状态，如传动部分没有罩壳，电气插头塑料壳已损坏，临时线有裸露接头等。也常发生人的不安全行为，如操作车床戴手套，冲床加工中手入模区内操作等。物的不安全状态和人的不安全行为在一定的时空里发生交叉就是事故的触发点。例如，人违反交通规则横过马路（不安全行为），汽车制动系统失灵或路面太滑（物的不安全状态），当人横过马路的不安全行为和车或路的不安全状态在一定的时间和空间点相遇（交叉）时，就会发生车祸事故。故此，事故发生的必要条件是物的不安全状态和人的不安全行为的存在。必要且充分条件是，物的不安全状态和人的不安全行为在一定的时空里发生交叉。所以，预防事故发生的根本是消除物的不安全状态，控制人的不安全行为。

在事故发生之前一定存在危险行为或危险因素，原则上讲，只要人们认识并制止了危险行为的发生或控制了危险因素向事故转化的条件，事故是可以避免的。因此，加强安全教育培训，提高职工的安全意识和能力，这是实现安全生产不容忽视的重要环节。企业为了防止工伤事故，制定各项制度、进行安全教育、开展安全检查、编制安全措施计划等，其基本目的就是纠正人的不安全行为和消除物的不安全状态。然而，就设备来说，使其符合安全要求还是可以办到的，但对操作者来说就很难做到事事、处处保持行为正确，因为影响人安全性的因素很多，有生理、心理、社会等。所以由违章和不慎造成的事故是大量存在的。

在大多数情况下，构成事故的"桥梁"是由人的不安全行为和管理不善"搭成"的，所以安全管理要以人为本。人、物、环境和管理四个因素是相互牵连的，就像正方形的四条边一样，其中的一条边变化，另外三条边也就跟着变化。决定另外三条边的就是人的因素，因为管理规程是人制订、修改、补充的，也是由人执行、监督的；设备是人按规章购置、安装、操作、维修的；企业作业场所的环境也是由人安排的。这就不难看出，一个企业出不出工伤事故，人的因素是起决定性的作用。所以，加强对人员的安全管理，对于企业预防事故发生，确保安全生产，具有重要的意义。

二、人员的安全素质与要求

1. 人员自身素质的构成

人的行为是由心理、精神、意识所支配，人的不安全行为与人的生理、心理、思想品质、安全知识技能等安全素质要素有关，因此，要提高人的作业安全性就必须提高人员的安全素质。

人的素质包括遗传的先天素质和由实践经验积累而成的后天性素质两类。人对于外界条件刺激做出的行为，即所采取的行动，会因各人的素质不同而有差异，因此，在生产场所发生的不安全行为和可能引起伤害行动的最根本原因与人的素质有着极为密切的联系。

人员素质中的人，是指有智力和体力并能从事某项劳动的人。素质的本义为生理素质，目前已经逐渐发展成为一个综合的概念，在素质本义的基础上，又增添了知识因素、个性因素、社会欲望因素等。概括起来说，素质所包含的要素有以下几点：

（1）人的生理特点。这里主要指一个人的感觉器官、运动器官以及脑的结构形态和生理机能方面的特点，它们均属于先天素质。所谓先天素质是指与生理机体的结构和机能密切相连的、难以改变的自然条件和自然状况。人的生理有如下特点：一是不可改变性。先天素质往往具有与生俱来的特点，如有的人嗅觉异常敏锐，有的人嗅觉就不够敏锐等。二是个体差异性，即不同的个人天赋，例如有人具有音乐天赋，有人具有数学天赋。大多数人是靠后天条件来选择职业，而具有特殊天赋的人，却可以以天赋倾向与后天努力相结合来选择对天赋因素要求高的职业，这是天赋优势。

（2）品德内涵。这是指人的思想品质，主要是社会责任感等方面的内容。它包括职业道德（法律规范及本职业所要求的道德规范）、社会道德（社会所要求的社会公德，如尊老爱幼等）、政治道德（国家政治制度所要求的政治权力规范，如公仆意识、民主意识等）。

（3）心理内涵。这是指个体所具有的个性、思维方式、行为方式、兴趣、追求、情绪等个体差异，如人与人之间的性格差异、观念差异等。

（4）智能内涵。主要是指从后天环境中习得的知识、文化、技术、能力、社会认知等方面的特点。如学历的高低、社会经验的深浅、技术的精与粗、能力的强与弱等。这一类素质是在生理素质和心理素质基础上进一步发展起来的。智能素质的习得、发展与提高，虽然都是从社会中获得的，但来源是不同的。智能素质按其来源的不同，可以划分为科学智能素质和社会智能素质。科学智能素质来自人与自然交往过程中的直接经验或者人通过书本学习间接经验得到的。社会智能素质则是来自社会实践，通过人与人之间的交往、联系、竞争与合作来获得。其中，科学智能素质在智能素质中起决定作用，是决定人的综合素质、整体素质的首要因素。

（5）工作绩效内涵。主要是指各类人员通过努力所取得的工作成效，如工作成绩、工作质量和工作效率等。

2. 人员安全素质的构成

人员安全素质实质是指人员的安全文化素质，其内涵非常丰富，主要包括：安全意识、法制观念、安全技能知识、文化知识结构、心理应变、承受适应能力和道德行为规范约束能力等。

安全意识、法制观念是安全文化素质的基础；安全技能知识、文化知识结构是安全文化素质的重要条件；心理应变、承受适应能力和道德、行为规范约束力是安全文化素质核心内容。三个方面缺一不可，相互依赖，相互制约，构成人员的安全素质。人员安全素质与一般素质相比，有其共同之处，也有其自身的特点，其具体组成如下：

（1）安全生理素质。主要是指人员的身体健康状况，感觉功能，工作坚持等。

（2）安全心理素质。主要是指个人行为，情感，紧急情况下的反应能力，事故状态下的个人承受能力等。

（3）安全知识与技能素质。主要是指一般的安全技术知识和专业安全技术知识等。

（4）品德素质。主要是指各类人员对待工作的态度、思想意识和工作作风。如社会安全观念、社会责任感等。

（5）各种能力。因为素质有层次性的特点，不同层次的人应该侧重于具备各种不同的能力，如领导者就应该具备安全指挥、决策等能力；工程师、技术员应该侧重安全技能；安监干部、班组长等应该具备管理能力等。

在人员的安全素质中，作业人员的品德素质，即遵章守纪的素质，十分重要。违章是肇事的根源。事故统计分析表明，在作业人员个人不安全因素所引起的事故中，80％以上是违章行为造成的。因此，违章（有意违章）实质上是属于缺乏责任感和缺乏安全意识，其个人安全可靠性很差。有些操作者在生活中产生了许多不良习惯，如经常酗酒、酒后作业等，这些不良习惯的产生，对安全可靠性有重大不良影响。

每一种职业都应有具体的职业道德标准来约束人员的行为规范，这些规范通常以规章制度、业务条例、工作守则、生活公约、劳动须知、企业誓词、行动保证等形式出现，其内容主要是对人员行为准则的规定，如热爱本职工作、安全文明作业、遵纪守法、团结协作、实事求是、保质保量等规定。

3. 对人员生理素质的要求

不同职业对人员的生理素质要求有所不同。在实际工作中，应根据不同的工作岗位，确定不同的生理素质要求条件，作为人员选用或评定的依据。

（1）感觉功能要求。人的感觉由眼、耳、鼻、舌、皮肤五个器官产生视、听、嗅、味、触觉等五感。此外还有运动、平衡、内脏感觉，综合起来即为人的感觉。这些感觉器官都有其独特的作用，又有相互补充的作用。感觉是人通过感觉器官对外界信息接收的过程，然后通过中枢神经系统形成知觉、思考判断，经运动中枢神经调动运动器官做出反应。因此，人体感觉的特性对人体对外界反应有重要的影响。有些职业感觉系统有特殊的要求，如有色盲的人不能从事化学分析等职业。

（2）力量与速度。不同体格的人所表现出来的力量和速度差别很大，不同职业对人体的力量与速度要求也不同。例如，载重汽车驾驶员，不仅要有灵敏的反应速度，而且对四肢的力量也有一定的要求。

（3）耐力与工作坚持。人在作业或活动过程中，由于肌肉过度紧张或心理紧张而出现疲劳现象。疲劳是一种复杂的生理和心理现象，当出现疲劳时，在生理上表现为：全身感到疲乏、头痛、站立不稳、手脚不灵、两腿发软、行动呆板、头昏目眩、呼吸局促等疲倦感觉；而在精神上表现为感到思考有困难、注意力难以集中、对事物失去兴趣、健忘、缺乏自信心、失去耐心、遇事焦虑不安等。

随着科学技术水平的发展和社会进步，现代工业中采用电子计算机自动控制的生产线日益增多和完善，大量繁重的体力劳动和职业性危害较严重的工种已逐步被机器或机器人所取代，体力劳动在工业生产中的比重和强度都不断下降，而需要智力和神经系统紧张的作业却越来越多。有些作业需要紧张而繁重的脑力劳动，有些作业是脑力和体力并重，且精神相当紧张，因此需要从事这些作业的人员有比较好的耐力和工作坚持性。例如，生产线上的产品检验工，为了适应产品的快速传送，视力和精神都处于紧张状态而产生疲劳。又如，危险化学品运输人员，由于所运送的物品具有很大的危险性，因而对这类人员的责任心要求就必须要高。

4. 对人员心理素质的要求

人的心理素质取决于人的心理特征。人的心理特征结构主要包括心理过程特性和个性心理特性。人的心理过程特性是心理活动的动态过程，即人脑对客观现实的反应过程，具体分为认识过程和意向过程。认识过程是指人的感觉、知觉、记忆、注意、思维、想象等过程，即人们通过感觉获得对客观事物的感性认识，然后通过大脑的思考、分析、判断，从而完成认识的全过程。意向过程是指人的情感、情绪、意志。通常所说的喜怒哀乐都属于情感和情绪；意志则是人为了实现某一个目的，自觉地克服内心矛盾和外部困难的心理活动。

个性心理特性包括个性心理特征和个性倾向性两个方面。个性心理特征是指人的能力、气质和性格，是个性结构中比较稳定的成分。人的个性心理特征是不同的，如对同样的任务，有的人能顺利完成，有的人则困难重重；有的人热情奔放，有的人沉默娴静；有的人心胸开朗，有的人心胸狭窄等，这些就是人们在能力、气质、性格上的差异。个性倾向性是指人的需要、动机、兴趣、信念和世界观等，是个性心理的潜在力量，每个人的个性倾向性也不尽相同。

人的各种心理特性是相互制约、相互依赖的。如果没有对客观事物的认识，没有伴随认识过程表现出来的情感，没有对客观事物改造的意志，那么性格、兴趣、信念等就无法形成。同样，兴趣、需要、性格不同的人，对同一事物也会表现出不同的认识、情感和意志等特点。

人的心理特征，既有共性，又有个性，共性寓于个性之中。现实生活中，心理活动总是在一定的个体身上发生的，个体的心理活动既体现着一般规律，又具有个别特点。

每个人的心理活动各有特点，具体表现在兴趣、爱好、能力、气质、性格等方面。在开展安全活动和安全教育中，就应针对不同的心理特性，充分利用和发挥具有对安全工作有利心理状态的人的积极性，而对那些存在不安全心理因素的人，应通过严格执行安全规章制度，并进行安全心理疏导和教育工作来消除其不安全心理因素。例如，人的自卫心理，这是人所共有的，希望不受伤害和不患职业病，是一种安全需要，要充分利用这种心理因素，它可以促使人们重视安全工作。充分利用有荣誉感、责任感、自尊心、好牵头、竞争性、获奖心等积极追求上进的好胜心理的人，让他们担任一定的安全组织、宣传、检查等项工作，充分发挥他们的积极性。利用人们的恐惧心理进行安全教育和安全管理，加强对事故及灾害的危险性宣传，让人们认识到其后果的严重性，从而激发人们采取安全防护措施的积极性，并自觉地杜绝不安全行为。对存在侥幸心理、嫌麻烦、图省事的凑合心理和逆反心理等不安全心理因素的人，应用血的事故教训进行安全教育，使他们真正认识到因不安全心理因素造成伤害损失的严重后果，从而启发他们自觉克服不安全心理因素，遵守劳动纪律，严格执行安全制度。

5. 对人员技术素质的要求

作业人员不仅要掌握生产技术知识，还应了解安全生产有关的知识。生产技术知识内容包括企业基本生产概况、生产技术过程、作业方法或工艺流程、专业安全技术操作规程，各种机具设备的性能以及产品的构造、性能、质量和规格等。

安全技术知识内容包括企业内危险区域和设备的基本知识及注意事项；安全防护基本知识和注意事项；有关电器设备、起重机械和厂内运输及企业防火、防爆、防尘、防毒等方面的基本安全知识；个人防护用品的构造、性能和正确使用的有关常识；事故发生原理，事故统计分析，预先危险性评价分析，事故树分析等。

安全技能要求作业人员具备熟练的操作技能，具有及时发现和处理异常的能力。在紧急情况下，能够排除险情，保证设备和人员的安全。

技术素质是影响作业人员安全可靠性的重要因素，作业人员的技术水平高，不仅能防止事故的发生，而且还可以提高效率；反之，技术水平低，不仅不能保证机械的正常作业，而且还容易引起事故的发生。每一工种都应制定出严格的技术等级考核标准，并严格考核，持证上岗。

三、人员的职业选择与培养

1. 人员职业选择

根据职业的要求选择合格的职工，是保障人员安全的一个重要措施。职业选择不当，不仅会对作业人员自身造成危害，还会影响到其他人员，以及对企业的安全造成影响。工作中人员产生的不安全因素，具体表现在以下几个方面：

（1）由于对职业缺乏兴趣，工作时得过且过，注意力不集中或者心情烦躁，动作失常，由此产生工作中的事故。

（2）由于职业不符合个人的气质特征而产生不安全的因素。如从事自动化工厂中央控制室的操作，需要在平静的工作环境中保持高度集中的注意力，并随时做出灵敏的反应，必要时能经受高度紧张的考验。如果具有典型抑郁型气质的人，就难以适应这种工作要求，容易发生事故。

（3）由于职业不符合个人的能力造成不安全的因素。一般来讲，能力强的人掌握知识和技能较好，事故发生率就低。而能力欠缺的人，工作时心理压力就大，易发生事故。另外，能力的类型不同、特长不同，也会造成工作中的不适应，从而导致事故的发生。总之，职业选择是职业的起点与第一关，职业选择是否适当，不仅对个人的发展有重大影响，而且对工作效率、工作中的安全也有重大影响。当然，实际生活中选择理想的职业不是一件容易的事，一项工作选择理想的操作者也不是轻而易举的。如果出现职业选择不理想的情况，就必须加强职业培训，以提高职业的适应性，预防事故的发生。

在职业选择中要做到知人善任，还必须做好职务分析、人的个性差异分析。职务是某一职业的具体岗位所规定担任的工作，职务分析是了解与分析该职务各项工作的性质与要求的研究过程。进行职务分析对开展职业咨询、职业培训、职业安全均有十分重要的意义。

2. 人员的职务分析

在现实社会中，存在着各种各样的职业，而其中每一种职业又可分为若干工种和岗位。安全生产实践表明，为了提高生产的安全程度，消除事故隐患，降低事故的发生率，一个很重要的因素就是要做到人与他所从事的工作或职务之间要相互适应、相互匹配。

人和职务的相互匹配包含两重含义：一是"人适其职"，即一个人有能力、有条件从事或做好某一职务（工种、岗位）的工作；二是"职适其人"，即根据特定职务的要求去选择适合从事该职务的人。前者是以人为核心和出发点，有了人，去选择合适的职业，这属于择业问题；后者是以职业为核心和出发点，有职业，需要去招募合适的人选，这属于招聘的问题。无论是前者还是后者，基本前提都是必须首先对职务的任务、性质、特点以及要求进行调查、研究和分析，也就是说，要进行职务分析。通过职务分析，可以对劳动就业、工种的选择与分配、岗位培训等提供指导和基本依据。

职务分析包括两个相互联系的内容或阶段：工作定向分析与人员定向分析。

（1）工作定向分析。工作定向分析是职务分析的基础阶段，也是人员定向分析的前提。工作定向分析主要是通过观察、谈话、问卷等手段，确定某一职务的性质、特点，其中包括该职务的工作任务、环境条件、应用的设备、使用的工具、操作特点、训练的时间、工作的难度、紧张状况、安全要求、体力消耗、身体姿势（坐、站、弯腰）等方面的特性。

（2）人员定向分析。人员定向分析是分析确定担任该职务的人员应当具备的基本条件，即对任职者的个性特征要求进行定性和定量分析。一般包括：

1）责任要求分析：主要分析担任该职务者对其他人的工作，对生产设备、材料、安全等应该负有何种责任或影响。

2）知识水平要求分析：分析担任该职务者最低应需要何等文化程度，需具备哪些方面或学科的专业知识。

3）技术水平要求分析：分析该职位需要什么技术？需要哪些基本能力和特殊能力？应达到何种水平？

4）创造性要求分析：从事该职位工作是否需要创造性？创造性应属于什么水平？

5）灵活性要求分析：处理工作是否需要机敏灵活？是否需要能够快速反应？

6）体力、体质要求分析：需要任职者具备什么样的身体条件？

7）训练条件要求分析：分析任职者是否应经过训练？训练多长时间？达到熟练或合格水平的标志是什么？

8）经历要求分析：分析任职者在此之前应具备何种工作经验？或有多长时间的相似经历？

通过以上分析，确定出担任该职务者应该具备的最低条件、合格条件和理想条件。

3. 职业适应性测试

职业适应性测试是职务分析的继续，它是根据职务分析说明书中所提出的任职条件要求，按一定的方法，对拟任职候选者或在任职者的知识、能力、生理、心理等素质进行一系列的测定、分析、评价，以评判被测试对象是否与任职条件要求相适应。

职业适应性测试内容依不同职业而异，但一般应包括文化知识基础与能力、生理特性、心理素质和特殊要求四方面的测试。对文化知识基础的测试，可通过文化考试的方式进行；能力测试一般通过实际操作来考核；特殊性能检查是对某种职务特别要求的适应性检查，例如打字员应能记住原文，建筑工人应能判断视觉空间关系等，它按照各种职务的特殊要求，逐个进行检查。生理特性和心理素质测试内容项目较多，职业不同测试要求差别很大，下面论述生理特性和心理素质的测试内容与方法。

（1）生理特性检查测试。身体或生理检查也可以称为适应作业条件的可能性检查。其目的是通过检查测试，发现并排除不能胜任作业的身体有缺陷和健康状况不良者，被认为有引起事故危险性的人，或者身体素质和体质异常的人。这类检查应包括体格、体力和有关身体机能的检查。有生理缺陷或身体不良者不适合的作业见表6—1。

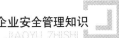

表 6—1　　　　　　　　　　有生理缺陷或身体不良者不适合的作业

生理缺陷或身体不适	不良状况程度	不适合作业
身体单薄	肌肉量少，胸部不发达	重体力作业
扁平足	长时间站立或连续步行时感到脚痛	站立或步行多的作业（如纺织、商店营业员等）
贫血症	容易疲劳和头晕	重体力或有害有毒作业
失眠症	有失眠习惯	神经紧张的作业，流水作业
肠胃病	消化机能减退	重体力作业，神经紧张的作业，高温作业，交通运输作业
眩晕	有眩晕习惯	危险作业，高空作业，交通运输作业
癫痫病	有既往发作史	危险作业，高空作业，交通运输作业
色弱，色盲	特别是红、绿色	需要辨色的工作（化学分析，交通管理，设备组装等）
视力弱	单眼视力 0.7 以下	不能戴眼镜的作业（精密机械作业，产品检验作业等）
视神经疲劳	视力很易疲劳	精密，超精密作业
听力弱	几米外听不见小声说话	要求听力高或需要听力平衡感的作业
肥胖症	明显过于肥胖	高温作业，高处作业
手掌多汗症	手掌不断出汗	怕沾污或怕因汗生锈的作业
神经痛，风湿痛	遇冷或拿重物时感觉痛者	寒冷环境作业，重体力作业
心动过速	运动即心悸	重体力作业，高温作业，高处作业
气管炎，咽喉炎	有既往病史	有毒有害气体和粉尘作业
过敏	接触作业环境中的物质	能发生过敏反应的作业（气体，气味）即有过敏反应

身体、生理方面的检查，要求有表明体格、体力（肌肉力量、呼吸、循环机能等）及作业必要的感觉机能方面有无缺陷的项目。通常对身体检查要进行身高、体重、胸围、主臂力、握力、背肌力、肺活量等的测定，还要利用步行试验检查循环机能，并对视觉和听觉以及各种疾病进行检查。这些检查测定的结果，只要不是显著的不良，一般是能适应工作的，即使测定值处于下限，也应在各个作业场所中进行试用。倘若身体确有明显缺陷，就不宜担当不相适应的职务。

身体健康检查包括对体格（身高、体重、胸围等）、体力（肌肉力量、呼吸、循环系统机能等）、感觉能力（视、听、嗅、触）以及身体内部各器官系统的健康状况等方面的检查。通过检查，可以掌握从业者的身体条件和健康状况，发现他们生理缺陷或身体健康状况。对于生理或身体健康状况有缺陷的人，不应安排表 6—1 所示的工种。具体生理指标应符合国家有关作业人员安全技术考核管理规则和作业安全技术考核标准中所规定的身体条件。

（2）心理素质测查。选择合适的人从事相应的工作，以避免事故的发生，所应测查的心理素质包含极为广泛的内容。尽管不同的职业对人提出了不同的心理素质要求，但是，一般来说主要应测查从业人员以下一些心理素质：智力、注意力、人格特点、反应时间、能力、危险感受性和安全态度、安全动机、安全意识及动作技能等心理素质。在实际应用中有必要根据工作对从业人员的心理素质要求,选择不同的心理素质予以测查。有不少研究证明,机床操作工作和驾驶工作的事故率与人员的视觉、感知技能、选择注意和反应速度等心理素质密切相关。因此,这类人员的选拔,应特别注意这些能力方面的考查。

4. 遵章守纪职工的培养与塑造

人们的思想支配行动,确立安全理念,才会有遵守规章、防止违章的安全行为。从心理学的角度讲,人的思想意识、性格秉性、生活习惯、作业习惯、安全习惯等,都是可以通过后天的培养塑造加以改变的。客观地讲,没有现成的优秀职工供企业选择,大量遵章守纪优秀职工的涌现,来自于企业的培养教育。因此,加强安全教育培训,提高职工的安全意识和技能,是企业实现安全生产重要环节。

(1)要引导职工认清安全生产的重要性与紧迫性,确立"安全第一、预防为主、综合治理"的理念。在目前市场竞争日益激烈的形势下,职工的安全思想观念也呈现出多样性。有的职工的安全理念出现了偏差,或者单纯地重视经济收入,轻视安全;或者因循守旧,思想观念跟不上科学技术的飞跃发展;或者对严格的安全监督管理不理解,产生误解和抵触情绪;或者相信迷信,不相信科学,预防事故不是靠扎实地开展工作,而是图侥幸、凭运气等等。要破除这些有悖于安全生产要求的思想偏向,引导企业职工深刻理解"安全第一、预防为主、综合治理"的方针,认清抓好安全生产是关系职工生命安全和企业财产安全,关系企业的生存与发展,关系社会稳定的大事。预防事故,实现安全生产,依靠的是全体职工同心同德的奋发进取,扎扎实实地开展安全管理工作。那种图侥幸、凭运气不仅于事无补,而且十分有害。要让每个职工都要认清,安全生产,人人有责,不仅自己要遵守安全规章,而且要大力支持安全管理工作,为营造良好的安全氛围增砖添瓦。

(2)要引导职工学习和掌握安全管理规章制度和安全操作规程。安全管理规章制度和安全操作规程,揭示了安全生产的客观规律,是企业开展安全管理工作的基本依据,是每个职工的行动指南。要通过教育培训,帮助职工了解这些规定的基本内容,熟记与自己有直接关系的条文条款,并以说服和规劝的方式,帮助职工扫除各种思想障碍,加深消化理解,化为具体行动。

(3)要加强企业安全文化建设。企业安全文化作为现代化企业生产力的重要保障,是企业文明和素质的重要标志。企业安全文化建设的过程,也是改变职工的精神和道德风貌,改进和加强企业安全管理工作的过程。企业安全文化中的约束功能,约束职工的安全行为,使每一个员工都能深刻认识安全规章制度的必要性,自觉地增强安全意识,履行安全责任,提高整体的安全水平。例如,定置管理在机械制造企业的安全工作中具有重要意义,而实施这种管理主要是科学合理摆放,形成习惯。例如,在生产现场实施定置管理,工件摆放按工序井井有条，形成流水线，给人以文明整洁、通道宽畅、省工省时且又安全的印象。定置管理由人实施，表现为人的安全素质的外化，而形成现场和操作环境则是物的本质安全的体现。通过安全文化建设，增强员工的安全责任和安全意识，员工逐步从"要我安全"到"我要安全"，并进一步升华到"我会安全"的境界。

四、职工在安全生产方面的权利与义务

1. 权利与义务概念

职工在生产劳动过程中，享有《安全生产法》等法律法规规定的权利，同时也要承担相应的安全生产责任，履行相应的安全生产义务，做到权利与义务的统一。

在法律上，"权利"和"义务"是两个相对的概念。"权利"是指公民或法人享有的权利和利益，法律对于权利的主体在行使权利或得到利益时应当做出的行为要给予约束，这种约束就表现为权利主体的义务。换句话说，"义务"就是权利主体所受到的法律约束。法律要求负有义务的人或法人必须同时履行相应的责任，以维护国家利益或保证权利主体的权利得到实现。

权利的本质是一种利益，义务的本质是一种无利益，而且受约束。责任是义务的具体化，即分内应做的事。分内的事做好了，称为尽到责任；分内的事没有做好，应当承担过失而追究责任。

权利与义务密不可分，一方有权利，他方必有相应的义务，反之亦然。人们在建立各种法律关系时，往往是互为权利和义务。

企业和职工之间构成了一种劳动关系，在这种关系中，职工提供自身的劳动并获得报酬，企业提供劳动场所和必需的劳动条件，并支付劳动报酬，双方的利益并不完全相同。因此，必须依靠法律明确规定企业和职工双方的权利和义务，才能使这种劳动关系保持公正和稳定。安全生产关系是劳动关系的重要组成部分，在我国现行法律中均有对企业和职工在安全生产方面的权利与义务所作出的规定。

2. 职工在安全生产方面的权利

党和国家历来重视职工的安全生产权利，国家的许多法律对此都有相关的规定。《安全生产法》第6条规定："生产经营单位的从业人员有依法获得安全生产保障的权利，并应当依法履行安全生产方面的义务。"《安全生产法》主要规定了各类从业人员必须享有的有关安全生产和人身安全的最重要、最基本的权利。这些基本安全生产权利，可以概括为以下八项：

（1）知情权。从业人员有了解其作业场所和工作岗位存在的危险、有害因素，防范措施和事故应急措施的权利。知情权保障从业人员知晓并掌握有关安全生产知识和处理办法，能有效地消除和减少由于人的因素产生的不安全因素，从而避免、减少人员伤亡。

（2）建议权。从业人员有权对本单位的安全生产工作提出建议；职工可以通过各种方式，对企业的安全生产规划、管理制度、管理办法、安全技术措施和规章的制定等提出建议。

（3）批评、检举和控告权。从业人员有权对本单位的安全生产工作中存在的问题提出批评、检举、控告；生产经营单位不提供法律规定的劳动条件，违章指挥、强令冒险作业，是发生伤亡事故的重要原因之一，赋予从业人员批评、检举、控告权，可有效发挥群众的监督作用。

（4）拒绝权。从业人员有权拒绝违章指挥和强令冒险作业。违章指挥、强令冒险作业极大地威胁从业人员的生命安全和身体健康，法律赋予从业人员这项权利，使其与生产经营单位的违法行为进行斗争，保护自身生命安全。企业不得因职工拒绝违章指挥、强令冒险作业而降低其工资、福利等待遇或者解除与其订立的劳动合同，用人单位不得以此为由给予处分，更不得予以开除。

（5）紧急避险权。从业人员发现直接危及人身安全的紧急情况时，有权停止作业或者在采取可能的应急措施后撤离危险场所。紧急避险权体现了"以人为本"的精神。企业不得因职工在此紧急情况下停止作业或者采取紧急撤离措施而给予职工任何处分，也不得降低其工资、福利待遇或者解除与其订立的劳动合同。

（6）劳动保护条件保障权。从业人员有获得安全卫生保护条件的权利，有获得符合国家标准或者行业标准的劳动防护用品的权利，有获得定期健康检查的权利等。

（7）接受安全教育权。从业人员有获得本职工作所需的安全生产知识、安全生产教育和培训的权利。该项权利能使从业人员提高安全生产技能，增强事故防范和应急处理能力。

（8）享受工伤保险和伤亡赔偿权。从业人员因生产安全事故受到损害时，除依法享受工伤保险待遇外，依照有关民事法律尚有获得赔偿的权利的，有向本单位提出赔偿要求的权利。《安全生产法》还规定："生产经营单位不得以任何形式与从业人员订立协议，免除或者减轻其对从业人员因生产安全事故伤亡依法应承担的责任。"因生产安全事故受到损害的从业人员，除依法享有工伤保险外，依照有关民事法律尚有获得赔偿的权利的，有权向本单位提出赔偿要求。

3. 职工在安全生产方面的义务

作为法律关系内容的权利与义务是对等的。没有无权利的义务，也没有无义务的权利。职工依法享有权利，同时也必须承担相应的法律责任和法律义务。职工在生产劳动中，除享有安全生产的有关权利以外，还应当承担相应的义务。职工在安全生产方面的义务主要有：

（1）遵章守纪，服从管理。即从业人员在作业过程中，应当严格遵守本单位的安全生产规章制度和操作规程，服从管理。事实表明，职工违反规章制度和操作规程，是导致大量安全事故的主要原因。企业的负责人和管理人员有权依照规章制度和操作规程进行安全管理，监督检查职工遵章守纪的情况。对这些安全生产管理措施，职工必须接受并服从管理。依照法律规定，企业的职工不服从管理，违反安全生产规章制度和操作规程的，要给予批评教育，依照有关规章制度给予处分；造成重大事故，构成犯罪的，依照刑法有关规定追究刑事责任。

（2）正确佩戴和按标准使用劳动保护用品。从业人员在作业过程中，应当正确佩戴和使用劳动防护用品。为保障职工人身安全，生产企业必须为职工提供必要的、符合要求的劳动防护用品，以避免或者减轻生产作业中的人身伤害，职工必须正确佩戴和使用劳动防护用品。但在实际工作中，一些职工认为佩戴和使用劳动防护用品没有必要，或嫌麻烦，往往不按规定佩戴或者不能正确佩戴和使用劳动防护用品，由此引发的人身伤害时有发生，给自身和家庭带来巨大的痛苦。

（3）接受安全教育培训，掌握安全生产技能。从业人员应接受安全生产教育和培训，掌握本职工作所需的安全生产知识，提高安全生产技能，增强事故预防和应急处理能力。这项义务的履行能够提高从业人员的安全意识和安全技能，进而提高生产经营活动的安全可靠性。职工的安全意识和安全技能，直接关系到生产经营活动的安全可靠性。为搞好安全生产，防止发生伤亡事故，职工有义务接受安全生产教育和培训，掌握本职工作所需的安全生产知识，提高安全生产技能，增强事故预防和应急处理能力。

（4）发现事故隐患及时报告。从业人员发现事故隐患或者其他不安全因素时，应当立即向现场安全生产管理人员或者本单位负责人报告。从业人员是进行生产经营活动的主体，往往是发现事故隐患和不安全因素的第一当事人，及时报告，方能及时处理，最大限度地避免和减少事故损失。

4. 对女职工和未成年工保护

女职工在心理和生理上与男职工有区别。就生理而言，男女在运动系统、呼吸系统、血液循环系统等许多方面都存在不同，尤其是女性在月经、生育、哺乳等时期都有特殊的生理反应，需要特殊保护。未成年工是指年满16周岁，不足18周岁，身体发育尚未完全成熟的劳动者。女职工和未成年工自身的生理特点决定了应当给予他们特殊的劳动保护。为此，国家对女职工和未成年人的保护作了以下规定：

（1）规定了女职工和未成年工禁止从事的劳动范围。某些特别危险的行业，如矿山井下作业、架设登高作业；特别繁重的体力劳动，如第Ⅵ级体力劳动强度作业等不允许女性和未成年工从事。

（2）规定了妇女在生理"四期"（月经期、怀孕期、产期、哺乳期）禁止从事的劳动范围。如怀孕和哺乳期的妇女禁止从事接触铅、苯、镉等有毒物质浓度超过国家卫生标准的作业等。

（3）规定了妇女在"四期"应享受的基本待遇。如产假休息不少于 90 天，在此期间工资、福利待遇保持不变；不得在女职工怀孕期间解除劳动合同等。

（4）规定了未成年工的就业管理办法。规定矿山企业不得安排未成年工从事粉尘、有毒有害物超标的作业环境的工作，以及重体力劳动、危险行业（如矿山井下作业）、易发生伤害事故的作业，并且要对未成年工实行特殊的管理，如就业前健康检查等。

在我国现行的法律法规中，对女职工和未成年工的特殊保护，均使用的是法律法规中最高用语，如禁止、不得等，这是一条红线，任何单位和个人均不得违禁。

第三节　对事故预防与控制的管理

事故预防与控制管理包括两部分内容，一方面是着眼于事故未发生之前，尽可能地通过安全评价、安全检查、事故隐患排查整改、安全技术应对措施等，消除事故发生的基础和条件，从而避免事故的发生；另一方面则是通过工伤保险、人身伤害保险、财产保险等措施，在事故发生后降低事故造成的损失，减少事故的严重后果。

一、对预防和控制事故的认识

1. 对预防和控制设备事故的认识

设备是企业生产的物质技术基础，也是企业生产的基本手段。设备安全运行能促进生产发展，使企业获得经济效益；设备的异常状态能导致事故发生破坏生产发展，使企业失去经济效益，因此，设备是重要的安全管理对象。

在设备管理上，要对预防和控制设备事故有一个正确的认识。

（1）认识设备事故的一般规律是预防、控制设备事故的前提。设备事故的一般规律，是指导致同类设备事故重复发生的普遍性。例如，设备由于设计制造异常、选用布局异常、维修保养异常、操作使用异常等，违背了生产规律而导致重复发生的事故，就是此类设备事故的一般规律。

（2）设备事故的预防、控制要点。现代化生产的一个突出特点，是人与设备成为不可分割的统一体，没有人的作用设备是不会投入运行的，同样没有设备也难以进行生产。但是，人与设备不是等同的关系，而是主从的关系。人是主体，设备是客体，设备不仅是人设计制造的，而且由人操纵使用，执行人的意志。因此，依据设备事故的规律和保证设备安全运行的经验，对设备事故的预防和控制要以人为主，通过开展预防性安全科学管理达到保证设备安全运行的目的。

对设备事故的预防要抓好以下环节：

1）选购合格设备。首先，要根据生产需要、技术要求、产品质量，选购合格设备。同时，在设计制造上要有安全功能，如回转机械要有防护装置；冲剪设备要有保险装置；有些设备系统根据需要应有自动监测、自动控制装置，以及易燃、易爆场所要选用防爆设备等。

2）做好设备的安装、调试和验收。凡是新投入使用的设备，不论是选购的，还是自制的，不论是需要安装、调试的，还是不用安装使用的，都要按设计规定，对设备的技术性能、质量状态、安全功能进行全面严格验收。发现问题时必须加以解决，并要经过试运行确认无误时，才能正式投入使用。

3）为设备安全运行提供良好的环境。良好环境是设备安全运行必备的条件。例如，固定设备的布局要合理，有必要的防污染、防腐、防潮、防寒、防暑等设施，从而使环境中的温度、湿度、光线等都能达到设备安全运行的要求。流动性设备的环境因素也非常重要，如汽车的路面、火车的轨道，船舶、飞机的航线，均要达到保证安全运行要求。

4）为设备安全运行提供人的素质保证。凡是从事设备管理的工程技术人员、操作使用人员和维修人员，都要努力学习管理、使用、维修设备的知识，具有自我预防、控制设备事故的技能。其中，危险性较大设备，如锅炉、起重设备、汽车司机等特种作业人员，还要经过专业培训，使其成为爱护设备、熟悉性能、懂维护保养、会操作使用、能排除故障、具有应变能力的员工，并经过考试合格后，持证方可上岗作业。

5）建立安全法规，保证设备安全运行。建立、健全安全法规用于规范人们行为，是强化设备安全管理，保证设备安全运行的法制手段。例如，建立设备管理机构和责任制，明确法定职责；建立设备安全运行规程，做好设备运行记录，掌握设备情况，发现问题及时处理；建立设备检修规程和安全技术操作规程等，并要做到有章必循、违章必纠、执法必严。严禁违章指挥、违章作业，从而确保设备安全运行。

6）做好设备的定期修理。按照设备事故的变化规律，定期做好设备修理，是保证设备性能，延长使用寿命，巩固安全运行可靠性的重要环节。设备修理的种类，按照设备性能恢复程度，一般分为小修、中修和大修3种类型。同时又分为检查后修理、定期修理和标准修理。其中，标准修理适用于危险性较大的设备，如汽车、锅炉、起重设备，到了规定时间不论设备技术状态怎样，都必须按期进行强制性修理。关于设备修理的具体内容和方法，各行业均有各自的具体规定，要严格执行，从而确保设备安全运行。

7）做好设备的日常维护保养。设备的维护保养，是为防止设备劣化、保持设备性能而进行的以清扫、检查、润滑、紧固、调整等为内容的日常维修活动。各行业设备的维护保养内容有各自不同的规定，可根据实际需要进行。例如，该保暖的保暖、该降温的降温、该去污的去污、该注油的注油，使之保持安全运行状态。

8）做好设备运行中的检查。设备检查可分为日常检查和定期检查。日常检查是指操作工人每天对设备进行的定项、定时检查，通过检查及时发现、消除设备异常，保证设备持续安全运行。定期检查是指由专业维修工人协同操作工人按期进行的检查。通过检查查明问题，以便确定设备的修理种类和修理时间，从而消除设备异常状态，确保设备安全运行。

9）吸取事故教训，避免同类事故重复发生。设备事故发生之后，要按"四不放过"原则进行讨论分析，从中确认是设计问题，还是使用问题；是日常维护问题，还是长期失修问题；是技术问题，还是管理问题；是操作问题，还是设备失灵问题；等等。从而有针对性地采取安全防范措施，如健全安全法规，改进操作方法，调整设备检修周期，以及对老旧设备更新改造等，避免同类事故重复发生。

10）做好设备的更新改造。根据需要和可能，有步骤、有重点地对老旧设备进行更新改造，并按规定做好设备报废工作，是保证设备安全运行提高经济效益的重要措施。设备使用至老化期，由于性能严重衰退，不仅影响正常生产，能导致事故发生，而且由于延长了设备的使用时间，相应增加了检修次数和材料消耗，同时，由于精度降低，也能导致质量事故，因此，该报废的设备必须报废。

2. 对预防和控制人因事故的认识

依照人机工程学原理分析，生产中事故的原因主要受人、机、环境和管理因素的制约，表现在人—机生产系统中，事故发生的直接原因是人的不安全行为和机器、环境的不安全状态；机器、环境的不安全状态同时也会引发人的不安全行为。管理缺陷通常是事故发生的间接原因；当然管理状况的好坏也是由管理者来决定的，因此管理状况的问题也属于人的因素问题，即不可靠的管理行为。分析事故发生的原因，在很大程度上取决于人的行为性质。据专家统计，约90%的事故与人的行为有关，这也印证了人机工程学原理对人的不安全行为产生条件及原因的演绎。

（1）不安全行为产生的条件和原因分析。从人机工程学的观点看，事故的发生往往是在瞬间由于机器和作业环境对操作者的要求超过了操作者的负荷能力——客观上产生了不安全行为。不安全行为产生的机器因素、环境因素和人自身的因素，主要体现为：

1）机器防护缺陷因素。设计不良的机器是带有事故隐患的机械设备。机器在设计、制造时未充分考虑安全防护装置的重要性。例如，设计不符合人的生理、心理特性及操作习惯的定型的显示器与控制器，安装位置不当的显示器和控制器，对于机器的危险部位未设计安全防护装置等都极有可能引发人的不安全行为。

2）环境不良因素。不良的作业环境会对人造成不同程度的生理、心理压力，会导致操作者产生不良的生理、心理状态，从而降低人的行为的可靠性，诱发各类人为差错。不良生产作业环境包括高温、振动、噪声、寒冷、不良的照明、有毒物质、粉尘、作业空间狭窄、通风不良、作业地面脏乱、潮湿、地面滑等等。高温对人体的影响很明显，在高温情况下，人体的血液处于体表循环状态，而内脏与中枢神经则相对缺血，这时人的大脑反应能力降低，注意力分散，心境不佳，易发生人为差错；作业场所采光照明条件不良时，作业人员不能准确迅速地接受外界信息；噪声干扰会使作业人员的注意力分散，感到心烦意乱，特别是报警信号、行车信号，在噪声干扰下不易被注意；强烈的振动会引起作业人员视觉模糊，影响手的稳定性，使操作者观察仪表时增加误读率，操作机器时控制力降低，甚至失控；狭小、拥挤的作业空间，原材料、半成品、成品以及各种工具、器具杂乱无章地堆放，作业地面脏乱、有油污或积水等不良作业环境，不仅使作业人员感到紧张、压抑、烦躁不安，而且使作业人员在处理和躲避危险时失去应有的空间和安全通道，从而增加了事故的严重程度。以上都是触发不安全行为产生的环境不良因素。

3）员工自身的生理、心理因素。在生产作业中，造成员工失误的因素很多，但是可能造成事故的不安全行为产生的因素主要有：不安全的操作动作、不良的情绪状态、过度疲劳等等。需要注意的是，人的生理疲劳可导致肌肉酸痛、操作速度变慢，动作的协调性、灵活性、准确性降低，工作效能下降，人为差错增多，进而易导致事故发生。心理疲劳可导致思维迟缓、注意力分散、工作混乱、效率下降、人为差错增多，易导致事故发生。疲劳长时间得不到完全解除就会发生疲劳积累效应，可造成过度疲劳，将导致一系列心理、生理功能的变化，致使各种差错和事故增多。

（2）预防事故的对策措施。预防事故的对策措施主要有：

1）合理设计机器的安全防护装置。机器安全装置是确保机器本质安全，防止事故发生的重要措施。对于人机系统而言，从预防人的不安全行为的角度出发，必须进行操作安全设计。操作安全设计主要包括按人机工程学原理设计和配置显示及控制装置，也就是从人体角度考虑足够的进出通道的横向纵向尺寸、设备的最佳操作区域和净距，充分考虑采取站立、坐、跪、卧等姿势操作或控制时的适宜安装高度、角度等，以及使用各种工器具时的安全空间及防护措施，进而使显示、控制装置的设计满足易看、易听、易判断、易操作的要求。

2）创造良好的作业环境。作业环境是指在劳动生产过程中的大自然环境和因生产过程的需要而建立起来的人工环境。这里所谈的创造良好的作业环境是指为生产需要而建立的人工环境。创造一种令人舒适而又有利于工作的环境条件是必要的。

3）人为差错原因及预防措施。常见的人为差错原因主要有：操作者注意力不集中，违反安全操作规程，未按规定使用劳动防护用品，没有注意一些重要的显示，操作控制不精确等。对于这些人为差错原因，可以根据人机工程学原理采取相应的对策措施加以克服和消除。对于操作者注意力不集中的问题，可在机器设备重要的位置上安装引起注意的装置，在各工序之间消除多余的间歇，并应提供不分散注意力的作业环境。对于违反安全操作规程的问题，应对有关人员进行全面深入的安全教育培训，使操作者意识到生产过程的危险并自觉遵守避免危险的程序；应把安全技术培训纳入整个技术培训计划之中，使操作者熟练掌握本岗位安全操作技术，并能严格遵守安全操作规程；对操作难度大而复杂的工种，应建立稳定有效的安全操作行为模式，注意操作者的操作动作，并给予及时纠正和指导。

4）安全教育和安全管理。安全生产的实践说明提高人的素质是非常重要的，因为一切生产活动都是通过人来实现的。人的素质包括技术素质、文化素质、安全素质、职业道德、工作责任心、工作态度和身体素质等。为了提高人的素质，就必须进行教育，包括基础文化教育、安全教育、道德教育和专业技术教育，提高人的素质可以提高人在工作中的可靠性。安全管理工作主要任务有宣传、执行安全生产方针、政策、法规和规章，并监督相关部门安全职责的落实情况，审查安全操作规程并对执行情况进行检查，参与干部、职工的安全教育与培训等工作。可见，安全管理工作同样对预防不安全行为具有重要的主导作用。

对员工不安全行为，要采取积极的对策措施，从构建和谐社会，树立和落实安全生产科学发展观的高度，充分认识应用人机工程学原理预防不安全行为工作的重要性，将安全人机工程学的研究和传统的方法相结合，这将对预防事故起到积极的作用。

二、人员违章行为的管理

1. 违章行为的类型

违章行为是指企业员工在生产过程中，违反国家有关安全生产的法律、法规、条例及企业安全生产规章制度，进行违章指挥、违章操作的不安全行为。统计资料表明，由于违章造成的事故占事故总数的 70% 以上。尤其应引起重视的是，重复性的违章已成为引发事故的顽症。因此，要预防和控制事故，除了改善劳动条件，消除物的不安全状态以外，还必须重视提高人的素质，消除和控制人的不安全行为。

因行业、专业、岗位、地域、季节等不同，违章行为的表现也千差万别，分析其始发心理和管理缺陷，大致可以将其分为以下几种类型：

（1）冒险性违章。冒险性违章，就是对自身、设施、设备起安全防护作用的用具认为是多此一举，从而弃之不用。如登高作业不系安全带，或者是进罐作业没有监护人、在矿井下操作不戴安全帽等。冒险性违章还有一种表现形式，就是滥用防护用品。如铣工戴手套取车床上的工件，在运转中的机械上注油、检修或清扫等。冒险性违章的最大特点，就是一般情况下不易引发事故，从而使安全意识较差的员工容易产生冒险的冲动。

（2）习惯性违章。习惯性违章，就是对违章行为习以为常，把错误的组织、操作当成顺理成章。它大致产生于两种情形：一是不知道正确安全的组织、操作方法；二是知道正确的组织、操作方法，但是当新的安全装置投产或改变工艺或采用新工具设备时，因旧的工作习惯一时没有改变，或喜舒适、图方便，从而下意识地操作而造成的违章。

（3）侥幸性违章。侥幸性违章，就是在进行生产组织、具体作业的时候，组织者和操作者已经预见到潜在的危险，但这种危险的程度并不大，在侥幸心理的驱使下违章指挥、违章作业。它的产生往往是由于在无意或有意进行了第一次违章或者是知道他人有过同类违章行为的发生，但没有酿成事故的情况下，产生了侥幸心理。如汽车司机利用斜坡下滑起动成功一次，再遇到有坡度的地方，他就会采取这种方法起动。

（4）被动性违章。被动性违章，就是明知操作是违章行为并具有潜在的危险性，但受一定条件的制约必须违章，否则就完不成任务，或面临着人身胁迫等。

（5）异常性违章。异常性违章，就是大脑出现短暂的"真空"状态，指挥系统失灵，引发操作失控。它的表现形式很多，如：特殊情况下大脑缺氧，短时间心绪紊乱，长时间连续作业引起疲劳过度，大脑、手、脚失控，身体机能有缺陷，不能完成正常的操作等等。

（6）记忆和判断失误性违章。这是由于训练不足丧失"短期记忆"而对安全事项想不起来，或在作业时，突然因外来干扰使判断失误发生的违章。如一埋头伏案设计的电气工程师，忽然想起要测一下变电站电机的相应尺寸，于是没有换工作服而穿着长袖衫到低矮的变电间屈身蹲下去实测，头上有高压线，正当测量之时，右长衣袖脱卷，他下意识地举手企图卷上衣袖，结果手扬起时指尖接触电线而触电死亡。这是典型的记忆性违章，假使身穿工作服，后面一连串的事就不至于发生。

（7）环境性违章。指个体受到外界的刺激促成心理异常而发生的违章，如环境引发兴奋过度、忧愁担心、发怒等心理反应影响了对危险的预见，或根本不考虑危险，致使操作违章等。

2. 违章行为的表现

不同的企业有自身不同的情况，因而人员违章情况也各不相同，但是也有许多共同之处。某机械制造集团公司通过对近年来该公司所发生的各类工伤事故分析发现，现场人员违章操作是造成工伤事故的罪魁祸首。为更好地加强对违章指挥的预防和监控，控制工伤事故的发生，特制订了违章记分登记办法。在这个办法中，把人员违章情况分为三类，并制定出不同的现场违章表现及记分标准。

（1）有下列违章情形之一的，记1分：

1）生产现场穿高跟鞋、拖鞋、前后开口凉鞋、背心、短裤、裙裤、裙子、宽松衫，戴头巾、围巾、领带或敞开衣襟、赤膊、赤脚等。

2）超过颈根的披发或发辫，未戴工作帽或不将头发置于工作帽内进入生产现场的。

3）未随身携带操作证的。

（2）有下列违章情形之一的，记3分：

1）工作前未检查设备（设施）或设备（设施）有故障、安全装置不齐全便进行操作的。

2）操作旋转机床时，戴手套、未扣领口、袖口及下摆、衣襟敞开，围巾、领带、长发外露的。

3）工作时有颗粒物飞溅，未戴护目镜或面罩的。

4）在易燃、易爆、明火、高温等作业场所穿化纤服装操作的。

5）任意拆除设备（设施）的安全照明、信号、仪器、仪表、防火防爆装置和各种警示装置的。

6）设备（设施）超速、超温、超负荷运转的，供料或送料速度过快的。

7）设备运转时，跨越或接触运动部位的。

8）调整、检修、清扫设备时未切断电源或测量工件时未停车的。

9）冲压作业时，手进入危险区域的。

10）未使用专用工具操作（用手排拉铁屑等）的。

11）攀登吊运中的物件或在吊物、吊臂下行走或逗留的。

12）厂内机动车辆行驶违反规定载人、载物的。

13）机动车辆行驶时，上车、下车或抛掷物品的。

14）容器内部作业时，未按规定使用通风设备及照明的。

15）电气作业未穿绝缘鞋的。

16）安全电压灯具与使用电压要求不符的。

17）检修电气设备（设施）时未停电、验电、接地及挂警告牌操作的。

18）使用未经审批的临时电源线的。

19）带负荷运行时，随意断开车间（或回路）配电闸刀或总开关的。

20）违反起重作业"十不吊"之一的。

21）随意倾倒、浇注热金属物品的。

22）有毒有害作业未按规定佩戴防护用品的。

23）在有毒、粉尘等作业场所进餐、饮水等，以及未按规定使用通风除尘设备的。

24）新安装设备（设施）未经安全验收就使用的。

25）未按规定放置、堆垛材料、制品及工具的。

26）在消防器材、动力配电箱（板、柜）周围堆放物品且违反堆放间距规定的。

27）发现隐患未排除、冒险作业的。

28）危险作业未经审批的或审批后未设置警戒区域或未挂警示牌等安全措施不落实的。

29）高空作业或在易有坠落物体下方作业时未戴安全帽的，高空作业未穿防滑鞋，随意抛掷物件的。

30）高空作业位置在非固定支撑面上或在牢固支撑面边沿以及在坡度大于 45°的斜支撑面上工作，不使用安全带或吊笼的。

31）职业禁忌证者未及时调换工种的。

32）非本岗位人员任意在危险要害部位、动力站房等区域内逗留的。

33）私自启用查封或报废设备的。

34）私自开动非本工种、本岗位设备的。

35）在情况不明时，开启或关闭动力源（电、气、油等）的。

36）领导见到违章指挥、违章作业不制止，不采取措施的。

（3）有下列违章情形之一的，实行违章否决，扣 5 分：

1）违章指挥的。

2）未经三级教育上岗的。

3）特种作业人员无证操作或持超期证件操作的。

4）非特种作业人员无证从事特种作业的。

5）在禁火区域吸烟或违章明火作业的。

6）使用Ⅰ类手持电动工具未配用漏电保护器及绝缘手套的，在潮湿密闭容器内、构架内作业时使用非Ⅲ类手持电动工具的。

7）带电拉高压保险开关或隔离刀闸时未使用合格绝缘工具的。

8）电气作业（主要是高压电气）时，不执行或违反工作票、许可、监护及中断转移等制度的。

9）液化气站、轻油库、锅炉房、煤气站、制氧站、乙炔站等危险要害部位，操作人员、值班人员脱岗的。

10）其他违反防护用品使用规定或违反操作规程中相应条款可能直接导致重伤以上事故或爆炸、火灾、倒塌、中毒事故及职业病的行为。

3. 违章行为的原因

行为科学指出：人的行为受个性心理、社会心理、社会、生理和环境等因素的影响，产生个体违章行为的原因是复杂的。因而，在分析违章行为的原因时不能停留在"人因"这个层次上，应该进行更为深入的分析，应分清是生理或心理的原因，抑或是客观还是主观的原因。现今我国不少企业，在分析事故原因时，只简单归咎于"违章作业"、"违章指挥"等浅层直接原因或只在表面现象上做文章，而不去分析产生不安全行为的深层次原因，这对制定合理的预防控制措施，有效地杜绝类似现象的发生是没有多大益处的。

通过对大量的人为事故分析得出，违章主要集中于以下原因：

（1）技术不熟，能力不强，盲目蛮干。操作者没有熟练掌握操作规程，没有工作经验，又不向他人请教，没有察觉到危险的存在，这是产生冒险性违章的主要原因。

（2）自以为是，习以为常。操作者自认为从事该项工作多年，很有经验，对不安全行为习以为常，满不在乎，甚至在工作条件和环境发生变化后也没有引起足够的重视，始终凭经验办事，这是产生习惯性违章的主要原因。

（3）心存侥幸，思想麻痹。在遇到难干、麻烦的工作时，只图省事、省力尽快完成任务，虽然感到操作有一定的危险，但认为问题不大，对潜在的风险未有足够的警觉，这是产生侥幸性违章的主要原因。

（4）生产作业条件受限。生产现场设备相对简陋，作业环境恶劣，加之生产任务又紧，作业人员只能利用现有的条件来完成生产任务，很难有其他的选择，这是产生被动性违章的主要原因。

（5）力不从心，疲劳作业。操作人员过于疲劳，感觉机能减弱，注意力下降，动作准确性和灵敏性降低，人的思维和判断错误率提高，无法正常操作，从而产生异常性违章或记忆和判断失误性违章。

（6）受情绪的影响，意识不集中。受到外界各种因素的刺激，心情不好或情绪激动，大脑皮层极度兴奋，注意力难以集中到生产作业中去，这种情况容易导致环境性违章。

4. 控制人员违章行为的方式

利用管理手段控制人员的不安全行为，使不安全行为受"压"于管而"就范"。管理控制的作用很多，如政策规范的控制作用、安全生产权力的控制作用、团体压力作用等，这些控制作用对人的行为都有很强的约束力。从管理角度，对人不安全行为的控制方式可分为：预防性控制、更正性控制、过程控制和事后控制。

（1）预防性控制。预防性控制是为了避免产生错误又尽量减少今后的更正活动。例如，强调安全生产法规的宣传教育，就是预防性控制措施。通过宣传教育，使得人人知法规，人人懂法规，就可以最大限度地减少那些由于不知法规、不懂法规而导致的不安全行为。一般说来，像安全规章制度、工作程序、人员训练和培养计划都起着预防控制的作用。在设计预防性控制措施时，人们所遵循的原则都是为了更有效地达成安全生产目标。然而，要使这些预防性的规章制度等能够真正被遵从，必须有良好的监控机构作为保证。

（2）更正性控制。更正性控制的目的是，当行为出现偏差时，使行为或实施进程返回到预先确定的或所希望的水平。例如，管理人员对作业者操作过程进行观察或检查，当发现某些作业人员违章现象严重，为了改变这种现象，对这些人员提出批评，并告诉他们正确的方法，要求他们改正。安全检查制度增加了安全管理部门采取迅速更正措施的能力，因为定期对生产过程进行安全检查，有助于及时发现问题、解决问题。

（3）过程控制。过程控制是对正在进行的活动给予指导与监督，以保证活动按规定的政策程序和方法进行。例如，生产制造活动的生产进度控制、动火作业过程中的监护、每日情况的统计报表、每日对住院病人进行临床检查等都属于此种控制。过程控制一般都在现场进行，遥控不易取得良好的控制效果。因此，要求安全管理人员要经常深入生产现场，及时发现和纠正违规行为。在监督和指导过程中，应以安全生产方针、政策、规程、制度为依据，克服主观偏见。过程控制的效果与指导者或控制者的个人素质密切相关，例如，纠正违反交通规则者行为的效果和交通警察的个人态度关系较大。指导和控制的内容应该和被控制对象的工作的特点相适应，对于简单重复的体力劳动采取严厉的监督可以导致好的效果；而对于创造性劳动，控制的内容应转向如何创造出良好的工作环境，并使之维持下去。

（4）事后控制。即人不安全行为出现并导致事故后再采取控制措施，它可防止不安全行为的重复出现，但是事后控制的致命缺陷在于事故已经发生，行为偏差已造成损害，并且无法补偿。

三、安全生产规定和禁令

一个生产企业，尤其是大中型生产企业，为了保证生产作业安全，制定有安全生产通则、规定、禁令等，用简洁明快、清晰易懂的语言，对职工必须遵守的基本安全要求做出明确规定。

1. 职工安全准则

（1）进入现场"两必须"：

1）进入现场，必须"两穿一戴"：穿着工作服、工作鞋和戴安全帽（女职工发辫必须盘入帽内）。

2）进入 2 m 以上高处作业，必须佩挂安全带。

（2）现场行走"五不准"：

1）不准跨越皮带、辊道和机电设备。

2）不准钻越道口栏杆和铁路车辆。

3）不准在铁路上行走和停留（横过铁路必须"一站二看三通过"）。

4）不准在起重吊物下行走和停留。

5）不准带小孩或闲杂人员到现场。

（3）上岗作业"五不准"：

1）不准未经领导批准私自脱岗、离岗、串岗。

2）不准在班前班中饮酒及在现场打盹、睡觉、闲谈、打闹及做与工作无关的事。

3）不准非岗位人员触动或开关机电设备、仪器、仪表和各种阀门。

4）不准在机电设备运行中进行清扫及隔机传递工具物品。

5）不准私自带火种进入易燃易爆区域并严禁在该区域抽烟。

（注：该"职工安全准则"为武汉钢铁集团公司所制定。）

2. 职工安全通则

（1）公司职工必须牢固树立"安全第一、预防为主、综合治理"的思想，认真贯彻国家安全生产政策和法规，严格执行安全技术操作规程和各项安全生产规章制度。

（2）工作前必须按规定穿戴好劳护用品，女工必须将发辫放入帽内；旋转机床严禁戴手套操作。作业前必须检查设备和工作场地，发现异物和异常现象，应立即清除和排除。两人以上共同工作时必须有人负责，统一指挥。

（3）不准带小孩进入工作场所，上班前和工作中严禁饮酒，不能穿拖鞋、高跟鞋、赤脚、赤膊、敞衣、戴头巾、围巾工作。

（4）搞好安全防护，确保信号、保险装置齐全、灵敏、可靠；认真做好设备维护保养，确保设备正常工作。

（5）工作中应集中精力，坚守岗位，不准把自己的工作交予他人，不准打闹、睡觉和做与本职工作无关的事。

（6）严格执行交接班制度，实行面对面交接班。非连续作业岗位下班前必须切断电源、汽（气）源、熄灭火种。

（7）操作工必须熟悉其设备性能、工艺要求和设备操作规程。设备应专人操作，未经领导批准，严禁操作他人设备。

（8）全体职工必须学会和正确使用防护器材和消防器材。

（注：该"职工安全通则"为陕西龙门钢铁集团公司所制定。）

3. 防火、防爆十大禁令

（1）严禁在厂内禁烟区域吸烟及携带火种和易燃、易爆、有毒、易腐蚀物品入厂。

（2）严禁未经批准擅自进行用火作业。

（3）严禁穿易产生静电的服装进入油气区工作。

（4）严禁穿带铁钉的鞋进入油气区及易燃、易爆装置。

（5）严禁用汽油、易挥发溶剂擦洗设备、衣物、工具及地面等。

（6）严禁未经批准的各种机动车辆进入生产装置、罐区及易燃易爆区。

（7）严禁就地排放易燃、易爆物料及危险化学品。

（8）严禁在油气区用黑色金属或易产生火花的工具敲打、撞击和作业。

（9）严禁堵塞消防通道及随意挪用或损坏消防设施。

（10）严禁损坏厂内各类防爆防火设施。

4. 车辆安全十大禁令

（1）严禁超速行驶、酒后驾车。

（2）严禁无证开车或学习、实习司机单独驾驶。

（3）严禁空挡放坡或采用直流供油。

（4）严禁人货混载、超限装载或超员。

（5）严禁违反规定装运危险化学品。

（6）严禁迫使、纵容驾驶员违章开车。

（7）严禁车辆带病行驶或私自开车。

（8）严禁非机动车辆或行人在机动车临近时，突然横穿马路。

（9）严禁吊车、叉车、电瓶车等工程车辆违章载人行驶或作业。

（10）严禁撑伞、撒把、带人及超速骑自行车。

第三章 班组安全管理知识

班组是企业的基层组织，是搞好安全生产的基础。在企业安全生产中，班组安全管理显得尤为重要。通过事故统计分析可以看出，在生产作业过程中发生的许多事故，主要是由于人员违章和现场出现的事故隐患没有及时得到消除，从而导致事故的发生。而人员违章与事故隐患则多数滋生于班组具体作业过程中，因此，对班组员工进行经常性的安全意识教育，牢固树立"安全第一"的思想，在掌握安全知识的基础上，不断提高安全操作技术水平，通过加强班组建设，抓好班组安全管理，实现个人无违章、岗位无隐患、班组无事故，才能确保班组安全生产。

第一节 班组安全管理主要内容

从企业的整体来看，一个班组的范围很小，但它的总和却很大，在生产中一个班组发生事故，就会使生产脱节，影响局部甚至整个企业的生产秩序，造成严重的后果。从安全管理的角度来说，班组是控制事故的前沿阵地，是企业安全管理的基本环节，加强班组安全建设是企业加强安全生产管理的关键，也是减少人员伤亡事故最切实有效的办法。

一、生产班组的日常安全管理

1. 班组安全管理的有效途径

生产班组是进行生产和日常管理活动的主要场所，也是企业完成安全生产各项目标的主要承担者和直接实现者。企业的设备、工具和原材料等，都要由班组掌握和使用；企业的生产、技术、经营管理和各项规章制度的贯彻落实，也要通过班组的活动来实现。因此说，班组是企业安全生产的重要阵地，是企业取得安全、优质、高效生产的关键所在，企业安全管理的各项工作必须紧密围绕生产一线班组开展才有效。

班组安全管理的有效途径主要有：

（1）提高班组长的责任感。通过班组建设，使班组长进一步明确班组在企业中的地位和作用，认识到企业的生存与发展不仅与企业的领导者有关，与班组同样有关。俗话说，企业管理千条线，班组管理一根针。企业的各项经营技术指标和工作任务，都要通过班组的努力才能更顺利地实现。

（2）健全民主制度，强化民主管理。在班组建设中，要发挥班组成员的积极性，通过班务公开管理制度，使班组每一名成员成为内部管理的主体，围绕生产任务、工作质量、规章制度等进行专题讨论，把不同意见和建议达成共识，促使班组成员思想一致。并制定出严格班组管理制度，实行定人定项管理，将考核指标量化到个人，建立健全班组管理台账。在长期的实践中，各项制度、措施得到补充、完善，使班组成员看到干多干少、干好干坏就是不一样。通过班务公开，进一步增强了班组分配和奖罚透明度，充分体现了"按劳分配"的原则，才能激发班组成员干好本职工作的主动性和积极性。

（3）加强班组的思想建设。要把班组学习作为思想建设的工作园地，培育班组职工树立正确的人生观、价值观，引导职工积极努力工作，竭尽全力发挥自己的所能为企业效力。在班组建设的实践中，要增强班组的凝聚力，就得让班组成员热爱班组，使职工感到在班组中有家的温暖，班组成员之间相互关心、相互帮助，激发起职工对班组的热爱。

（4）要积极培育班组职工的业务素养，开展多种形式的业务培训，安排一定的时间组织班组职工学习业务知识，岗位技能练兵；也可以一边干一边学，在干中体会，在干中实践，在干中创新，进而提高技术能力和管理能力，适应新产品、新设备、新技术的需要，适应新形势、新思路、新机制、新体制的需要，为企业尽心尽职地创造财富。

（5）制度建设是抓好班组管理的保障。班组管理缺少不了相应的标准和规章制度。只有用标准、制度来规范班组的行为，规范工作中的纵向步骤和横向关系，使工作程序最佳化，把工作中的不安全因素降到最低，把工作成本降到最低，把各种消耗降到最低，使工作的效益最大化。班组可以结合具体工作和实际情况，制定并完善班组管理各项规章制度，并组织班组人员学习、贯彻落实。

（6）齐心协力是抓好班组管理的力量。要搞好班组管理工作，只靠班组长自己单干是不行的，要有班组骨干和全班职工的支持才能成功。坚持召开班组民主生活会，通过职工的广泛参与，提出对班组管理的看法和建议，交流思想，消除误解。只有在心情舒畅的氛围中，才会充分调动和发挥班组职工的积极性和创造性，努力达到人尽其才，使民主分工管理收到良好的效果。

（7）激励机制是抓好班组建设的动力。制订班组工作的激励办法，把班组的所有工作列入激励范围，多劳多得，少劳少得，干好干坏不一样，要使班组职工尝到多干活、干好活的甜头，克服那种只扣不奖的考核办法，及时表扬先进，鞭策落后，在班内形成赶、帮、超的良好氛围，促进班组管理向上突破。

2. 班组安全管理的原则

班组安全管理是指为了保障每个职工在劳动过程中的安全与健康，保护班组所使用的设备、装置、工具等财产不受意外损失而采取的综合性措施，主要包括建立健全以岗位责任制为核心的班组安全生产规章制度、安全生产技术规范等。

在班组安全管理中应坚持以下原则：

（1）目的性原则。班组安全管理的目的是为了防止和减少伤亡事故与职业危害，保障职工的安全和健康，保证生产的正常进行。"安全第一"是企业的生产方针，是提高企业经济效益的基础性工作。因此，班组安全管理工作应根据工作现场状况和作业人员情况的变化，将安全管理过程和措施与班组实际相结合，以便有的放矢地实行动态管理。

（2）民主性原则。通过在班组内实行民主管理，充分调动每个职工的积极性，使他们能够肩负起自己所承担的安全生产责任，并能发挥聪明才智，主动参与班组的安全生产管理，为班组的安全建设献计献策。

（3）规范性原则。班组安全管理规范化，主要是建立规范化的安全管理运行机制，制定和完善各种安全生产管理制度、安全技术规范、操作程序和动作标准。在此基础上，实现安全生产标准化，即操作标准化、现场标准化和管理标准化。

3. 班组安全管理的基本方式

班组要实现安全生产，其安全管理工作就必须遵循安全管理的基本原则，实施科学有效的管理方式。

班组安全管理的基本方式主要有：

（1）目标管理。班组的安全管理是企业安全管理工作的基础，是企业安全目标的一个组成部分。企业的安全管理总目标，需分解成各层次各部门的分目标，由上至下层层下达直至班组，由下至上一级保一级。通过分目标的有效实施，保证企业安全管理总目标的实现。班组安全的目标管理，就是根据企业安全管理总目标和上一层次分目标的要求，把班组承担的各项安全管理责任转化为班组安全管理目标。

（2）参与管理。参与管理就是职工通过参与班组安全管理，发挥聪明才智，不断发现安全管理中的问题，研究对策，提出改进建议，从而使安全管理工作达到更高的水平。实施参与管理重在正确引导，要使职工了解班组当前安全工作的重点，作业场所存在的事故隐患，工作环境存在的主要职业危害，使职工的参与具有明确的方向性和目的性。

（3）制度管理。制度管理就是把安全工作的任务、各项管理及基础工作标准化、规范化，制定出相应的规章制度。明确班组长及每个职工的权利和责任，用权力的制衡、奖励和惩罚来保证制度的实施。其核心是以明确的岗位职责、规章和制度为基础，以完善的安全管理规范、安全技术标准和系统性管理理论为依据，保证各项安全工作有秩序和高效率地进行。在实际工作中，班组除了执行企业所制定的各项安全管理规章制度外，还可以根据班组安全管理的需要，制定班组安全管理制度。

（4）创新管理。创新管理的重点是根据新情况、新问题，调整班组安全管理的组织结构和职能，以适应职工结构、状况的变化和劳动关系的变革。具体来说，在设备运行中推行在线监测，保证设备安全运行；在设备检修中推行状态管理，实行点检定修制。要不断开展技术改造和技术革新，采用新技术、新工艺、新材料、新设备等高新技术，提高设备的本质安全。

4. 班组安全规章制度和安全台账管理

（1）班组安全规章制度。安全规章制度是班组安全管理的一个重要组成部分，是保证班组生产安全和出现违章违纪现象进行处罚的依据。可以说，安全管理规章制度是前人的经验总结，也是血的教训，为此，班组长和班组成员都应熟知安全规章制度，要认真理解、熟悉规章制度，保证规章制度的贯彻执行，并经常将自己的行为与规章制度进行对照，找出问题，不断改进，提高遵章守纪的自觉性。

（2）班组安全台账。安全台账是班组开展安全工作的实绩记录，查看安全台账记录可以了解、检查班组安全工作的情况。安全台账记录不拘形式，但绝不能伪造。每个班组和每个班组成员都必须认真对待，而且在实际管理工作中逐步加以完善充实。

安全台账由安全员负责建立和管理，其主要内容有：安全生产计划、总结；安全日活动记录；事故、故障、异常情况分析讨论记录；月度安全情况小结（安全评价分析、安全实绩记录、好人好事记录等）；安全工器具检查登记表与特种安全设施管理；安全检查及隐患项目整改记录；安全培训与考核记录；安全奖惩记录；现场设备、安全设施巡查记录；违章记录。一些企业为使班组安全工作制度化、规范化，统一设置了班组安全管理台账，即"安全管理记录簿"和"安全活动记录簿"。工作中，按台账有关内容，每进行一次安全活动或开展安全工作时，均要详细记录。对记录的基本要求是：内容翔实、记录及时、字迹工整、保管良好。

5. 安全工器具、劳动防护用品管理

安全工器具和劳动防护用品质量的可靠性，直接关系到职工在生产过程中的生命安全和身体健康，因此，强化安全工器具和劳动防护用品管理已成为企业安全管理的一个重要内容。

班组应根据生产性质、工种、作业环境等生产实际情况，按规定和需要配备足够的、合格的安全工器具和劳动防护用品，并按有关规定进行管理、使用、检查和维修；要定期检验，不合格的要及时报修或更换。班组长和安全员应负责指导班组成员正确使用安全工器具，讲解其工作原理和性能，督促班组成员按规定穿戴防护用品，并加以妥善保管。

安全工器具虽属于工器具的范畴，但它的质量水平，如机械强度、绝缘性能、温度特性等直接关系到作业人员的生命安全和生产设备的安全使用。因此，所配备的安全工器具

必须是经过国家有关检测部门鉴定合格的产品。使用中，要对所有的安全工器具实行定置管理，按号入座。要按类别分别建立安全工器具台账，做到账物相符，一一对应，并及时登记检验、试验日期，检验情况和结果。

个人防护用品主要有安全帽、安全带、防护眼镜、绝缘鞋等，按工种发放给职工个人保管使用。对这类防护用品，要注意做到建立个人账卡，定期检验，并按规定期限发新换旧。

对于劳动保护用品，如工作服、手套、口罩、耳塞等，班组长或安全员应根据班组成员所从事的工种、作业条件和接触有毒有害物质的情况，按企业管理部门的有关规定，领取所需的劳动保护用品。要防止将劳动保护用品变相成为人人都有的福利待遇；提供的个人防护用品要在生产中按要求使用，实现它的效用，并做好监督检查；班组长要为在有毒、有害、高温场所作业的班组成员领取保健品。

6. 事故报告与调查分析

由于在人、物、环境、管理等因素中始终潜藏着不安全因素，所以事故（包括故障、异常等）的发生是不可避免的。发生事故立即报告，对所发生的事故进行分析研究，找出发生事故的原因，进而采取针对性的防范措施，杜绝类似事故的重复发生，是班组安全管理工作的重要内容。

一旦发生事故，班组长首先要指挥人员抢救伤员，对其进行正确、及时的现场救护，并采取措施防止事故的进一步扩大，同时立即报告相关部门和领导；其次要组织人员保护好事故现场，以便根据现场情况对事故发生的原因作深入的调查分析。

班组发生事故或出现一般伤害、异常、差错时，班组长作为班组安全的第一负责人，应切实遵循"四不放过"的原则，对有关人员进行教育。

7. 班组日常安全工作

班组在每日工作的开始实施阶段和结束总结阶段，应自始至终地认真贯彻"五同时"，即班组长在计划、布置、检查、总结、考核生产的同时，进行计划、布置、检查、总结、考核安全工作，把安全指标与生产指标一起进行检查考核。因此，认真开好班前、班后会，做到每日安全工作程序化，即班前布置安全、班后检查安全，将安全工作列为班前会、班后会的重点内容。可以说，班前会、班后会成效与否，是班组安全管理水平的一个标志。

（1）班前会。班前会是班组长根据当天的工作任务，结合本班组的人员（人数、各人的安全操作水平、安全思想稳定性）、物力（原材料、作业机具、安全用具）和现场条件、工作环境等情况，在工作前召开的班组会。其特点是时间短、内容集中、针对性强。

为组织开好班前会，班组长每天要提前到岗，查看上一班的工作记录，听取上一班班组长的交接班情况，了解设备操作情况、有无异常现象和缺陷存在、是否进行过检修等，然后进行现场巡回检查。班组长要对当天的生产任务、相应的安全措施、需使用的安全工器具等做到心中有数，对承担工作任务的班组成员的技术能力、责任心要有足够的了解。在班前会上要突出"三交"（即交任务、交安全、交措施）和"三查"（即查工作着装、查精神状态、查个人防护用品），并针对当天生产任务的特点、设备运行状况、作业环境等，有针对性地提出安全注意事项。对因故没有参加班前会的个别班组成员，班组长应事后对此人补课交底，防止发生意外。

班前会是一种安全分析预测活动，要使之符合实际，具有针对性和预见性，就要求班组长在每天会前认真准备，有关安全事项要在实际作业中验证总结。

（2）班后会。班后会是一天工作结束或告一段落，在下班前由班组长主持召开的下次班组会。班后会以讲评的方式，在总结、检查生产任务的同时，总结、检查安全工作，并提出整改意见。班前会是班后会的前提和基础，班后会是班前会的继续和发展。

班后会上，班组长要简明扼要地小结当天完成生产任务和执行安全规程的情况，既要肯定好的方面，又要找出存在的问题和不足；对工作中认真执行规章制度、表现突出的班组成员要进行表扬，对违章指挥、违章作业的人员视情节轻重程度和造成后果的大小，提出批评或考核处罚；对人员安排、操作方法、安全事项提出改进意见，对操作中发生的不安全因素、职业危害提出防范措施。

班组长要全面、准确地了解班组当天的工作情况，以使班后会的总结评比具有说服力。同时还要注意工作方法，以灵活机动的方式，激发班组成员搞好安全生产工作的积极性，增强他们自我保护的意识和能力，帮助他们端正认识，克服消极情绪，以实现班组安全生产的目标。

二、生产班组动态安全管理

1. 生产班组动态安全管理概念与基本内容

企业生产通常是连续性的，在企业的连续性生产过程中，班组的生产作业也具有连续性的特点，这种特点决定了班组需要采取动态安全管理的方式。所谓动态安全管理，是指在整个生产过程中，对生产的工艺流程和生产作业过程进行安全跟踪、预测控制，使安全生产在每时、每班、每个环节都得到保证。

对于班组来说，动态安全管理要做五个方面的控制，即制度控制、作业控制、重点控制、跟踪控制、群防控制。动态安全管理的核心与基本思路是安全生产的全员参与、全过程跟踪、全方位控制和全天候管理。通过安全责任的分解，将安全责任落实到人，形成事事有安全标准、人人有安全职责，保证安全生产目标的实现。

2. 动态安全管理的核心与基本思路

动态安全管理的核心和基本思路，可以集中概括为：安全生产全员到位，安全目标总体推进，安全过程全程跟踪，安全工作科学运作。

（1）安全生产全员到位。全员到位的内涵是：确立"安全第一"的位置，真正使之居于班组生产作业的首位，班组成员在工作过程中先讲安全、先抓安全、先管安全。在"第一"的位置上，明确每位职工的安全基本职责和安全考核指标，坚持履行安全生产人人有责的原则。

（2）安全目标总体推进。总体推进的内涵是：认识到安全管理的复杂性，认识到保证安全生产人人有责，涉及班组的全部工作和全体职工，班组全体成员要围绕安全生产目标，脚踏实地、循序渐进地加以实现。

（3）安全过程全程跟踪。全程跟踪的内涵是：班组为了实现安全生产，需要自觉地积极行动起来，把保障安全生产变成自己的自觉行动；大家共同关心安全生产，你出主意，我想办法，群策群力，把事故隐患消灭在萌芽状态。

（4）安全工作科学运作。科学运作是指在班组安全管理中，要利用安全科学技术，如安全教育，可利用现代信息技术中多媒体电化教育；安全检查，可利用安全检查表；事故树分析，可利用因果分析图、故障树分析、事件树分析；安全检修，可利用危险度预测、安全评价等，通过科学运作取得事半功倍的效果。

3. 动态安全管理的实施

（1）全力控制人的行为。生产中最活跃的因素是人，而人的行为又取决于人的思维观念，即思维意识。因此，从人的动态思维出发，以转变人的思维导向为手段，从而达到控制人的行为，作为动态安全管理的第一要素来考虑。

（2）采用重复记忆的方法进行宣传教育。实施动态安全管理，就要用员工身边发生的各类事故和亲身经历，进行现身说法、自我教育，可以采用重复记忆的方法强化宣传教育效果。一方面吸取安全生产中失误的教训，做到警钟长鸣；另一方面总结安全生产中的成功经验，使员工增强自豪感，提高安全生产积极性。

（3）严肃对事故的处理，实行责任追究。认真落实安全责任，是动态安全管理的重中之重。在一个企业，安全生产责任制是严肃事故处理的重要依据，因此，推行"一岗一责，人人有责"的责任制，是责任追究的必然。要对发生事故的单位和个人坚持"四不放过"的原则，做到"事故原因一清二楚，事故处理不讲感情，事故教训刻骨铭心，事故整改举一反三"。

（4）安全检查是动态安全管理的有效手段。实践证明，企业经常开展各种形式的安全检查，是发现隐患、消灭事故的有效手段。在安全检查中要注意解决实际问题，消除可能造成事故的各种隐患。

（5）开展多种形式的安全活动。在企业动态安全管理中，开展多种形式的安全活动是必要的，是促进安全生产顺利进行的载体。如开展持证上岗制度，能有效杜绝安全技能差的人员从事专业性强的作业；开展设备包机制，能将设备的安全运行托付给设备责任人；开展巡检挂牌制，能使整个运行过程处于有效的控制中；开展班前安全讲话、班中安全操作、班后安全讲评活动，能使班组安全生产落到实处；开展安全抵押承包，能把经济利益同安全生产挂起钩来，形成安全生产利益共同体；开展安全技术比武，能迅速提高职工的安全技能；开展互保对子活动，能规范后进职工的安全行为；开展安全明星活动，评选出"安全明星班组"、"安全明星个人"，能形成比学赶帮超的安全氛围，这些都是动态安全管理的实施办法。

4. 班组在动态安全管理中的控制方法

动态安全管理首先就是要发现、鉴别、判明可能导致灾害事故发生的各种因素，尤其是事故隐患，并积极消除和控制这些危险。这就是通常所说的超前控制和超前预防。超前预防就是应用现代科学的安全管理方法和工程技术对生产的全过程系统地、全面地进行事前分析，判断出各种危险性因素，并对可能产生或发展成事故的因素给予科学的验证和预报，找出最佳的预防措施，解决或制止事故的发生和发展，使生产处于安稳状态，从而达到班组安全生产的科学化、规范化和制度化。班组在动态安全管理中要采取制度控制、作业控制、重点控制、跟踪控制和群防控制的方法，这些方法已被实践证明是行之有效的。

（1）制度控制。动态安全管理必须有一套严密完备的规章制度做保证。许多企业伤亡事故多的重要原因之一，在于安全生产规章制度不完善、不健全。要对班组实行动态安全管理，就要在不断完善和充实规章制度上下功夫，建立一套符合本班组生产作业特点的安全管理规章制度，使安全生产管理向科学化、规范化、标准化发展。执行制度要严在贯彻上、严在动态管理上、严在事故发生前，使规章制度起到安全生产的导向作用。

（2）作业控制。作业控制就是经常分析生产作业中的危险因素，有针对性地采取控制对策，按班、按日检查落实情况，发现问题及时解决。这也是常说的过程安全控制。作业控制最有效的方法，是依据工作性质的不安全状态和信息反馈的因素对安全检查的对象加以分析，把大系统分成若干子系统，确定安全检查项目，再把检查项目按照大系统和子系统的顺序编制成班组安全检查表，每班对照检查，检查有规律、检查项目全、内容底数清、问题责任明、整改落实快，从而达到安全作业的目的。

（3）重点控制。重点就是危险源（点），如有毒有害作业场所、易燃易爆生产场所、立体交叉作业场所、高处作业和其他特种作业等。对于重点场所，要配备各种醒目的安全标志，做到"有眼必有盖，有边必有栏，有空必有网，有线必有杆"。

（4）跟踪控制。就是按照事故"四不放过"的原则，对已发生的事故和出现的事故苗头狠抓不放、跟踪控制，从事故及事故苗头中寻找失控点，制定控制对策，杜绝类似事故的发生。

（5）群防控制。班组实施动态安全生产管理意味着管理密度的增加，也就是实行集约管理、精细管理。工作量显著增大，只靠少数几个人远远不够，必须采取宏观控制和微观控制相结合、专业管理和员工自主管理相结合，只有广大职工行动起来，在生产作业过程中做到个人不违章、岗位无隐患、过程无危险，才能实现班组乃至整个企业的安全生产。

三、生产班组安全生产标准化管理

1. 安全生产标准化概念

安全生产标准化是指通过建立安全生产责任制，制定安全管理制度和操作规程，排查治理隐患和监控重大危险源，建立预防机制，规范生产行为，使各生产环节符合有关安全生产法律法规和标准规范的要求，人、机、物、环处于良好的生产状态，并持续改进，不断加强企业安全生产规范化建设。

安全生产标准化体现了"安全第一、预防为主、综合治理"的方针和"以人为本"的科学发展观，强调企业安全生产工作的规范化、科学化、系统化和法制化，强化风险管理和过程控制，注重绩效管理和持续改进，符合安全管理的基本规律，代表了现代安全管理的发展方向，是先进安全管理思想与我国传统安全管理方法、企业具体实际的有机结合，有效提高企业安全生产水平，从而推动我国安全生产状况的根本好转。

深入开展企业安全生产标准化建设，是落实企业安全生产主体责任的必要途径。国家有关安全生产法律法规和规定明确要求，要严格企业安全管理，全面开展安全达标。企业是安全生产的责任主体，也是安全生产标准化建设的主体，要通过加强企业每个岗位和环节的安全生产标准化建设，不断提高安全管理水平，促进企业安全生产主体责任落实到位。

2. 《企业安全生产标准化基本规范》相关要点

2010 年 4 月 15 日，国家安全生产监督管理总局发布了《企业安全生产标准化基本规范》（AQ/T9006—2010），自 2010 年 6 月 1 日起施行，这意味着我国广大企业的安全生产标准化工作将得到规范。

本标准对安全生产标准化的定义是：通过建立安全生产责任制，制定安全管理制度和操作规程，排查治理隐患和监控重大危险源，建立预防机制，规范生产行为，使各生产环节符合有关安全生产法律法规和标准规范的要求，人、机、物、环处于良好的生产状态，并持续改进，不断加强企业安全生产规范化建设。

《企业安全生产标准化基本规范》分为范围、规范性引用文件、术语和定义、一般要求、核心要求五个部分。在《基本规范》核心要求中，对目标、组织机构和职责等事项作出规定和要求。

（1）法律法规与安全管理制度的规定与要求。企业应将适用的安全生产法律法规、标准规范及其他要求及时传达给从业人员。企业应遵守安全生产法律法规、标准规范，并将相关要求及时转化为本单位的规章制度，贯彻到各项工作中。企业应建立健全安全生产规章制度，并发放到相关工作岗位，规范从业人员的生产作业行为。安全生产规章制度至少应包含下列内容：安全生产职责、安全生产投入、文件和档案管理、隐患排查与治理、安全教育培训、特种作业人员管理、设备设施安全管理、建设项目安全设施"三同时"管理、生产设备设施验收管理、生产设备设施报废管理、施工和检维修安全管理、危险物品及重大危险源管理、作业安全管理、相关方及外用工管理、职业健康管理、防护用品管理、应急管理、事故管理等。

（2）对员工教育培训的规定与要求。企业应确定安全教育培训主管部门，按规定及岗位需要，定期识别安全教育培训需求，制订、实施安全教育培训计划，提供相应的资源保证。企业应对操作岗位人员进行安全教育和生产技能培训，使其熟悉有关的安全生产规章制度和安全操作规程，并确认其能力符合岗位要求。未经安全教育培训，或培训考核不合格的从业人员，不得上岗作业。新入厂（矿）人员在上岗前必须经过厂（矿）、车间（工段、区、队）、班组三级安全教育培训。在新工艺、新技术、新材料、新设备设施投入使用前，应对有关操作岗位人员进行专门的安全教育和培训。操作岗位人员转岗、离岗一年以上重新上岗者，应进行车间（工段）、班组安全教育培训，经考核合格后，方可上岗工作。从事特种作业的人员应取得特种作业操作资格证书，方可上岗作业。

企业应采取多种形式的安全文化活动，引导全体从业人员的安全态度和安全行为，逐步形成为全体员工所认同、共同遵守、带有本单位特点的安全价值观，实现法律和政府监管要求之上的安全自我约束，保障企业安全生产水平持续提高。

（3）对作业安全的规定与要求。企业应加强生产现场安全管理和生产过程的控制。对生产过程及物料、设备设施、器材、通道、作业环境等存在的隐患，应进行分析和控制。对动火作业、受限空间内作业、临时用电作业、高处作业等危险性较高的作业活动实施作业许可管理，严格履行审批手续。作业许可证应包含危害因素分析和安全措施等内容。企业进行爆破、吊装等危险作业时，应当安排专人进行现场安全管理，确保安全规程的遵守和安全措施的落实。

企业应加强生产作业行为的安全管理。对作业行为隐患、设备设施使用隐患、工艺技术隐患等进行分析，采取控制措施。

企业应根据作业场所的实际情况，按照GB2894及企业内部规定，在有较大危险因素的作业场所和设备设施上，设置明显的安全警示标志，进行危险提示、警示，告知危险的种类、后果及应急措施等。

企业应在设备设施检维修、施工、吊装等作业现场设置警戒区域和警示标志，在检维修现场的坑、井、洼、沟、陡坡等场所设置围栏和警示标志。

（4）对隐患排查和治理的规定与要求。企业应组织事故隐患排查工作，对隐患进行分析评估，确定隐患等级，登记建档，及时采取有效的治理措施。企业隐患排查的范围应包括所有与生产经营相关的场所、环境、人员、设备设施和活动。企业应根据安全生产的需要和特点，采用综合检查、专业检查、季节性检查、节假日检查、日常检查等方式进行隐患排查。

企业应根据隐患排查的结果，制订隐患治理方案，对隐患及时进行治理。隐患治理方案应包括目标和任务、方法和措施、经费和物资、机构和人员、时限和要求。重大事故隐患在治理前应采取临时控制措施并制订应急预案。隐患治理措施包括：工程技术措施、管理措施、教育措施、防护措施和应急措施。

（5）对员工职业健康的规定与要求。企业应按照法律法规、标准规范的要求，为从业人员提供符合职业健康要求的工作环境和条件，配备与职业健康保护相适应的设施、工具。企业应定期对作业场所职业危害进行检测，在检测点设置标志牌予以告知，并将检测结果存入职业健康档案。对可能发生急性职业危害的有毒、有害工作场所，应设置报警装置，制订应急预案，配置现场急救用品、设备，设置应急撤离通道和必要的泄险区。各种防护器具应定点存放在安全、便于取用的地方，并有专人负责保管，定期校验和维护。

企业与从业人员订立劳动合同时，应将工作过程中可能产生的职业危害及其后果和防护措施如实告知从业人员，并在劳动合同中写明。企业应采用有效的方式对从业人员及相关方进行宣传，使其了解生产过程中的职业危害、预防和应急处理措施，降低或消除危害后果。对存在严重职业危害的作业岗位，应按照GBZ158要求设置警示标志和警示说明。警示说明应载明职业危害的种类、后果、预防和应急救治措施。

（6）对应急救援的规定与要求。企业应按规定建立安全生产应急管理机构或指定专人负责安全生产应急管理工作。企业应建立与本单位安全生产特点相适应的专兼职应急救援队伍，或指定专兼职应急救援人员，并组织训练；无须建立应急救援队伍的，可与附近具备专业资质的应急救援队伍签订服务协议。

企业应按规定制订生产安全事故应急预案，并针对重点作业岗位制订应急处置方案或措施，形成安全生产应急预案体系。应急预案应根据有关规定报当地主管部门备案，并通报有关应急协作单位。企业应组织生产安全事故应急演练，并对演练效果进行评估。根据评估结果，修订、完善应急预案，改进应急管理工作。企业发生事故后，应立即启动相关应急预案，积极开展事故救援。

（7）对事故报告、调查和处理的规定与要求。企业发生事故后，应按规定及时向上级单位、政府有关部门报告，并妥善保护事故现场及有关证据。必要时向相关单位和人员通报。

企业发生事故后，应按规定成立事故调查组，明确其职责与权限，进行事故调查或配合上级部门的事故调查。事故调查应查明事故发生的时间、经过、原因、人员伤亡情况及直接经济损失等。事故调查组应根据有关证据、资料，分析事故的直接、间接原因和事故责任，提出整改措施和处理建议，编制事故调查报告。

3. 班组开展安全生产标准化建设的重点

从许多企业实施安全生产标准化的做法和经验来看，主要是从管理标准化、现场标准化、操作标准化三个标准化入手，以管理标准化为基础，完善管理体系，防范管理缺陷；以现场标准化为条件，整改现场隐患、改善现场秩序、提高现场本质安全水平，为生产作业人员提供舒适安全的环境；以操作标准化为核心，引导员工对照标准操作，规范作业，杜绝不安全行为。在这三个标准化中，管理标准化和现场标准化比较容易在短时间内做好，达到标准要求。相对来讲，操作标准化则是一个长期的过程，特别是引导员工对照标准规范作业，杜绝不安全行为，更是一个长期的过程。所以，在进行安全生产标准化建设过程中，要特别注重作业人员的操作标准化。

在企业生产作业过程中，引发事故的因素很多，但主要因素不外乎人、物、环境和管理。大量资料表明，人的不安全行为引发的事故，要比物、环境、管理等因素引发的事故比例高得多。因此，人的不安全行为是引发事故的主要因素。在预防事故上，是否能够超前控制员工的不安全行为，便成为能否保证安全生产的关键。在企业，员工都身处于班组之中，员工的生产作业离不开班组其他人员的协助与配合，超前控制员工的不安全行为，杜绝事故发生，也主要依赖于班组。所以，不论是开展安全生产标准化活动，还是开展其他安全生产活动，最后都需要落实到班组，通过班组发挥作用。

第二节 班组安全教育制度与管理

安全教育是企业安全管理的一项重要工作，其目的是提高职工的安全意识，增强职工的安全操作技能和安全管理水平，最大程度减少人身伤害事故的发生。安全教育要坚持反复抓、抓反复的原则，这是因为人们在生产、生活过程中，对所学到的安全知识会随着时间的推移而遗忘，如果不能及时温习熟悉，那么就有可能会出现大量的无意违章行为，即由于忘记规章制度而违章。所以，在安全教育上不能有一劳永逸的想法，也不能期盼着一蹴而就，必须坚持长抓不懈，长期坚持。

一、安全教育的特点与目的

1. 安全教育的目的

安全教育具有群众性、知识性和持久性的特点。群众性是指企业安全教育的对象是全体职工，只有全体职工都能受到良好的教育，才能提高企业的整体安全素质。知识性是指安全教育的内容广泛，涉及安全工程技术、职业卫生等知识，还包括各种生产作业的安全技能，如安全操作技能，事故的预防、预控、紧急处理和急救、自救等具体能力。持久性是指为了巩固与强化安全观念和动机，必须坚持持久的安全教育，并且随着安全法规标准及安全技术的不断增多和更新，也要求安全教育必须深入持久地开展下去，起到警钟长鸣的作用。

安全教育的目的主要体现在这样几个方面：

（1）统一思想，提高认识。通过教育，把企业职工的思想统一到"安全第一、预防为主、综合治理"的方针上来，使企业的经营管理者和班组长真正把安全摆在"第一"的位置，在从事企业经营管理活动中坚持"五同时"的基本原则；使广大职工认识安全生产的重要性，从"要我安全"变为"我要安全""我会安全"，做到"三不伤害"，即"我不伤害自己，我不伤害他人，我不被他人伤害"，提高职工遵章守纪的自觉性。

（2）提高企业的安全生产管理水平。安全生产管理包括对全体职工的安全管理，对设备、设施的安全技术管理和对作业环境的劳动卫生管理。通过安全教育，提高各级领导干部以及班组长的安全生产政策水平，掌握有关安全生产法规、制度，学习应用先进的安全生产管理方法、手段，提高全体职工在各自工作范围内，对设备、设施和作业环境的安全生产管理能力。

（3）提高全体职工的安全知识水平和安全技能。安全知识包括对生产活动中存在的各类危险因素和危险源的辨识、分析、预防、控制知识。安全技能包括安全操作的技巧、紧急状态的应变能力以及事故状态的急救、自救和处理能力。通过安全教育，使广大职工掌握安全生产知识，提高安全操作水平，发挥自防自控的自我保护及相互保护作用，有效地防止事故。

2. 班组安全教育的内容

班组安全教育的内容主要有三个方面，即安全意识教育、安全知识教育和安全技能教育。

（1）安全意识教育。安全意识教育要增强职工的安全意识，并且使职工对安全有一个正确的态度。安全意识教育包括安全态度、安全生产方针政策及法纪的教育。

1）安全态度教育。安全态度教育主要是针对生产活动中反映出来的不利于安全生产的各种思想、观点、想法等，进行经常性的说服疏导工作，使职工增强对安全问题的认识并使其逐渐深化，形成科学的安全观。同时，也应使广大职工真正认识到自己在安全生产方面的权益，增强自我防范意识。

2）安全生产方针政策教育。安全生产方针政策教育是指企业对各级领导和广大职工进行的有关安全生产方针、政策的宣传教育。安全生产政策、法规是安全生产本质的反映，是对过去经验、教训的总结，是指导安全生产的根本。通过安全生产法规政策教育，可以增强各级领导和广大职工安全生产的法制观念，使各级领导和广大职工充分认识"安全第一、预防为主、综合治理"这一安全生产方针的深刻含义，在实际工作中处理好安全与生产的关系。

3）法纪教育。法纪教育的内容包括安全法规、安全规章制度、劳动纪律等方面的教育。为维持正常的生产秩序而制定的劳动纪律是搞好安全生产的强制性手段之一，劳动纪律松懈是造成事故的重要因素之一。因此，通过法纪教育，使人们认识到遵章守纪的重要性，提高遵章守纪的自觉性。同时，通过法纪教育，还要使职工懂得法律带有强制的性质，如果违法违纪，造成了严重的事故后果，就要受到法律的制裁。

（2）安全知识教育。安全知识教育包括安全管理知识教育和安全技术知识教育。

1）安全管理知识教育。安全管理知识是企业各级管理干部以及班组长应知应会的内容。通过安全管理知识教育，使企业各级管理人员以及班组长掌握安全管理的理论，并能运用现代安全管理的方法和手段，不断提高企业安全管理的水平。安全管理知识包括安全管理体系、安全管理方法及安全心理学、安全系统工程学、安全人机工程学等方面的知识。通过对这些知识的学习应用，可使广大职工能够从理论到实践上认识到事故是可以预防的，采取的避免事故发生的管理措施和技术措施应当符合人的生理和心理特点。

2）安全技术知识教育。安全技术知识教育的目的，是为了丰富广大职工的安全基础知识、职业病防治知识，提高职工的安全素质。主要包括：生产技术知识教育，即企业的基本生产概况、生产特点、生产过程、作业方法、工艺流程及各种机具、产品的性能等；安全技术知识教育，即生产中使用的有毒有害原材料或可能释放的有毒物质的安全防护知识，个人防护用品的构造、性能和正确使用方法，设备操作的注意事项，发生事故时采取的紧急救护和自救的措施、方法等；劳动卫生技术知识教育，即工业防毒、防尘技术，噪声、振动、射频控制技术，高温作业防护技术，激光防护技术等。劳动卫生技术是防止作业环境中生产性有毒有害因素引起劳动者机体病变，导致职业病而采取的技术措施，它是从事有害健康作业的人员应知应会的内容。通过劳动卫生技术知识教育，使职工熟知生产劳动过程中及作业环境中对人体健康有害的因素，并积极采取防范措施。

（3）安全技能培训教育。安全生产技能是指职工安全地完成生产作业的技巧和能力，它包括操作技能、紧急情况下应急处理技能等。安全生产技能培训，就是按照不同的专业工种，对作业人员进行专门、系统的安全操作能力的训练，以提高他们安全地完成生产作业的技巧和能力。安全技能培训包括正常作业的操作技能培训和异常情况的应急处理技能培训。操作技能是各工种作业人员必须具备的安全生产技能，在没有取得操作合格证之前，不允许独立上岗操作。

安全技能培训应按照标准化作业的要求来进行，要预先制定作业标准及异常情况时的应急处理程序和方法，有计划有步骤地进行培训。一般来说，应考虑如下问题：要循序渐进，对于一些掌握起来较困难、较复杂的技能，可以把它划分成若干简单的部分，分阶段地加以掌握；把握好培训的进度和质量，开始训练时可慢一些，但对操作的准确性要严格要求，打下一个良好的基础，随着训练的深入可逐步提高效率；安排好训练时间，在开始阶段，每次练习的时间不要过长，各次练习的时间间隔也可以短一些，随着技能的掌握，适当地延长各次练习之间的间隔，每次练习时间也可以长一些；练习的方式要多样化，以提高职工练习的兴趣和积极性。

3. 生产岗位员工的安全教育

生产岗位员工的安全教育主要有：

（1）三级安全教育。三级安全教育制度是企业必须坚持的基本安全教育制度，它包括厂级教育、车间教育和班组教育。在教育方式上，厂级教育一般采取集中授课、参观厂区等方式；车间教育主要采取参观讲解、现场观摩等形式；班组教育一般采用"以老带新"或"师徒包教包学"的方法。由于三级安全教育的内容较为固定，所以可根据各级教育的实际情况编写标准的三级安全教育教材。为使安全教育内容生动、新颖，可将厂里的安全生产历史、事故案例等拍摄成纪录片，将各种安全制度、安全警句谚语编辑成安全生产小手册。从目前情况来看，由于对这种形式安全教育开展得不科学、不严格，而未能真正发挥其功能和作用，所以，加强对三级安全教育的科学合理化管理，规范其程序和内容，是提高三级安全教育的当务之急。

（2）特种作业人员安全教育。由于特种作业人员在劳动生产过程中担负着特殊任务，所承担的风险较大，一旦发生事故，就会对企业生产、职工生命安全带来较大的损失，所以特种作业人员独立上岗作业前，必须进行与本工种相适应的、专门的安全技术理论学习和实际操作技能训练。培训教育一般采取按专业分批集中脱产、集体授课的方式，培训内容则根据不同工种、专业的具体特点和要求而定，实行理论教学与操作技能训练相结合的原则，重点放在提高其安全操作技术和预防事故的实际能力上。具体内容和要求按照《特种作业人员安全技术培训考核管理规定》执行，考核和发证工作由特种作业人员所在单位负责按规定申报，地市级安全监察部门负责组织实施。取得特种作业人员操作证的人员，每两年进行一次复审，未按期复审或复审不合格者，其操作证自行失效。离开特种作业岗位一年以上的特种作业人员，必须重新进行技术考核，合格者方可从事原工作。

（3）经常性安全教育。由于企业的生产工艺、工作环境、机械设备的使用状况及人的心理状态都处于变化之中，所以安全教育不可能一劳永逸。要提高职工的安全卫生意识，除了定期组织职工参加培训教育外，更应注意开展经常性的安全宣传教育活动，在企业内营造一个安全教育的氛围，使职工在掌握了安全知识和技术的基础上，通过经常性、反复性的宣传教育，不断强化安全意识和养成良好的安全习惯。

在经常性的安全教育中，安全思想、安全态度的教育最为重要，可通过采取形式多样的安全活动，激发职工搞好安全生产的热情，促使职工重视和真正实现安全生产。经常性的安全教育形式有：利用班前班后会说明安全注意事项；利用闭路电视、网络、安全简报、黑板报等形式宣传安全管理的先进经验，总结事故教训，使职工及时了解安全生产形势、动态及安全卫生科技信息等；举办安全展览，通过设立事故展示厅，把典型事故的图片、文字、实物展示出来，或设立安全卫生知识宫，介绍安全卫生知识和技术；不定期地召开事故案例分析会、事故现场会、安全生产会，使职工充分体验到事故的残酷性，有助于吸取经验和教训；开展安全知识竞赛、安全演讲、安全辩论会等娱乐性较强的活动，寓教于乐；开展查隐患、提措施有奖活动，使职工积极踊跃地献计献策；借助"安全周""安全月"，规范职工的安全行为，强化安全意识。

在进行安全教育时要注意，无论多么有效的方法、多么新颖的活动，如果一味地、长期地采用下去，也会失去其原有的效果。因此，应根据企业的安全状况和职工思想状态，有目的、有针对性地采取适宜的安全教育方式，不断以新的形式激发人们对安全与健康的关注。

二、安全教育的方式方法

1. 有意识教育和无意识教育

安全教育的方式分为有意识教育和无意识教育两种。

（1）有意识教育。所谓有意识教育是指教育者有计划、有步骤、有特定对象、有特定目的、有一定时限地开展安全教育活动，而被教育者也明显地意识到自己在接受教育，整个教育活动带有一定的强制性。

有意识教育方式有以下几种：

1）讲课的方式。讲课是有意识、有计划、系统地对职工进行安全教育的一种常见教育方式。这种教育方式较适合最初教育阶段和知识更新，适用于安全知识和理论的讲授。由于授课者是按照预先准备的讲稿和逻辑顺序进行讲解的，被教育者能在一定时间内较系统、较容易地掌握到有关知识。

2）会议的方式。会议的内容一般是：传达上级有关安全生产的指示，通报本企业或其他单位安全生产的动态，讲评本企业的安全生产情况，布置安全生产任务，分析工伤事故案例等。由于这些内容都是当前安全生产中亟待解决的问题，所以最具针对性，其教育效果也较好。经常召开的安全工作会议有：安全例会、职工大会、事故分析会、安全演讲会，此外，还有安全表彰会、安全研讨会、安全论文发布会等。

3）演练的方式。在安全培训教育过程中，有些技术性的问题单纯靠课堂上的理论讲解是难以掌握的，必须配之以实际的演示和训练。演示就是指导者向受教育者展示各种实物或其他直观教具，进行示范实验，或者在现场进行实际的操作示范。训练就是受教育者在指导者的帮助下，进行实际操作。有条件时还可开展模拟演习训练，如事故抢救演习、急救演习、消防演习等。模拟演习是一种很好的教育训练方法，能使受教育者学习到那些"只能意会，不能言传"的东西。由于模拟的情况与现实工作、生活的实际情况基本一致，还可使受教育者"身临其境"地运用自己掌握的一切安全知识和技能。

4）参观展览的方式。把安全工作中的好人好事、先进单位和个人的先进经验、先进技术以及事故现场情形、事故的损失程度、伤亡者的惨状等，用图片、照片、实物等形式集中起来展览，组织职工参观，通过正反实例对比进行宣传教育。实践证明，这种教育效果较为理想。

（2）无意识教育。无意识教育是指教育的对象是无特定性的，教育活动不带强制性，全凭被教育者的兴趣和偶然的注意。因此，教育的效果完全取决于教育的内容和教育的方式方法对被教育者的吸引程度。一些常用的安全教育方式有：安全影视、广播，安全简报、板报、宣传画和安全警句、口号，新闻报道等。

2. 安全教育应注意的心理效应

安全教育要遵循心理科学的原则，并注意下列心理效应。

（1）吸引参与的心理效应。心理学研究表明，人对某项工作参与的程度越大，就越会承担更多的责任，并尽力去创造绩效。参与，还会改变人们的态度，因为参与可以使人对某项工作或事物增进认识，又能转变人们对某一事物的情感反应，从而导致积极行为。因此，在安全教育与培训中应注意如何吸引职工参与，如参与规章制度、工作方案、操作规程的制定，让职工畅所欲言，热烈讨论，使安全教育成为职工自己的事。

（2）引发兴趣的心理效应。兴趣是人力求认识某种事物或爱好某种活动的倾向，若人对某种事物或某项活动发生兴趣，就会促使他去接触、关心、探索这件事物或热情地从事这种活动。因此，在安全教育与培训中必须运用各种生动活泼形式引起职工的兴趣，使职工积极参与，如开展安全知识竞赛、安全操作比赛、电化教育等。

（3）首因效应。首因效应也称第一印象。根据研究，首因效应作用很强，持续的时间也长，比以后得到的信息对于事物整体印象产生的作用更强。这是因为人对事物的整体印象，一般都是以第一印象为中心而形成的。因此，在安全教育中狠抓新进厂职工（包括外厂调入的职工，以及来本厂进行培训和实习的人员等）的入厂安全教育与培训，有非常重要的意义，因为他们刚到一个新的工作环境，第一印象对他们有着深刻的影响，甚至可以影响以后很长一段时间的安全行为和态度。

（4）近因效应。近因效应是与首因效应相反的一种现象。是指在印象形成或态度改变中，新近得到的信息比以前得到的信息对于事物的整体印象产生更强的作用。这就提示了安全教育必须持之以恒，常年不懈，不能过多指望首因效应和一些突击的活动。尤其是一些新入厂的职工，除受到首因效应影响外，车间、班组的气氛，老职工对安全的态度，对他们的安全态度和行为影响更大。

（5）逆反心理。逆反心理是指在一定条件下，对方产生与当事人的意志、愿望背道而驰的心理和行动。按通俗的说法，就是"你要我这样做，我非要那样做；你不准我做的事，我非要去做不可"。因此，在安全教育与培训中要求对方做到的，应以商讨、鼓励、引导、建议的方式提出意见，除正面教育，尊重对方，不伤害对方的自尊心，态度不宜粗暴，以免对方产生逆反心理。

3. 安全教育的过程

安全教育可以划分为三个阶段：安全知识教育、安全技能教育和安全态度教育。

（1）安全教育的第一阶段应该进行安全知识教育。使人员掌握有关事故预防的基本知识。对于潜藏的、人的感官不能直接感知其危险性的不安全因素的操作，对操作者进行安全知识教育尤其重要，通过安全知识教育，使操作者了解生产操作过程中潜在的危险因素及防范措施等。

（2）安全教育的第二阶段应该进行所谓"会"的安全技能教育。安全教育不只是传授安全知识，传授安全知识只是安全教育的一部分，而不是安全教育的全部。经过安全知识教育，尽管操作者已经充分掌握了安全知识，但是，如果不把这些知识付诸实践，仅仅停留在"知"的阶段，则不会收到较好的实际效果。安全技能是只有通过受教育者亲身实践才能掌握的东西。也就是说，只有通过反复地实际操作、不断地摸索而熟能生巧，才能逐渐掌握安全技能。

（3）安全态度教育。是安全教育的最后阶段，也是安全教育中最重要的阶段。经过前两个阶段的安全教育，操作人员掌握了安全知识和安全技能，但是在生产操作中是否实施安全技能，则完全由个人的思想意识所支配。安全态度教育的目的就是使操作者尽可能自觉地实行安全技能，搞好安全生产。

安全知识教育、安全技能教育和安全态度教育三者之间是密不可分的，如果安全技能教育和安全态度教育进行得不好的话，安全知识教育也会落空。成功的安全教育不仅使职工懂得安全知识，而且能正确地、认真地进行安全行为。

4. 班组开展安全教育的做法

班组开展安全教育的方式方法主要有：

（1）提高班组员工安全技术素质的方式。班组安全教育是以提高全员安全素质为主要任务，具有保障安全生产的基础性意义。班组安全教育还是预防事故的一种"软"对策，通过对人的观念、意识、态度、行为等形式从无形到有形的影响，从而对人的不安全行为产生控制作用，达到减少人为事故的效果。

对班组员工进行安全技术素质教育，可以采用如下方法进行。

1）讲授法。这是教学最常用的方法。安全知识教育，使人员掌握基本安全常识和知识，进行专业安全知识的培训教育，对日常操作中的安全注意事项再进行学习，对于潜藏的、凭人的感官不能直接感知其危险性的不安全因素的操作进行分析。通过安全知识教育，使操作者了解生产过程中潜在的危险因素及应采取的防范措施等。

2）读书学习法。由单位技术人员或班组长根据本岗位实际，编制切合实际、针对性强的教材，对岗位作业的危险性程度、岗位存在的危险因素进行分析，组织岗位班组的员工进行系统学习，掌握该单位的基本常识和基础知识。

3）复习巩固法。安全知识一方面随生活和工作方式的发展而改变；另一方面，安全知识的应用在人们的生活和工作过程中是偶然的，这就使得已掌握的安全知识随时间的推移而退化。所以，安全知识也要不断更新。"警钟长鸣"是安全领域的基本策略，"温故知新"是复习和巩固的理论基础。故而，班组长要组织班组成员天天学、反复学，做到老生常谈。

4）研讨学习法。班组长要利用空闲时间组织班组成员一起进行研讨学习，互相启发、取长补短，达到深入消化、理解和增长知识的目的。

5）宣传娱乐法。利用电化教学、宣传媒体等现代化教学工具，寓教于乐，使安全知识通过潜移默化的方式深入员工心中。

（2）增强员工实际安全工作水平和技能的方式。安全教育承担着传递安全生产知识的任务，使人的安全文化素质不断提高，安全精神需求不断发展，使人的行为更加符合社会生活和生产中的安全规范和要求。班组安全教育也不例外。在班组安全教育中，安全技能教育是比较重要的内容，而安全技能教育只有通过受教育者亲身实践才能掌握的东西，也就是说，只有通过反复的实际操作、不断地摸索才能熟能生巧，才能逐渐掌握安全技能。

增强员工实际安全工作水平和技能可采取以下几个方法：

1）搞好危害识别和危险预知活动。发动班组员工对岗位存在的危险和有害因素进行识别，对可能发生事故的状况进行分析判定和危险作业分析，对可能发生事故的状况进行超前判定和预防，控制生产过程中的危险行为和危险状况。

2）"仿真"事故应急预案演练。通过对预先编制好的各岗位可能发生的各种事故的应急实施方案的学习，定期组织班组员工进行仿真演练，达到快速反应、高效应对的水平，做到遇事不乱、胸有成竹、泰然处之。

3）"三点"控制训练。即教育班组员工对岗位上的事故易发点、危险点、关键点"三点"进行整体有效的重点控制，实行有目标、责任明确的分级负责制。对"三点"部位要重点组织进行实际操作演练，掌握控制方法，提高实际操作水平和处理问题的技能。

（3）搞好安全意识（态度）教育的方法。强化安全意识也就是进行安全态度教育。这是班组安全教育中重要的内容之一。安全态度教育的目的，就是使班组操作者尽可能自觉地运用安全技能，搞好安全生产，使班组每一个人不仅掌握和熟悉生产安全知识，还要增强自我保护意识，从被动的"要我安全"变为主动的"我要安全"，进一步达到"我懂安全""我会安全""我管安全"的自觉意识水平。

班组搞好安全意识（态度）教育可以采取以下方法：

1）利用活生生的事故案例进行教育。通过对本单位或外单位的事故案例进行分析，了解事故发生的原因、过程和后果，对认识事故发生规律、总结经验、吸取教训、举一反三大有裨益。用活生生的案例、血淋淋的教训教育人。特别是对本岗位（班组）发生的事故要严格按"四不放过"原则进行，这样对增强班组员工的安全意识有不可估量的作用。

2）经常性的口头教育。班组长可以在班前、班后会时讲，也可以班中随时随地讲。主要对安全注意事项进行提醒、对违章违纪行为进行批评指正，可以以"三不伤害"为重点内容进行讲解。提高安全意识是一项长期持久的工作和任务，要天天讲、时时讲，时刻绷紧安全这根弦，警钟长鸣。

3）季节变换的安全教育。班组长要结合不同季节的安全生产特点，开展有针对性的、灵活多样的超前思想教育。季节变换会给生产带来很多事故隐患，如夏季天气闷热、人易疲劳、情绪不稳、心神不定，主要是做好防暑降温、防超温超压等工作。冬季天寒地冻、气候干燥，主要是做好防火、防冻、防凝、防滑等工作。

4) 节日前后的安全教育。节前，员工的思想可能较为紧张，情绪有所波动，想利用节日期间好好放松一下。节后，员工轻松愉快的心情尚未平静，上班后还沉浸在兴奋和喜悦之中。班组长要在节前进行预防性的思想教育，在节后进行收心思想教育，一心一意搞好安全生产。

5) 检修前后的安全教育。岗位进行大、小检修是不可避免的。检修时，任务重、人员多而杂、交叉作业多，这时进行安全教育必不可少。主要以安全用火、安全监护、进人受限空间、高处作业、安全防护用品的穿戴等为重点进行教育。检修后，由于可能涉及技术改造项目，因而要进行新工艺、新流程的学习教育。

6) 开展一些娱乐性的活动进行安全教育。班组长可以根据各自的特点组织进行，如可以开展班组员工安全竞赛、编辑安全小品、安全演讲、事故祭日追忆、黑板报宣传等形式进行。

(4) 班组安全教育适当时机的选择。进行安全教育，需要提高职工的主动性和积极性，这就将教育内容与生产实际结合起来，拟定的教育内容要结合日常工作，这样会增添职工的学习兴趣。将教育成绩和考核、奖励挂钩。让职工真正明白业务技术同安全生产、安全生产同个人经济利益的关系，进而激发大家搞好安全生产、提高自身素质的热情。还需要注意的是，进行安全教育，也需要选择适当的时机。

1) 努力营造学习氛围。有了这种氛围，学习业务知识就会成为一种自觉行动。班组长要带头学习，班组长带头学习必然会带动一批人跟着学习，这样在班组范围内势必形成一种学习气氛。

2) 因人而异，有的放矢。教育最好分层次，分层次可以起到较明显的效果。对那些理论知识比较强而实践经验相对较少的职工，应加强其实际操作能力、动手能力的培训；而对那些实际动手能力强，而理论知识相对较差的职工，应加强其理论基础的培训。

3) 善于利用一切有利时机，随机教育。要善于利用事故、异常处理的机会，给职工讲解整个事故或异常的处理要点、来龙去脉，这时往往也是职工学习热情最高的时候，所以要趁热打铁，利用设备检修的机会，尽可能地给职工讲设备的原理、维护注意事项，必要时可以聘请有经验的检修人员给职工讲解有关内容；利用每月的反事故演习的机会，向每位职工讲明演习内容，处理方法，要尽量避免个别人的演习、走过场的演习。如果能抓住这些有利的时机来进行随机的培训，则要比只按照计划任务书上的培训更有效果，更易于为职工所接受。

4) 利用新设备投运的机会加强教育。每当新设备投运时，也是职工学习热情最为高涨的时候，一定要抓住这一有利时机，深入、系统地进行教育。要尽可能吃透新设备的原理、维护方法、操作要领等，必要时可以聘请专家给予讲解。

5) 教育要注意以情感人。在平时的教育中，不能遗漏任何一个职工，尤其是对那些平时基础差，学习热情不高的人员，更要常常去督促他们，检查他们，必要时要做一些思想工作，利用引导、启发等方式，激发他们的学习热情，让他们感受到自己是集体中不可或缺的一员，增强他们的自信心。相信在温暖的关怀下，他们一定会迅速进步，在平凡的岗位上，一样能做出不平凡的业绩。

（5）班组安全教育应注意的问题

做好班组安全教育工作要注意处理好以下三个问题。

1）注意单向施教与多向交流的结合。随着时代的发展，员工主体意识不断增强，单纯靠"你讲他听"式的安全教育已难以奏效，单一的讲课式、训导式的安全教育已达不到很好的效果。必须以安全文化建设为依托，精心策划并组织形式新颖、内容丰富的安全教育活动，长年不断、潜移默化，教育熏陶广大员工。要针对员工群体求知求乐品位不断提高的实际，把安全教育有机融入安全文化娱乐活动之中，使单向的教育变为多向交流、单一的说教变为丰富多彩和生动活泼的艺术感染，进而使员工的文化需求与安全教育融为一体。

2）注意营造良好的教育环境。教育灌输对受教育者的身心发展能够产生重要影响，而环境氛围、群体效应也不可忽视。因此，必须把营造安全文明环境作为安全教育的优先切入点，从提高员工的安全素质到形成安全有序的生产秩序，探索一条培养"我要安全、我会安全"员工的有效途径。

3）注意安全教育与安全管理的结合。要从根本上改变个别员工对安全工作错误的认识和不规范行为，不仅要教育疏导，各种规章制度的约束也要紧紧跟上。教育与管理互为补充、相互促进，安全教育是通过内在思想的提高管理人，管理是通过外在约束的加强教育人。持之以恒地开展各种安全教育、提高管理的人文内涵的同时，坚持把正确的安全思想理念渗透到安全管理制度中，把自律与他律、内在约束与外在约束有机结合，启发员工自我教育、自我提高，既通过制度约束来巩固安全教育工作的成果，又在管理中体现了教育的精神，赋予管理更强的硬性约束，教育与管理互相补充、相得益彰，使安全教育工作保持生命力。

第三节　班组安全检查制度与检查方法

安全检查是我国企业安全生产的一项基本制度，是企业安全管理的重要内容之一，同时也是发现和消除事故隐患的一种有效的方法。班组在生产作业过程中，不可避免地会遇到各种各样的危险因素，为了及时发现和消除危险因素，就需要做好安全检查工作，从而有针对地制订相应的防范措施，预防事故带来的风险，并且减少各类事故的发生，保证生产作业安全。

一、安全检查的内容和形式

1. 安全检查的主要内容

对班组长和班组成员来讲，通过安全检查，可以对生产设备设施、生产环境、生产作业过程及安全管理中可能存在的危险因素和事故隐患等进行查证，以确定危险因素和事故隐患存在的状态，以便制订整改措施，消除危险因素和事故隐患，确保生产安全。

班组所管理的范围与企业安全管理部门所管理的范围不同，因此班组的安全检查与企业安全管理部门的安全检查也有所不同的，应有其侧重点。

班组安全检查的内容，主要集中于两个方面：

（1）检查班组作业人员是否有不安全行为，如作业人员是否按相关工种的安全操作规程操作，操作时的动作是否符合安全要求等。

（2）检查班组生产作业现场环境及设备、物质（原材物料）的状态，即查作业环境及劳动条件、生产设备及相应的安全防护设施是否符合安全标准的要求，如查各种设备、设施的安全运行和维修情况，查原材料使用及有毒有害气体、蒸汽、粉尘等引发安全事故的防范措施，查电气、锅炉、压力容器、各种工业气瓶的使用状况，查易燃、易爆、物料和有毒有害物料的贮存、运输和使用情况，查个人防护用品的使用是否符合安全防护标准，以及通风、照明、安全通道、安全出口等作业环境、劳动条件是否符合相关安全防护的标准。

从大量的事故统计资料来看，在各种事故中由于生产作业人员违反操作规程、误操作和环境条件、设备、工具、附件、工艺流程有缺陷等原因，造成的伤亡事故占事故总数的60％以上。故此，安全检查的重点应放在不安全的物质状态（包括机械设备、设施、使用的原材物料等）和人的不安全行为上，找出其危险因素，进行安全防范措施的整改。

2. 安全检查的主要形式

安全检查的形式可分为日常性检查、专业性检查、季节性检查、节假日前后的检查和不定期的特种检查。

（1）日常安全检查。日常安全检查是指每天都进行的、贯穿生产过程的安全检查。如生产岗位的班组长和作业人员，应严格履行交接班检查和班中巡回检查；非生产岗位的班组长与作业人员应依据岗位特点，在作业前和作业中进行检查；车间生产管理人员以及安全员应深入作业现场，进行安全检查，发现不安全问题及时解决。

（2）专业性安全检查。专业性安全检查是指对易发生事故的特种设备、特殊场所或特殊操作工序等，组织有关专业技术人员、管理人员、操作人员所进行的专项安全检查。专业性安全检查应明确重点、手段、方法，如对电气焊、起重、运输车辆、锅炉及各种压力容器、各种反应罐（釜）、易燃、易爆场所等。必要时要对某些设备或操作进行长时间的观察和检查，对相关设备运行情况、作业人员操作情况、调试及维修等情况、安全防护措施及个人防护用品使用情况等进行连续检查，以确保其防护功能。发现问题及时纠正，采取相应的防范措施。

（3）季节性安全检查。季节性安全检查是指根据季节特点对生产作业的影响，进行侧重性的安全检查。如春节前后以防火、防爆为主要内容，夏季以防暑降温为主要内容，雨季以防雷、防静电、防触电、防洪、防建筑物倒塌为主要内容，冬季以防寒保暖为主要内容的检查。

（4）节假日前后的安全检查。节假日前，要针对职工思想不集中、精力分散，提示注意的综合安全检查。节后要进行遵章守纪的检查，防止职工的不安全行为而造成事故。

（5）不定期的特种检查。由于新、改、扩建工程的新作业环境条件、新工艺、新设备等可能会带来新的危险因素，在这些设备、设施投产前后的时间内，进行的检查竣工验收检查及工程项目开工前的"类比"预先安全检查及检修中、检修后的试运转检查。

3. 安全检查应注意的事项

班组在安全检查中需要注意以下事项：

（1）将自查与互查有机结合起来。班组以自查为主，车间安全员以检查为主，在日常生产作业中，需要将班组自查与车间安全员检查结合起来。

（2）坚持检查与整改相结合。检查中发现的不安全因素，要根据检查记录进行整理和分析，采取整改措施。应分情况处理，一时难以整改的，要采取切实有效的防范措施。

（3）制定和建立安全档案。收集基本数据，掌握基本安全情况，对事故隐患及不安全因素源点的动态管理，为及时消除事故隐患（潜在危险因素）提供数据，同时为以后的安全检查奠定基础。

二、安全检查表的编制与应用

1. 安全检查表的编制依据

安全检查最有效工具是安全检查表，安全检查表是根据检查目的、检查对象而事先制订的问题清单。实践证明，为了使检查表能全面查出不安全因素，又便于操作，根据安全检查的需要、目的、被检查的对象，可编制多种类型的相对通用的安全检查表，如项目工程设计审查用的安全检查表，项目工程竣工验收用的安全检查表，企业主要危险设备、设施的安全检查表，不同专业类型的检查表，面向车间、班组、岗位不同层次的安全检查表等。制订安全检查表的人员应当是熟悉该系统或该专业的安全技术法规、标准和安全操作规程的工程技术人员、作业人员等。按照安全检查表进行安全检查，可提高检查质量，防止漏掉主要的危险因素。安全检查表的制订、使用、修改、完善的过程，实际是对安全工作的不断总结提高的过程。

安全检查表的编制依据主要有：

（1）国家、地方的相关安全法规、规定、规程、规范和标准，行业、企业的规章制度、标准及企业安全生产操作规程。

（2）上级、行业和单位（企业）领导对安全生产的要求。

（3）国内外同行业、企业事故统计案例、经验教训。结合本企业的实际情况，有可能导致事故的危险因素。

（4）行业及企业安全生产的经验，特别是本企业安全生产的实践经验，引发事故的各种潜在危险因素及成功杜绝或减少事故发生的经验。

（5）系统安全分析的结果，即为防止重大事故的发生而采用事故树分析方法，对系统进行分析得出能导致引发事故的各种不安全因素的基本事件，作为防止事故控制点源列入检查表。

2. 编制安全检查表注意事项

检查表要力求系统完整，不漏掉任何能引发事故的危险关键因素，因此，编制安全检查表应注意如下问题：

（1）检查表内容要重点突出，简繁适当，有启发性。

（2）各类检查表的项目、内容，应针对不同被检查对象有所侧重，分清各自职责内容，尽量避免重复。

（3）检查表的每项内容要定义明确，便于操作。

（4）检查表的项目、内容能随工艺的改造、设备的变动、环境的变化和生产异常情况的出现而不断修订、变更和完善。

（5）凡能导致事故的一切危险因素都应列出，以确保各种危险因素能及时被发现或消除。

（6）实施安全检查表应依据其适用范围，并经各级领导审批。检查人员检查后应签字，对查出的问题要及时反馈到各相关部门并落实整改措施，做到责任明确。

3. 安全检查表的种类

安全检查表的种类很多，可以根据不同的划分标准进行划分。

（1）根据检查的周期不同，可分为定期安全检查表和不定期安全检查表。

（2）根据检查的作用不同，可分为提示（提醒）安全检查表和规范型安全检查表。

（3）根据检查的对象不同，可分为项目设计审查、竣工验收、专业检查、厂级安全检查、车间安全检查、工段或岗位安全检查等安全检查表。

4. 安全检查表的内容

安全检查表的内容决定其应用的针对性和效果。安全检查表必须包括系统的全部主要检查部位，不能忽略主要的、潜在的不安全因素，应从检查部位中引申和发掘与之有关的其他潜在危险因素。每项检查要点，要定义明确，便于操作。安全检查表的格式内容应包括：分类、项目、检查要点、检查情况及处理、检查日期及检查者。通常情况下检查项目内容及检查要点要用提问方式列出。检查情况用"是""否"或者用"√""×"表示。

安全检查表根据检查和分析的目的与对象不同，可分为以下几种类型：

（1）设计审查施工验收用的安全检查表。这类安全检查表是从安全的角度，对某项工程设计、工程验收进行安全分析评价的一种表格，其主要内容是厂址选择、平面布置、工艺流程的安全性、安全装置与设施、危险品运输与储存、建筑物与构筑物、运输道路、消防设施等。它可供设计人员和工程验收人员设计和验收时参考，也是"三同时"设计审查、施工验收的依据。

（2）厂（矿、公司）级用安全检查表。这类安全检查表是全厂（矿、公司）进行安全检查、安全分析与评价时采用的检查表。其主要内容包括厂（矿、公司）内各个生产的工艺和装置的安全性，要害部位、主要安全装置与设施、危险物品的储存与使用，有毒有害物质的治理、作业环境、消防通道及设施、操作管理及规章制度的落实、应急措施等。

（3）车间用安全检查表。这类安全检查表是在车间内进行安全检查、安全分析与评价时用的一种检查表。其主要内容包括车间的设备布置、工艺安全、安全通道、进出口、通风、照明、噪声与振动、应急、消防设施与措施、操作管理、岗位责任制实施等。

（4）专门机构、专门人员用的安全检查表。这类安全检查表是对设备、设施、要害部位、特殊工种、专业操作人员进行安全检查时采用的一种检查表，如锅炉、压力容器、起重机具、车辆、配变电装置、炸药库、爆破作业人员、电工、司机等。其内容是设备或装置的不安全因素或隐患的检查，人的不安全行为和管理问题的检查，不安全环境条件的检查。

（5）生产工序或岗位的安全检查表。这类检查表是供某一工序或某一岗位进行日常安全检查、作业人员自查、互查或进行安全教育的一种检查表，主要集中在防止人身及误操作引起的事故方面。其主要内容包括工序或岗位的设备、环境、操作人员等方面的不安全因素。

（6）事故分析预测用安全检查表。这种检查表是借鉴同类事故的经验教训，根据有关规程、标准等编制，在分析事故时对照检查，找出事故原因，在预测事故时，按检查项目逐条加以控制，防止事故发生，例如，触电死亡事故分析检查表、高空坠落死亡事故预测检查表等。

5. 常用安全检查表的格式

安全检查表格式并非千篇一律，可从根据检查的内容和要求有所不同，但一般应有以下几项内容：

（1）序号：根据要求统一编号。

（2）项目名称：如子系统、车间、工段、设备等。

（3）检查内容：在修辞上可用直接陈述句，也可用疑问句。

（4）检查结果：即问题回答栏，可以根据检查内容回答是（"√"）或否（"×"），也可为打分的形式。

（5）备注栏：可注明建议改进措施或情况反馈等事项。

（6）检查时间和检查人。

为了使检查表进一步具体化，还可根据实际情况和需要增添栏目，如将各检查项目的标准或参考标准列出，或对各个项目的重要程度做出标记等。

6. 安全检查表应用中需要注意的问题

安全检查表的优点：一是可以事先编制，集思广益，有利于群防和周密分析，可以避免和减少遗漏重要的不安全因素。二是使用安全检查表，可以明确系统不安全的责任，不仅可以避免在发生事故后责任不清的问题，同时有利于各项安全项目的落实。三是检查表内容简单直观，易于掌握，无须过多或足够的安全知识，所以易于实行群众安全管理。四是检查方法具体实用，可避免安全工作流于形式，有利于保障安全检查效果。五是用安全提问方式，可促进安全教育，促进检查和被检查人员对具体重要安全问题的重视和思考。此外，安全检查表可以随着安全管理经验及科技水平的发展而不断完善改进，促进安全管理工作。

为了取得预期目的，应用安全检查表时，应注意以下几个问题：

（1）各类安全检查表都有适用对象，不宜通用。如专业检查表与日常定期检查表要有区别。专业检查表应详细，突出专业设备安全参数的定量界限，而日常检查表尤其是岗位检查表应简明扼要，突出关键和重点部位。

（2）应用安全检查表实施检查时，应落实安全检查人员。企业厂级日常安全检查，可由安全管理部门人员与车间领导、安全员会同有关部门联合进行。车间的安全检查，可由车间主任或指定车间安全员检查。生产作业岗位安全检查，一般指定专人进行。检查后应签字并提出处理意见备查。

（3）为保证检查的有效定期实施，应将检查表列入相关安全检查管理制度，或制定安全检查表的实施办法。如把安全检查表同巡回检查制度结合起来，列入安全例会制度、定期检查工作制度或班组交接班制度中。

（4）应用安全检查表检查，必须注意信息的反馈及整改。对查出的问题，凡是检查者当时能督促整改和解决的应立即解决；当时不能整改和解决的应进行反馈登记、汇总分析，由有关部门列入计划安排解决。

（5）应用安全检查表检查，必须按编制的内容，逐项目、逐内容、逐点检查。有问必答，有点必检，按规定的符号填写清楚。为系统分析及安全评价提供可靠准确的依据。

7. 安全检查中发现问题的处理

检查是手段，目的在于发现问题、解决问题，应该在检查过程中或检查后，本着自力更生的原则，发动群众及时整改。

整改应实行"四定、五不推"原则。"四定"，即定负责人，定整改措施，定整改期限，定整改资金；"五不推"，即本岗位能解决的不推给班组，班组能解决的不推给工段，工段能解决的不推给车间，车间能解决的不推给厂里，厂里能解决的不推给上级监管部门。

对于一些长期危害职工安全健康的重大隐患，整改措施应件件有交代，条条有着落。为了督促各单位搞好事故隐患整改工作，常用《事故隐患整改通知书》，指定被查单位限期整改。对于企业主管部门或劳动部门下达的隐患整改通知、监察意见和监察指令，必须严肃对待，认真研究执行，并将执行情况及时上报有关部门。

检查中发现不安全因素，应区别情况处理。对领导违章指挥、工人违章操作等，应当场劝阻，情况危急时可制止其作业，并通知现场负责人严肃处理；对生产工艺、劳动组织、设备、场地、操作方法、原料、工具等存在的不安全因素，危及职工安全健康时，可通知责任单位限期改进；对严重违反国家安全生产法规，随时有可能造成严重人身伤亡的装备设施，可立即查封，并通知责任单位处理。

第四章 作业现场安全知识

班组生产作业现场是作业人员管理和操作设备设施，从事生产活动的场所。通常来讲，良好的生产现场管理和良好的作业环境，能给人以安全舒适的感觉，使作业人员精神振奋、动作迅速、判断准确，减少操作失误和事故发生率。因此，加强生产作业现场的安全管理，创造良好的作业环境，是避免和减少事故发生的重要措施。

第一节 事故特性与事故致因理论

许多事故的发生，往往出乎人们的意料，表现为一种突然发生的意外事件。这是由于导致事故发生的原因非常复杂，而且还交织着许多偶然因素，难以预测。应该说没有人喜欢事故、希望发生事故，但是由于对事故的特性不了解，对事故致因理论的不了解，因而安全管理工作处于被动状态。认识事故，了解事故致因理论，从而在实际安全管理工作中明确思路，加强日常管理工作，抓住关键环节，就能够有效防范事故的发生。

一、事故定义与基本特性

1. 事故的定义

对于事故，人们若从不同的角度出发则对其会有不同的理解。在《辞海》中给事故下的定义是"意外的变故或灾祸"。

通常我们所说的事故指的是安全生产事故，关于事故的定义有：

◆事故是可能涉及伤害的、非预谋性的事件。

◆事故是违背人的意志而发生的意外事件。

◆事故是造成伤亡、职业病、设备或财产的损坏或损失或环境危害的一个或一系列事件。

◆事故是在人们生产、生活活动过程中突然发生的、违反人们意志的、迫使活动暂时或永久停止，可能造成人员伤害、财产损失或环境污染的意外事件。

结合上述诸定义，可以总结出事故具有如下特点：

（1）事故是一种发生在人类生产、生活活动中的特殊事件，而人类在任何生产、生活活动过程中都可能发生事故。因此，人们若想将活动按自己的意图进行下去，就必须努力采取措施来防止事故。

（2）事故是一种突然发生的、出乎人们意料的意外事件。这是由于导致事故发生的原因非常复杂，往往是由许多偶然因素引起的，因而事故的发生具有随机性质。在一起事故发生之前，人们无法准确地预测在什么时候、什么地方，发生什么样的事故。由于事故发生的随机性，使得认识事故、弄清事故发生的规律及防止事故发生成为一件非常困难的事情。

（3）事故是一种迫使进行着的生产、生活活动暂时或永久停止的事件。事故中断、终止活动的进行，必然会给人们的生产、生活带来某种形式的影响。因此，事故是一种违背人们意志、人们不希望发生的事件。

（4）事故除了影响人们的生产、生活活动顺利进行之外，往往还可能造成人员伤害、财物损坏或环境污染等其他形式的后果。

需要值得指出的是，事故和事故后果是具有因果关系的两件事情：由于事故的发生产生了某种事故后果。但是在日常生产生活中，人们往往把事故和事故后果看成是一件事情。之所以会产生这种认识，是因为事故的后果，特别是给人们带来严重伤害或损失的后果，给人们的印象非常深刻，人们也就相应地注意到带来这种后果的事故；相反地，当事故带来的后果非常轻微，没有引起人们注意时，人们也就相应地忽略了这种事故。

2. 事故的基本特性

事故的发生具有普遍性，大多数企业都发生过未遂事故或者已遂事故。事故具有以下基本特性：

（1）事故的普遍性。由于生产活动中普遍存在可能导致人员伤亡和财产损失的危险性，因此，就普遍存在发生事故的可能。这就要求从事任何工作都必须坚持"安全第一、预防为主、综合治理"的方针，决不能掉以轻心。

（2）事故的随机性。事故是偶然发生的，具有随机性特点。其发生的时间、地点、形式、规模、后果都是不确定的。人们不可能预测何时、何地、发生何种事故、何人受伤、何人死亡、损失何种财物。而只能通过各种迹象，即不安全因素的存在情况及以往发生事故的规律，判断在某个时间、地区范围内可能会发生什么事故。即凭借概率统计分析确定事故发生的可能性。也就是在有统计价值的数据资料基础上，预测某一随机事件（事故）的发生概率大小；事故规模多大，损失多少。

（3）事故的必然性。按照安全系统工程的观点，人们在生产过程中必然会发生事故，只不过是时间长短、事故损失严重程度不同而已。按照海因利希法则，事故发生次数比遵循下述规律：重伤及死亡事故：轻伤事故：无伤害事故＝1：29：300。这就是说，发生多起无伤害事故，必然会有轻伤事故发生。同理，发生多起轻伤事故，必然会有重伤或死亡事故发生。轻伤事故孕育于无伤害事故之中，重伤或死亡事故孕育于轻伤事故和无伤害事故之中。

（4）事故的因果相关性。事故的发生是由于系统中造成事故的各种原因相互作用的结果。事故原因可大体分为人的不安全行为和物的不安全状态。也有按人机、环境划分系统的，原因可分为人的失误（操作失误、管理失误）、机械设备故障和环境不良因素。还有按逻辑分析原则划分的，有直接原因和间接原因等，这些原因在系统中相互作用、相互影响，在一定条件下就会发展成为事故。因此，分析事故，探索事故规律，控制事故必须从系统的错综复杂的因果相关性出发辨识事故的直接原因、间接原因、主要原因，以恰当的安全措施，控制事故的发生。

（5）事故的紧急性。事故从发生、发展到结束，往往速度很快，允许组织和个人做出反应的时间很短。这就要求人们平时积累紧急对策和加强防灾训练，以便届时做出正确决策和迅速的反应，以尽量减少事故造成的损失。

（6）事故的危害性。凡是事故，特别是伤亡事故都会在一定程度上给个人、集体和社会带来损失或危害，乃至夺去人的生命，威胁企业的生存或影响社会的稳定。因此，是人们不期望发生的。

二、事故的等级区分与分级分类

1. 事故的等级区分

在《生产安全事故报告和调查处理条例》中，根据生产安全事故（以下简称事故）造成的人员伤亡或者直接经济损失，事故一般分为以下等级：

（1）特别重大事故，是指造成 30 人以上死亡，或者 100 人以上重伤（包括急性工业中毒，下同），或者 1 亿元以上直接经济损失的事故。

（2）重大事故，是指造成 10 人以上 30 人以下死亡，或者 50 人以上 100 人以下重伤，或者 5 000 万元以上 1 亿元以下直接经济损失的事故。

（3）较大事故，是指造成 3 人以上 10 人以下死亡，或者 10 人以上 50 人以下重伤，或者 1 000 万元以上 5 000 万元以下直接经济损失的事故。

（4）一般事故，是指造成 3 人以下死亡，或者 10 人以下重伤，或者 1 000 万元以下直接经济损失的事故。

2. 事故的伤害程度分类

在伤亡事故统计的国家标准 GB 6441—1998 中，把受伤害者的伤害分成 3 类。

（1）轻伤。损失工作日低于 105 d 的失能伤害。

（2）重伤。损失工作日等于或大于 105 d 的失能伤害。

（3）死亡。发生事故后当即死亡，包括急性中毒死亡，或受伤后在 30 d 内死亡的事故。死亡损失工作日为 6 000 d。

3. 事故的致害原因分类

《企业职工伤亡事故分类》（GB 6441—1986）按致害原因将事故分为 20 类，详见表 4—1。

表 4—1　　　　　　　　　　　　按致害原因的事故分类

序号	类别	备注
1	物体打击	指落物、滚石、捶击、碎裂、崩块、砸伤等，不包括爆炸引起的物体打击
2	车辆伤害	包括挤、压、撞、颠簸等
3	机械伤害	包括绞、碾、割、戳等
4	起重伤害	各种起重作业引起的伤害
5	触电	电流流过人体或人与带电体间发生放电引起的伤害，包括雷击
6	淹溺	各种作业中落水及非矿山透水引起的溺水伤害
7	灼烫	火焰烧伤、高温物体烫伤、化学物质灼伤、射线引起的皮肤损伤等，不包括电烧伤及火灾事故引起的烧伤
8	火灾	造成人员伤亡的企业火灾事故
9	高处坠落	包括由高处落地和由平地落入地坑
10	坍塌	建筑物、构筑物、堆置物倒塌及土石塌方引起的事故，不适用于矿山冒顶、片帮及爆炸、爆破引起的坍塌事故
11	冒顶片帮	矿山开采、拥进及其他坑道作业发生的顶板冒落、侧壁垮塌
12	透水	适用于矿山开采及其他坑道作业时因涌水造成的伤害
13	爆破	由爆破作业引起，包括因爆破引起的中毒
14	火药爆炸	生产、运输和储藏过程中的意外爆炸
15	瓦斯爆炸	包括瓦斯、煤尘与空气混合形成的混合物的爆炸
16	锅炉爆炸	适用于工作压力在 0.07 MPa 以上，以水为介质的蒸汽锅炉的爆炸
17	压力容器爆炸	包括物理爆炸和化学爆炸
18	其他爆炸	可燃性气体、蒸汽、粉尘等与空气混合形成的爆炸性混合物的爆炸，炉膛、钢水包、亚麻粉尘的爆炸等
19	中毒和窒息	职业性毒物进入人体引起的急性中毒、缺氧窒息性伤害
20	其他	上述范围之外的伤害事故，如冻伤、扭伤、摔伤、野兽咬伤等

注：在 GB 6441—1986 标准中为"放炮"。"放炮"在《煤炭科技名词》中已规范为"爆破"。

事故会导致人员伤亡或物资财产的损失，有些事故甚至是毁灭性的。因此，无论是在社会活动、生产活动中，还是在科学实验中，人们普遍惧怕事故，千方百计地躲避事故，想方设法地控制事故，因为事故会给人带来灾难性后果，曾经吞噬过千千万万人的生命，毁灭了无法估量的财富或资源，阻碍了生产力的发展和社会进步。事故的发生后，人们吸取事故教训，认真从中查找原因，总结经验教训，拟定控制方针和方法，采取更加有效的措施，从而产生新的技术，促进了科学技术的进步，最终达到促进生产力的发展和人类的进步。

总之，事故是人们不乐意接受的坏事。但如果我们积极地面对事故，它也可以变为好事。人类正是在不断地研究开发事故资源，战胜事故的过程中，推动科学技术的进步、生产力的发展，最终达到更加文明的社会。

三、事故致因理论

1. 轨迹交叉理论的基本观点

事故致因理论是人们对事故机理所做的逻辑抽象或数学抽象，它是描述事故成因、经过和后果的理论，是研究人、物、环境、管理等基本因素如何起作用而形成事故造成损失的，它从因果关系上阐明引起伤亡事故的本质原因，说明事故的发生、发展和后果。它对我们认识事故本质、指导事故调查分析、事故预防及事故责任者的处理有着重要作用。事故致因理论比较有代表性的有十多种，其中为人们广泛采用的主要有：轨迹交叉理论、能量转移理论、多米诺骨牌理论、人因事故模型理论等。

轨迹交叉理论将事故的发生发展过程描述为：基本原因→间接原因→直接原因→事故→伤害。从事故发展运动的角度，这样的过程被形容为事故致因因素导致事故的运动轨迹，具体包括人的因素运动轨迹和物的因素运动轨迹。

就一般情况而言，由于企业管理上的缺欠，如领导对安全工作不重视，各级干部对安全不负责任，安全规章制度不健全，职工缺乏必要的安全教育和训练等，职工就有可能产生不安全行为（违章指挥、违章操作等人为过失）；或者对机械设备缺乏维护、检修，以及安全设备、设施不足，建筑设施、作业环境不符合安全要求等，以致形成不安全状态，进而孕育了事故的起因物，产生施害物。当采取不安全行为的行为人与因不安全状态而产生的施害物发生时间、空间的运动轨迹交叉时，就必然会发生事故。

值得注意的是，人与物两种因素又互为因果，有时物的不安全状态能导致人的不安全行为，而人的不安全行为也可能使物产生不安全状态。例如，噪声、粉尘、高温等恶劣的作业环境（不安全状态）会导致人的操作失误（不安全行为）增多；由于设计、制造、安装、检修或人为拆除安全装置（不安全行为），使设备缺少安全防护装置或失效（不安全状态）。如果考虑不安全行为和不安全状态两个系列的前置原因，又均非单纯的人的系列和物的系列。也就是说，在考察人的系列或物的系列时不能完全绝对化。

2. 轨迹交叉理论指导作用

轨迹交叉理论也可以理解为：具有危害能量的物体的运动轨迹与人的运动轨迹，在某一时刻交叉就发生事故。按照轨迹交叉论的观点，构成事故的要素为人的不安全行为、物的不安全状态和人与物的运动轨迹的交叉。但是，这种交叉也必须有足以致害的能量转移为前提。从这一点考虑，轨迹交叉论实际上是能量转移论的扩展。当前世界各国之所以普遍采用这种事故致因理论，是因为它能更详细、更贴切地描述事故的成因，更具有实用性。

根据这种事故致因理论及其由此而产生的事故模型，我们可以分析伤亡事故的原因，探索事故的发生规律，提出防止事故的具体措施。

按照演绎分析的原则，可以从伤亡事故，即有不安全行为的与处于不安全状态下的物的时空交叉点，分别分析不安全行为和不安全状态的形成过程。

（1）人的不安全行为。人的不安全行为可以从人的素质（包括先天素质和后天素质）中寻找原因。先天素质，如人的生理、心理、智力缺陷等；后天素质，如知识、技能、经验的不足，进而从教育、培训、规章制度、管理状况以及家庭、社会等方面分析影响安全的不良因素。

（2）物的不安全因素。物的方面可以从形成事故的反向顺序——"施害物→起因物→不安全状态"进行分析，从而查找物的更进一步的原因，如设备、机械的设计、制造、使用、维修、保养方面的缺陷及有害物质、有害因素的管理与控制问题。

3. 控制人的不安全行为的措施

从轨迹交叉理论出发，防止事故的根本出路就是避免两者的轨迹交叉，其中控制人的不安全行为十分重要。人的不安全行为在事故形成的原因中占重要位置，同时，人的行为又是最难控制的因素。人的失误概率比任何机械、电气、电子元件的故障概率要大得多。因为人的失误是多方面原因造成的，例如，作业时间的紧迫程度，作业环境的条件好坏，作业的危险状况，个人的心理、生理素质以及家庭、社会等因素。因此，要从多方面入手来解决人的不安全行为的问题。行为科学认为，只有通过采取各种手段和措施，提高操作者发现、认识危险的能力，明确危险的后果，促使其形成安全动机，掌握避免危险、防止事故的技能，才会有安全行为，并使其逐渐养成安全习惯。人机工程学的观点是：为劳动者创造安全、舒适的工作条件，是可以避免事故、提高工效的。

概括起来，控制人的不安全行为的措施主要有：

（1）职业适应性选择。选择合格的职工以适应职业的要求。由于工作的类型不同，对职工的要求也不同。尤其是职业禁忌证应加倍注意。在进行招工和作业人员的配备时，应根据工作的要求认真考虑职工素质，特别是特殊工种应严格把关。避免因生理、心理素质的欠缺而发生工作失误。

（2）创造良好的工作环境。良好的工作环境，首先是良好的人际关系，积极向上的集体精神。创造融洽和谐的同事关系、上下级关系，使工作集体具有凝聚力，这样，才能使职工心情舒畅地工作，积极主动地相互配合。为此，企业要实行民主管理，使职工参与管理。另外，要关心职工生活，解决实际困难，做好职工家属的工作，形成重视安全的社会风气，以社会环境促进工作环境的改善。良好的工作环境还应包括尽一切努力消除工作环境中的有害因素，使机械、设备、环境适合人的工作，使人适应工作环境。这就要按照人机工程的设计原则进行机械、设备、环境以及劳动负荷、劳动姿势、劳动方法的设计。

（3）加强教育与培训，提高职工的安全素质。实践证明，事故与职工的文化素质、专业技能和安全知识密切相关。因此，企业招工应根据我国普及教育的发展情况，提出对文化程度的具体要求，而且要对在职职工进行系统的继续教育，使他们进一步掌握必要的文化知识和专业知识。在许多事故的原因中职工的知识贫乏或无知占有相当比重，这是值得注意的严重问题。特别是对职工的安全教育和训练，如入厂三级教育、特种作业人员教育、中层以上干部教育、全员教育、班组长教育、资格认证等安全教育制度，必须坚持进行并提高其有效性，使广大职工提高安全素质，减少不安全行为。这是一项根本性措施。

（4）健全管理体制，严格管理制度。加强安全管理是有效控制不安全行为的有力措施，加强管理必须有健全的组织、完善的制度并严格贯彻执行。企业安全不仅是安全部门的事，而且是企业全体职工的事。

4. 控制物的不安全状态

控制物的不安全状态主要从设计、制（建）造、使用、维修等方面消除不安全因素，创造本质安全条件。

工程设计包括工艺设计、产品设计和建筑设计等，工艺设计应考虑尽量排除或减少一切有毒、有害、易燃、易爆等不安全因素对人体的影响；产品设计应充分考虑产品的可靠性和安全性；建筑设计除根据工艺要求考虑建筑物本身的基础、结构的强度和稳定性及内装修的合理性以外，还要考虑生产和人员在安全方面的特殊要求。总之，工程设计要满足人机工程的设计要求和其他安全要求。制（建）造必须严格按照设计要求，使用合格的材料和工艺技术，在严格的技术监督下，并经过认真负责的质量检验才能投入使用。特别是新建、扩建、改建项目及新工艺、新产品、新技术应用必须经过"三同时"验收。

使用应严格按照设计规定的要求精心操作，避免出现物的不安全状态。特别要反对超负荷运转和任意拆除安全装置、设施等不良行为。

维护和检修是保障机械设备正常运转的重要环节。因此，应坚持日常维护、检修制度，把物的不安全状态消灭在萌芽状态，减少因机械设备缺陷引发的事故。

第二节　事故隐患排查与事故预防对策

事故隐患是事故形成的前兆，是事故发生的温床，事故隐患与事故发生之间存在因果关系。因此，在安全管理工作中，必须要重视事故隐患排查，尽早地排查事故隐患，采取积极的有针对性的对策措施，防止人的不安全行为，消除物的不安全状态，中断事故隐患的发展进程，从而避免事故的发生。同时，在事故预防上，要尽可能着眼于事故未发生之前，通过安全检查、事故隐患排查整改、安全技术应对措施等，消除事故发生的基础和条件，从而避免事故的发生。

一、对事故隐患的认识和排查要求

1. 对事故隐患的认识

安全生产事故隐患（以下简称隐患、事故隐患或安全隐患），是指生产经营单位违反安全生产法律、法规、规章、标准、规程和安全生产管理制度的规定，或者因其他因素在生产经营活动中存在可能导致事故发生的物的危险状态、人的不安全行为和管理上的缺陷。

事故隐患分为一般事故隐患和重大事故隐患。一般事故隐患是指危害和整改难度较小，发现后能够立即整改排除的隐患。重大事故隐患是指危害和整改难度较大，应当全部或者局部停产停业，并经过一定时间整改治理方能排除的隐患，或者因外部因素影响致使生产经营单位自身难以排除的隐患。

按照《安全生产事故隐患排查治理暂行规定》（国家安全生产监督管理总局令第十六号）的规定，生产经营单位应当建立健全事故隐患排查治理制度，同时生产经营单位主要负责人对本单位事故隐患排查治理工作全面负责。

隐患是安全生产各种矛盾问题的集中表现，是滋生事故的土壤，隐患不除，事故难绝。因此，必须牢固树立预防为主的思想，把功夫下在平时，坚决改变重事后查处、轻事前防范的错误倾向。

2. 对事故隐患排查整改的认识

事故隐患与事故一样，具有隐蔽性、危险性、突发性、因果性、持续性、意外性、季节性等特征。"冰冻三尺，非一日之寒"。大凡事故的发生，都因潜藏着隐患，只是有的显现，有的隐蔽，有的被发现，有的没被发现罢了。事故隐患是企业的大敌，它或早或晚必将导致事故的发生，给企业带来不可估量的损失。

排查事故隐患绝不仅仅是企业安全员的责任。偌大的企业，只凭几个安全员的巡查是远远不够的，一双眼睛的警惕只能形成一条安全线，众人眼睛的警惕则可以织出一张安全网。企业的每位职工都应善于发现工作中的隐患，做一位有心人，不放过一个烟头、一个螺钉带来的危险，唯有如此，企业的安全生产才能保证。

在隐患的排查整改上，不但要注重发现那些重点部位的隐患，而且对那些非重点部位以及人们认为非常熟悉的作业过程和不会出问题的地方也不能忽视。大量的事实告诉我们：查找隐患眼睛一定要亮，要像抓敌人一样来抓隐患。非重点部位一旦发生事故，人们往往感到出乎意料，事实上是隐患使然，只是人们没有认识到隐患的存在罢了。隐患始终在等待适合它"发作"的条件，一旦条件具备，便会一触即发，导致事故的发生。我们的工作就是要切断隐患"发作"的这种适当条件。

企业应建立严格细致的检查制度，从检查范围、检查频次到检查内容都应给出明确的规定。实行从班组检查、科队检查到公司级检查，一级级把关，一级级保证，要责任明确，实行单位一把手负责制；在检查频次方面可以分为现场检查、专项检查、综合安全检查等；在检查内容上要给出明确规定，各级检查都要明确责任人，编制规范的检查表，形成检查—责任部门确认—制订整改措施—整改—复查的闭环系统，必要时还要辅以考核，以促进整改。

对未遂事故进行分析，从中辨识出潜在的危险因素。未遂事故是未造成伤害的事故，它与伤亡事故、重伤事故的致因机理是完全相同的，所以，分析未遂事故可以从中查找出事故隐患的信息。通过调查分析可以发现：在重大伤亡事故发生之前，往往已发生多次无伤害事故，不安全因素已经暴露多次。在安全管理中，可以从收集到的无伤害事故中分析出原因，采取相应的措施，制定相应的对策，从而达到消除隐患及伤害事故发生的目的。对检查中查找的隐患进行统计分析，从而确定控制要因（最主要的隐患），在工作中予以重点控制、消除。还可以对作业条件进行危险性评价，就是对生产过程或某种操作过程的固有或潜在的危险以及对这些危险可能造成的后果的严重性进行识别、分析和评估，以采取最经济、合理及有效的安全对策。这是一种变传统的"事后处理"为科学的"事前预测预防"的一种方法。

3. 事故隐患排查的主要方式

事故隐患排查的目的是为了查找潜在的事故隐患，但是，排查事故隐患在许多时候并不是一件容易的事情，不能过于盲目，需要讲究科学，根据国家法律法规和相关标准、规范以及企业管理制度的要求制定安全检查表，使隐患排查真正做到有的放矢，避免盲目性。

事故隐患排查（辨识）的方式主要有六种：

（1）通过借鉴事故案例查找隐患。对照同行业、同装置、同类生产工艺、类似生产场所发生的事故案例，举一反三，自我剖析，查找本岗位类似的事故隐患。

（2）通过关注异常事件分析查找事故隐患。只有关注并控制小事件、未遂事件及异常事件，才能更好地实现事故的管理，通过对异常事件的调查分析来查找隐患，以小见大，才能避免类似事件的重复发生。

（3）通过强化危险源动态管理查找事故隐患。危险源也是一种事故隐患，定期组织员工在生产岗位上开展危险源辨识活动，将辨识出的危险源进行归纳整理，并进行风险评价，制订相应的防范措施或事故预案，并对员工进行培训教育提高员工风险辨识水平。

（4）通过开展未遂事件征集活动查找事故隐患。发动岗位操作人员开展岗位事故危险预知预想分析活动，查找分析本岗位的未遂事件，找出管理上、设备上、工艺上存在的缺陷或隐患，并提出自我防范设想，将事故预防落实到生产运行的最前沿。

（5）通过开展现场安全检查查找事故隐患。经常性地开展全方位、全天候、多层次的现场安全检查、专项督查、专业检查，以便及早发现事故隐患。

（6）通过开展安全评价与评估查找事故隐患。可委托评价单位采用定性、定量的安全评价方法，进行建设项目预评价、验收评价和在役装置的现状安全评价；也可根据企业的实际情况定期组织进行风险评价，找出可能产生的事故隐患，提出防范对策措施。

4.《安全生产事故隐患排查治理暂行规定》相关要点

2007年12月22日，国家安全生产监督管理总局局长办公会议审议通过《安全生产事故隐患排查治理暂行规定》（国家安全生产监督管理总局令第16号），自2008年2月1日起施行。

《安全生产事故隐患排查治理暂行规定》分为五章三十二条，各章内容为：第一章总则，第二章生产经营单位的职责，第三章监督管理，第四章罚则，第五章附则。制定本规定的目的，是根据安全生产法等法律、行政法规，为了建立安全生产事故隐患排查治理长效机制，强化安全生产主体责任，加强事故隐患监督管理，防止和减少事故，保障人民群众生命财产安全。本规定适用于生产经营单位安全生产事故隐患排查治理和安全生产监督管理部门、煤矿安全监察机构（以下统称安全监管监察部门）实施监管监察。

《安全生产事故隐患排查治理暂行规定》所称安全生产事故隐患（以下简称事故隐患），是指生产经营单位违反安全生产法律、法规、规章、标准、规程和安全生产管理制度的规定，或者因其他因素在生产经营活动中存在可能导致事故发生的物的危险状态、人的不安全行为和管理上的缺陷。

事故隐患分为一般事故隐患和重大事故隐患。一般事故隐患，是指危害和整改难度较小，发现后能够立即整改排除的隐患。重大事故隐患，是指危害和整改难度较大，应当全部或者局部停产停业，并经过一定时间整改治理方能排除的隐患，或者因外部因素影响致使生产经营单位自身难以排除的隐患。

《安全生产事故隐患排查治理暂行规定》规定：生产经营单位应当建立健全事故隐患排查治理制度。生产经营单位主要负责人对本单位事故隐患排查治理工作全面负责。任何单位和个人发现事故隐患，均有权向安全监管监察部门和有关部门报告。安全监管监察部门接到事故隐患报告后，应当按照职责分工立即组织核实并予以查处；发现所报告事故隐患应当由其他有关部门处理的，应当立即移送有关部门并记录备查。

（1）对生产经营单位职责的有关规定

◆生产经营单位应当依照法律、法规、规章、标准和规程的要求从事生产经营活动。严禁非法从事生产经营活动。

◆生产经营单位是事故隐患排查、治理和防控的责任主体。生产经营单位应当建立健全事故隐患排查治理和建档监控等制度，逐级建立并落实从主要负责人到每个从业人员的隐患排查治理和监控责任制。生产经营单位应当保证事故隐患排查治理所需的资金，建立资金使用专项制度。

◆生产经营单位应当定期组织安全生产管理人员、工程技术人员和其他相关人员排查本单位的事故隐患。对排查出的事故隐患，应当按照事故隐患的等级进行登记，建立事故隐患信息档案，并按照职责分工实施监控治理。

◆生产经营单位应当建立事故隐患报告和举报奖励制度，鼓励、发动职工发现和排除事故隐患，鼓励社会公众举报。对发现、排除和举报事故隐患的有功人员，应当给予物质奖励和表彰。

◆生产经营单位将生产经营项目、场所、设备发包、出租的，应当与承包、承租单位签订安全生产管理协议，并在协议中明确各方对事故隐患排查、治理和防控的管理职责。生产经营单位对承包、承租单位的事故隐患排查治理负有统一协调和监督管理的职责。

◆重大事故隐患报告内容应当包括：

1）隐患的现状及其产生原因；

2）隐患的危害程度和整改难易程度分析；

3）隐患的治理方案。

对于一般事故隐患，由生产经营单位（车间、分厂、区队等）负责人或者有关人员立即组织整改。对于重大事故隐患，由生产经营单位主要负责人组织制订并实施事故隐患治理方案。

◆重大事故隐患治理方案应当包括以下内容：

1）治理的目标和任务；

2）采取的方法和措施；

3）经费和物资的落实；

4）负责治理的机构和人员；

5）治理的时限和要求；

6）安全措施和应急预案。

◆生产经营单位在事故隐患治理过程中，应当采取相应的安全防范措施，防止事故发生。事故隐患排除前或者排除过程中无法保证安全的，应当从危险区域内撤出作业人员，并疏散可能危及的其他人员，设置警戒标志，暂时停产停业或者停止使用；对暂时难以停产或者停止使用的相关生产储存装置、设施、设备，应当加强维护和保养，防止事故发生。

◆生产经营单位应当加强对自然灾害的预防。对于因自然灾害可能导致事故灾难的隐患，应当按照有关法律、法规、标准和本规定的要求排查治理，采取可靠的预防措施，制订应急预案。在接到有关自然灾害预报时，应当及时向下属单位发出预警通知；发生自然灾害可能危及生产经营单位和人员安全的情况时，应当采取撤离人员、停止作业、加强监测等安全措施，并及时向当地人民政府及其有关部门报告。

（2）对监督管理的有关规定

◆安全监管监察部门应当指导、监督生产经营单位按照有关法律、法规、规章、标准和规程的要求，建立健全事故隐患排查治理等各项制度。

◆安全监管监察部门应当建立事故隐患排查治理监督检查制度，定期组织对生产经营单位事故隐患排查治理情况开展监督检查；应当加强对重点单位的事故隐患排查治理情况的监督检查。对检查过程中发现的重大事故隐患，应当下达整改指令书，并建立信息管理台账。必要时，报告同级人民政府并对重大事故隐患实行挂牌督办。

◆安全监管监察部门应当配合有关部门做好对生产经营单位事故隐患排查治理情况开展的监督检查，依法查处事故隐患排查治理的非法和违法行为及其责任者。

◆安全监管监察部门发现属于其他有关部门职责范围内的重大事故隐患的，应该及时将有关资料移送有管辖权的有关部门，并记录备查。

（3）对罚则的有关规定

◆生产经营单位及其主要负责人未履行事故隐患排查治理职责，导致发生生产安全事故的，依法给予行政处罚。

◆生产经营单位违反本规定，有下列行为之一的，由安全监管监察部门给予警告，并处三万元以下的罚款：

1）未建立安全生产事故隐患排查治理等各项制度的；

2）未按规定上报事故隐患排查治理统计分析表的；

3）未制订事故隐患治理方案的；

4）重大事故隐患不报或者未及时报告的；

5）未对事故隐患进行排查治理擅自生产经营的；

6）整改不合格或者未经安全监管监察部门审查同意擅自恢复生产经营的。

◆生产经营单位事故隐患排查治理过程中违反有关安全生产法律、法规、规章、标准和规程规定的，依法给予行政处罚。

◆安全监管监察部门的工作人员未依法履行职责的，按照有关规定处理。

5. 事故隐患治理措施

隐患治理及其方案的核心都是通过具体的治理措施来实现的，这些措施大体上分为工程技术措施和管理措施，再加上对重大隐患需要做的临时性防护和应急措施。

（1）治理措施的基本要求。基本要求主要包括：①能消除或减弱生产过程中产生的危险、有害因素；②处置危险和有害物，并降低到国家规定的限值内；③预防生产装置失灵和操作失误产生的危险、有害因素；④能有效地预防重大事故和职业危害的发生；⑤发生意外事故时，能为遇险人员提供自救和互救条件。

隐患治理的方式方法是多种多样的，因为企业必须考虑成本投入，需要最小代价取得最适当（不一定是最好）的结果。有时候隐患治理很难彻底消除隐患，这就要求必须在遵守法律法规和标准规范的前提下，将其风险降低到企业可以接受的程度。可以这样说："最好"的方法不一定是最适当的，而最适当的方法一定是"最好"的。

（2）工程技术措施。工程技术措施的实施等级顺序是直接安全技术措施、间接安全技术措施、指示性安全技术措施等；根据等级顺序的要求应遵循的具体原则应按消除、预防、减弱、隔离、连锁、警告的等级顺序选择安全技术措施；应具有针对性、可操作性和经济合理性并符合国家有关法规、标准和设计规范的规定。

（3）安全管理措施。安全管理措施往往在隐患治理工作受到忽视，即使有也是老生常谈式的提高安全意识、加强培训教育和加强安全检查等几种。其实管理措施往往能系统性地解决很多普遍和长期存在的隐患，这就需要在实施隐患治理时，主动地和有意识地研究分析隐患产生原因中的管理因素，发现和掌握其管理规律，通过修订有关规章制度和操作规程并贯彻执行来从根本上解决问题。

（4）闭环管理模式。"闭环管理"是现代安全生产管理中的基本要求，对任何一个过程的管理最终都要通过"闭环"才能最后结束。隐患治理工作的收尾工作也是"闭环"管理，要求治理措施完成后，企业主管部门和人员对其结果进行验证和效果评估。验证就是检查措施的实现情况，是否按方案和计划的要求一一落实了；效果评估是对完成的措施是否起到了隐患治理和整改的作用，是彻底解决了问题还是部分的、达到某种可接受程度的解决，是否真正能做到"预防为主"。当然不可忽略的还有是否隐患的治理措施会带来或产生新的风险也需要特别关注。

二、预防事故的应对措施

1. 合理设计机器的安全防护装置

机器安全装置是确保机器本质安全，防止事故发生的重要措施。对于人机系统而言，从预防人的不安全行为的角度出发，必须进行操作安全设计。

操作安全设计主要包括按人机工程学原理设计和配置显示及控制装置，也就是从人体角度考虑足够的进出通道的横向纵向尺寸、设备的最佳操作区域和净距，充分考虑采取站立、坐、跪、卧等姿势操作或控制时的适宜安装高度、角度等，以及使用各种工器具时的安全空间及防护措施，进而使显示、控制装置的设计满足易看、易听、易判断、易操作的要求。例如，需要手动操作的阀门，一般安装在肘部左右以方便用力，需要读数的表盘安装在眼部的高度等；对于并排布置的阀组，在每个阀门及管道上设置明确标志，以防紧急情况下误操作；对于紧急控制器（如紧急停机按钮等），应设置在人手易于抓到而且能快速操作的位置；同时还应有完善的反馈用仪表和情报传输装置，以反映操作者的技术能力；为防止误判断、误操作，有些机器设备还需设置报警和故障保险、内部连锁装置。合理设计安全防护装置的目的是为了排除作业中客观存在的危险，避免诱发人的不安全行为因素的消极互动而导致事故的发生。

2. 创造良好的作业环境

作业环境是指在劳动生产过程中的大自然环境和因生产过程的需要而建立起来的人工环境。这里所谈的创造良好的作业环境是指为生产需要而建立的人工环境。创造一种令人舒适而又有利于工作的环境条件是必要的。在生产实践中，由于技术、经济等条件的限制，创造舒适作业环境条件有时难以得到保证。在这种情况下，应创造一个允许的环境，保证在不危害人身健康和不受到伤害的范围之内，同时要有其他辅助措施（如监测手段、使用个人防护用品等）避免诱发不安全行为。如对于因噪声引起的人为差错，主要应对噪声采取控制措施。确定噪声控制措施时，首先是从声源上根治噪声。如果技术上不可能或经济条件所限，则应从噪声传播途径上采取控制措施（如利用吸声、隔声、减振、隔振降噪），若仍达不到要求时，则应在接受点采取个人佩戴耳塞、耳罩等防护措施。对于因振动引起的人为差错，主要应从机器设备的设计、制造、安装、使用中分别采取隔振、吸振、阻尼等措施消除或减小振动，阻止振动的传播。对于有生产性粉尘和有毒作业场所应采用防尘、防毒、尘毒治理措施，使作业环境空气中的粉尘、毒物浓度符合国家卫生标准的要求；如果有些作业场所空气中粉尘、毒物浓度仍达不到安全要求，则在接受点应采取佩戴个人防护用品加以防护；对于高温作业场所，应采取自然通风或机械通风方式，有条件的应安装空调器，进行温度调节。对于作业环境的采光照明问题，机器设备的安装位置和方向应有利于操作、观察、测量岗位的自然采光；当采用人工照明时，应确保作业岗位照明的平均照度和照度均匀度符合国家标准。对于作业场所空间、地面等的安全要求，主要应注意这样一些问题，如对车间设备、设施布局的安全要求，作业地面应平整、清洁、无油污、积水；原材料、成品、半成品的堆放不应影响操作空间、机器运转和车间通道；工位器具、用具、工件应摆放在规定位置并平稳可靠，无滑落、倾倒的可能。总之，需要从作业环境的细节入手，排除产生不安全行为的不良环境因素。

3. 人为差错原因及预防措施

常见的人为差错原因主要有：操作者注意力不集中，违反安全操作规程，未按规定使用劳动防护用品，没有注意一些重要的显示，操作控制不精确，使用控制装置的错误或以不正确的顺序接通控制装置，仪表读表中的错误，仪表因故障不可靠，疲劳、振动、噪声、尘、毒、高温、采光照明等。对于上述一些人为差错原因，可以根据人机工程学原理采取相应的对策措施加以克服和消除。对于操作者注意力不集中的问题，可在机器设备重要的位置上安装引起注意的装置，在各工序之间消除多余的间歇，并应提供不分散注意力的作业环境。对于违反安全操作规程的问题，应对有关人员进行全面深入的安全教育培训，使操作者意识到生产过程的危险并自觉遵守避免危险的程序；应把安全技术培训纳入整个技术培训计划之中，使操作者熟练掌握本岗位安全操作技术，并能严格遵守安全操作规程；对操作难度大而复杂的工种，应建立稳定有效的安全操作行为模式，注意操作者的操作动作，并给予及时纠正和指导。为了提醒操作者注意一些重要的显示，可采用声、光报警或鲜明对比手段吸引操作者对重要显示的注意。对于使用控制装置的错误问题，对控制装置关键的操作顺序应提供连锁装置，并将控制装置按其用途以一定的顺序配置。对于仪表读数中的错误，应注意消除视觉误差，移动读表人的身体位置，避免不合理的仪表安装位置或更换不合理的仪表。为了确保仪表的可靠准确，应使用经定期试验和调试校准过的仪表。也就是说，可通过改善作业内容、合理调节作业速度、减少过长的精力集中时间、合理安排作业与休息、改善不合理的工作位置和姿势、提供舒适的工作环境等一系列措施，来减少操作者的不安全行为。

4. 加强安全教育和安全管理

安全生产的实践说明提高人的素质是非常重要的，因为一切生产活动都是通过人来实现的。人的素质包括技术素质、文化素质、安全素质、职业道德、工作责任心、工作态度和身体素质等。为了提高人的素质，就必须进行教育，包括基础文化教育、安全教育、道德教育和专业技术教育，提高人的素质可以提高人在工作中的可靠性。安全管理工作主要任务有宣传、执行安全生产方针、政策、法规和规章，并监督相关部门安全职责的落实情况，审查安全操作规程并对执行情况进行检查，参与干部、职工的安全教育与培训等工作。可见，安全管理工作同样对预防不安全行为具有重要的主导作用。

第三节　生产作业现场危险作业安全管理

根据调查分析，90％以上的事故发生在生产班组，80％以上的事故的直接原因都是在班组生产中违章指挥、违章作业或者各种隐患没有被及时发现和消除造成的。这个事实说明，要加强生产作业现场的安全管理，防止人的不安全行为，消除物的不安全状态，才能预防事故的发生。在此介绍危险性较大的高处作业、动火作业、临时用电作业、进入受限空间作业、起重作业、设备检修作业以及危险作业安全监护的安全管理措施与要求。

一、高处作业安全管理规定与要求

1. 高处作业的含义

高处作业是指在坠落高度基准面 2 m 以上（含 2 m），有坠落可能的位置进行的作业。

2. 高处作业安全管理

（1）进行 1.5 m（含 1.5 m）以上的高处作业，应办理"高处作业许可证"；凡经高处作业特殊培训的岗位人员、在正式巡检路线进行正常高处检查的人员等不需办理高处作业许可证。

（2）高处作业涉及用火、临时用电、进入受限空间等作业时，应办理相应的作业许可证。

3. 高处作业危害识别

（1）进行高处作业前，针对作业内容，应进行危害识别，制订相应的作业程序及安全措施。

（2）将安全措施填入"高处作业许可证"内。

4. 作业人员的基本要求

（1）参加高处作业者必须身体健康，凡患高血压、心脏病、贫血病、癫痫病、精神病以及其他不适于高处作业的人员，不得从事高处作业。

（2）应熟悉高处作业应知应会的知识，掌握操作技能。

（3）夜间从事高处作业，必须具有充足的照明和必要安全措施。

（4）遇有六级（风速 10.8 m/s）以上大风时以及暴雨、打雷、大雾等天气，应停止高处作业。冬季作业，如遇霜、雪、冰冻等情况，必须采取防滑措施后才能作业。

（5）凡参加高处作业的人员，思想必须高度集中，佩戴安全帽、安全带，安全带的挂钩应上挂或平挂在结实牢固的物体上。

（6）高处作业随带的工具等物应放置在工具包中及稳妥地点，不准任意向地面乱丢物体，作业人员下面的危险区域必须设置"禁止进入"的围栏或红白安全带。

5. 作业许可证办理程序

（1）施工班组负责人，应持有施工任务单，到企业基层单位办理"高处作业许可证"。

（2）企业基层单位负责人，应对作业程序和安全措施进行确认后，签发"高处作业许可证"。

（3）施工班组负责人应向作业人员进行作业程序和安全措施的交底；企业基层单位与施工班组现场安全负责人对高处作业的全过程实施现场监督。

（4）高处作业完工后，在"高处作业许可证"的完工验收栏中，企业基层单位与施工班组现场安全负责人签名。

6. 作业安全措施

（1）企业基层单位与施工班组现场安全负责人应对作业人进行必要的安全教育，内容应包括所从事作业的安全知识、作业中可能遇到意外时的处理和救护方法等。

（2）应制订应急预案，内容包括：作业人员紧急状况时的逃生路线和救护方法，现场应配备的救生设施和灭火器材等。现场人员应熟知应急预案的内容。

（3）高处作业人员应系用与作业内容相适应的安全带，安全带应系挂在施工作业处上方的牢固构件上，不得系挂在有尖锐棱角的部位。安全带系挂点下方应有足够的净空。安全带应高挂（系）低用。

（4）劳动保护服装应符合高处作业的要求。对于需要戴安全帽进行的高处作业，作业人员应系好安全帽带。高处作业必须穿跑鞋、胶鞋之类较软的橡胶底鞋子，不准穿硬底鞋工作。

（5）工作前必须认真检查脚手架、栏杆、平台、梯子等是否牢固可靠，符合安全与施工要求。

（6）高处作业时，必须注意架空电线，要做好隔绝措施，防止触电，不得在靠近高压电线 2 m 内作业，低压电线 1 m 内作业。

（7）在石棉瓦、油毛毡屋顶上作业时，应铺设跳板或采用竹梯顶端连接起来作为人字梯，架在屋架上，以便工作和行走，禁止直接踩在石棉瓦和油毛毡上。

（8）在梯子上作业时，梯子与地面的斜度保持 60°左右，梯子底脚应装置防滑垫物，并将梯子上端与固定物扎牢，在未扎牢前，应有人扶梯做好保护工作，防止滑移倾倒；不准两人在同一梯子上工作；人字梯的两梯横档之间应有牢固的绳索捆住，避免滑动。工作前应认真检查梯子横档，保证牢固可靠；靠在墙上的梯子不准站在上三档以上进行工作。

（9）高处作业上下爬动要谨慎，不得沿绳或脚手架的栏杆攀上或爬下。

（10）任何人不得骑在或坐在脚手架栏杆上休息，也不得在栏杆外的板头上工作和依靠栏杆起吊重物。

（11）高处作业严禁上下投掷工具、材料和杂物等，所用材料应堆放平稳，必要时应设安全警戒区，并设专人监护。工具在使用时应系有安全绳，不用时应将工具放入工具套（袋）内。在同一坠落方向上，一般不得进行上下交叉作业，如需进行交叉作业，中间应设置安全防护层，坠落高度超过 24 m 的交叉作业，应设双层防护。

（12）高处作业人员不得站在不牢固的结构物上进行作业，不得高处休息。脚手架的搭设必须符合国家有关规程和标准。高处作业应使用符合安全要求的吊笼、梯子、防护围栏、挡脚板和安全带等，跳板必须符合要求，两端必须捆绑牢固。作业前，应仔细检查所用的安全设施是否坚固、牢靠。夜间高处作业应有充足的照明。

（13）供高处作业人员上下用的梯道、电梯、吊笼等应完好，高处作业人员上下时应有可靠安全措施。

（14）在邻近地区设有排放有毒、有害气体及粉尘超出允许浓度的烟囱及设备的场合，严禁进行高处作业。如在允许浓度范围内，也应采取有效的防护措施。遇有不适宜高处作业的恶劣气象（如六级风以上、雷电、暴雨、大雾等）条件时，严禁露天高处作业。在应急状态下，按应急预案执行。

（15）建筑物及设备的预留孔、吊装孔、平台等的盖板、栏杆与安全设施不得任意拆除，如因影响工作必须拆除时，应采取临时措施，工作完毕后负责恢复原状。

（16）高处作业不准打闹开玩笑；上下层同时作业时，中间须搭设严密牢固的防护隔板或其他隔离设施，上下层要保持联系，相互照顾。

7. 作业人员的职责

（1）持有经审批同意、有效的"高处作业许可证"方可进行高处作业。

（2）在作业前充分了解作业的内容、地点（位号）、时间、要求，熟知作业中的危害因素和"高处作业许可证"中的安全措施。

（3）对"高处作业许可证"上的安全防护措施确认后，方可进行高处作业。

（4）对违反规定强令作业、安全措施不落实的，作业人员有权拒绝作业，并向上级报告。

（5）在作业中如发现情况异常或感到不适等情况时，应发出信号，并迅速撤离现场。

8. 许可证的管理

（1）"高处作业许可证"是进行高处作业的依据，不得涂改；如确需修改时，应经签发人在修改内容处签字确认。"高处作业许可证"应妥善保管，保存期为一年。

（2）"高处作业许可证"一式两联，企业基层单位留存第一联，施工作业班组现场负责人持有第二联。

（3）"高处作业许可证"中各栏目，应由相应责任人填写，其他人不得代签，作业人员姓名应与"高处作业许可证"上的相符。

（4）"高处作业许可证"的有效期为作业项目一个周期。当作业中断，再次作业前，应重新对环境条件和安全措施予以确认；当作业内容和环境条件变更时，需要重新办理"高处作业许可证"。

二、动火作业安全管理规定与要求

1. 动火作业的含义

（1）动火作业系指在具有火灾爆炸危险场所内进行的施工过程。在抢险过程中动火作业应按应急预案中的规定执行。

（2）动火作业涉及进入受限空间、临时用电、高处等作业时，应办理相应的作业许可证。

2. 动火作业的危害识别

（1）动火作业前，针对作业内容，应进行危害识别，制订相应的作业程序及安全措施。

（2）将安全措施填入"动火作业许可证"内。

3. 动火作业采用的方式

动火作业系指采用以下方式的作业：

（1）各种气焊、电焊、铅焊、锡焊、塑料焊等各种焊接作业及气割、等离子切割机、砂轮机、磨光机等各种金属切割作业。

（2）使用喷灯、液化气炉、火炉、电炉等明火作业。

（3）烧（烤、煨）管线、熬沥青、炒砂子、铁锤击（产生火花）物件、喷砂和产生火花的其他作业。

（4）生产装置和罐区连接临时电源并使用非防爆电器设备和电动工具。

（5）使用雷管、炸药等进行爆破作业。

4. 禁火区需要动用明火规则

在禁火区需要动用明火（包括电焊、气焊、气割、喷灯等一切产生明火的作业），必须遵守以下规则：

（1）凡是能够拆除或移动的设备尽可能拆除或移动到非禁火区进行动火。

（2）凡是能用其他方法代替的，尽量用其他方法，不动用明火。

（3）非动用明火不可的，必须按规定办理"动火许可证"的申请和审批手续。

5. 禁火范围的划分

禁火范围按照一级、二级、三级进行划分：

（1）一级禁火范围：煤气鼓风机室、电捕焦油器、粗苯、精苯、古马隆生产区域、苯类油车装车站、苯类设备及管道、硫黄结晶室及库房、煤气设备及管道、洗罐站、苯类槽车洗涤区、氨硫尾气管道、焦油蒸馏轻油系统、焦油槽区及槽本体、溶剂生产装置区、各煤气水封槽、煤气仪表室内、回收洗涤装置区域。

（2）二级禁火范围：焦油洗涤、蒸馏装置、酚工段、萘结晶室及库房、焦油装车站、焦炉地下室、蓄热室、配煤粉碎机室、球磨机装置、各车间仓库、油料库、氨水设备及管道、化产化验室、氨硫除尾气管网硫黄生产岗位外其他区域。

（3）三级禁火范围：煤场、煤贮槽、配煤室、冷凝泵房、氨水泵房、酸碱槽及管道。

6. "动火许可证"的审批权限与办理

一级禁火范围动火，"动火许可证"经车间、科室负责人签字同意，报安全管理科审核后，再报公司领导批准。二、三级禁火范围动火，"动火许可证"由所在生产工段提出申请，报车间、科室负责人审批。

"动火许可证"的办理：

（1）一级动火区动火地点属车间、科室范围的，"动火许可证"由所在车间、科室负责办理；二、三级禁火区，由动火作业项目所在生产工段负责办理动火申请。

（2）动火地点涉及其他车间或部门，应由动火作业单位负责与有关车间或部门联系，并经相关车间领导同意签字，同时做好相应的配合工作。

（3）在办理动火申请时，必须按照"动火许可证"的内容，要求认真填写。

（4）一级动火区域动火，应在动火前1～2天内办理好"动火许可证"的申请、审批手续。

7. 动火作业安全措施

（1）凡在生产、储存、输送可燃物料的设备、容器及管道上动火，应首先切断物料来源并加好盲板；经彻底吹扫、清洗、置换后，打开人孔，通风换气；打开人孔时，应自上而下依次打开，并经分析合格，方可用火；若间隔时间超过1小时继续用火，应再次进行动火分析，或在管线、容器中充满水后，方可动火。

（2）在正常运行生产区域内，凡可动可不动的动火一律不动火，凡能拆下来的设备、管线都应拆下来移到安全地方动火，严格控制一级动火。

（3）动火作业时的安全防火、防爆、防中毒等措施，应由动火作业所在单位提出和落实，必要时可由有关科室参加讨论制订。在生产区域的重点动火工程，动火前车间应将动火施工方案及安全防火、防爆措施，以书面的形式报安全管理科、保卫科及其他有关科室审核。

（4）动火现场的看火人，由申请"动火许可证"的单位负责指派责任心强、熟悉生产工艺，并有着一定防火知识的人担任。看火人必须始终坚持在动火作业现场岗位监护，发现火情，应及时扑救。动火作业结束，应检查现场，确认动火现场无残留余火方可离开。

（5）凡在存放过易燃、易爆、有毒设备、管道本体上动火作业，动火前，必须切断可燃物或有毒物质的来源，并堵上盲板，彻底清扫，用氮气或蒸汽置换至合格后方可动火。分析检测应在动火前30分钟内进行。如果动火执行者要进入设备、管道内部作业时，有毒、有害物质浓度不应超出规定要求。氧气含量应在20％～21％（体积比）。

（6）在存放易燃易爆物质的设备、管道主体上动火，必须由申请"动火许可证"的单位在24小时前，填写"动火分析请验单"报质管科进行取样分析。动火分析合格后2小时内应动火施工，否则要重新取样分析。

（7）易燃易爆设备动火，必须事先把所有人孔、手孔、顶盖等进出口全都拆开，有压力或密封的容器、管道不得进行焊割。

（8）动火执行人在动火前，应事先验看"动火许可证"，待"动火许可证"上写明的防火措施确已落实，看火人到位后方可动火，否则拒绝动火作业。

（9）动火用工具、设备必须完好，安全附件齐全，乙炔气瓶须安装回火器，氧气瓶、乙炔气瓶应距明火 10 m 以上，两瓶相距应在 10 m 以上。

（10）电焊机搭铁线不许借用工艺、动力等设备、管道，只能直接接在被焊物件的焊缝处，距离不应超过 1 m。

（11）登高 2 m 以上（含 2 m）的高处作业，必须系好安全带或设置可靠的工作台架。高处动火作业要采取防止火花飞溅的措施，五级大风一般不准在高处作业。

（12）动火现场如发现紧急情况（如放散、可燃物外溢等）或有明显气味时，应立即停止动火作业，待查明原因、排除故障后，方可继续动火。

（13）在设备、容器内进行气割、气焊时，严禁将乙炔或氧气泄漏在设备、容器内，以防爆炸。检修暂时中断时，应将割炬、焊枪待放在设备、容器的外部。

（14）动火作业结束时，应熄灭余火，切断氧气、乙炔气气源和电源后，方可离开动火作业现场。

（15）"动火许可证"只能在批准的时间、内容、范围内使用，一级禁火区域每次批准动火时间最长不超过三天，二、三级禁火区域最长不应超过五天。若动火期满作业未完，必须重新办理"动火许可证"。

8. 许可证管理

（1）"动火许可证"是动火作业的凭证和依据，不应随意涂改，不应代签，应妥善保管。

（2）"动火许可证"保存期限为一年。

三、临时用电作业安全管理规定与要求

1. 临时用电作业的含义

（1）在正式运行的电源上所接的一切临时用电，应办理"临时用电作业许可证"。

（2）在运行的生产装置、罐区和具有火灾爆炸危险场所内一般不允许接临时电源。确属装置生产、检修施工需要时，在办理"临时用电作业许可证"的同时，按规定办理"动火作业许可证"。

2. 临时用电作业的危险识别

（1）作业前，针对作业内容应进行危害识别，制订相应的作业程序及安全措施。

（2）将安全措施填入"临时用电作业许可证"内。

3. 许可证办理程序

（1）施工单位负责人持"电工作业操作证"、施工作业单等资料到配送电单位办理"临时用电作业许可证"。

（2）配送电单位负责人应对作业程序和安全措施进行确认后签发"临时用电作业许可证"。

（3）施工单位负责人应向施工作业人员进行作业程序和安全措施的交底。

（4）作业完工后，施工单位应及时通知负责配送电单位停电，施工单位拆除临时用电线路。

4. 作业安全措施

（1）有自备电源的施工和检修队伍，自备电源不应接入公用电网。

（2）安装临时用电线路的电气作业人员，应持有电工作业证。

（3）临时用电设备和线路应按供电电压等级和容量正确使用，所用的电气元件应符合国家规范标准要求，临时用电电源施工、安装应严格执行电气施工安装规范，并接地良好。

（4）配送电单位应进行每天两次的巡回检查，建立检查记录和隐患问题处理通知单，确保临时供电设施完好。对存在重大隐患和发生威胁安全的紧急情况时，配送电单位有权紧急停电处理。

（5）临时用电单位应严格遵守临时用电规定，不得变更地点和工作内容，禁止任意增加用电负荷或私自向其他单位转供电。

5. 作业安全注意事项

（1）在防爆场所使用的临时电源，电气元件和线路应达到相应的防爆等级要求，并采取相应的防爆安全措施。

（2）临时用电线路及设备的绝缘应良好。

（3）临时用电架空线应采用绝缘铜芯线。架空线最大弧垂与地面距离，在施工现场不低于 2.5 m，穿越机动车道不低于 5 m。架空线应架设在专用电杆上，严禁架设在树木和脚手架上。

（4）对需埋地敷设的电缆线线路应设有"走向标志"和"安全标志"。电缆埋地深度不应小于 0.7 m，穿越公路时应加设防护套管。

（5）对现场临时用电配电盘、箱应有编号，应有防雨措施，盘、箱、门应能牢靠关闭。

（6）行灯电压不应超过 36 V，在特别潮湿的场所或塔、釜、槽、罐等金属设备作业装设的临时照明行灯电压不应超过 12 V。

（7）临时用电设施，应安装符合规范要求的漏电保护器，移动工具、手持式电动工具应一机一闸一保护。

6. 许可证管理

（1）"临时用电作业许可证"一式三联，第一联由签发人留存，第二联交配送电执行人，施工单位持第三联。

（2）"临时用电作业许可证"有效期限为一个作业周期。

（3）用电结束后，"临时用电作业许可证"第三联交由配送电执行人注销。

（4）"临时用电作业许可证"保存期为一年。

四、进入受限空间作业安全管理规定与要求

1. 受限空间的含义

（1）"受限空间"是指生产区域内炉、塔、釜、罐、仓、槽车、管道、烟道、隧道、下水道、沟、坑、井、池、涵洞等封闭、半封闭的设施及场所。在进入受限空间作业前，应办理"进入受限空间作业许可证"。

（2）进入受限空间涉及动火、高处、临时用电等作业时，应办理相应的作业许可证。

2. 受限空间的危害识别

（1）进入受限空间作业前，应针对作业内容，对受限空间进行危害识别，制订相应的作业程序及安全措施。

（2）对"进入受限空间作业许可证"有关安全措施逐条确认，并将补充措施填入相应栏内并确认。

3. 进入受限空间作业许可证办理程序

（1）进入受限空间作业班组负责人，应持有施工任务单，到企业或基层单位办理"进入受限空间作业许可证"。

（2）企业或基层单位主管安全领导，应对作业程序和安全措施进行确认后，签发"进入受限空间作业许可证"。

（3）进入受限空间作业班组负责人应向作业人员进行作业程序和安全措施的交底，并指派作业监护人；企业或基层单位现场安全负责人对受限空间作业的全过程实施现场监督。

（4）进入受限空间作业完工后，在"进入受限空间作业许可证"的完工验收栏中，企业或基层单位与现场安全负责人签名。

4. 作业安全措施

（1）企业或基层单位与现场安全负责人对现场监护人和作业人进行必要的安全教育，内容应包括所从事作业的安全知识、紧急情况下的处理和救护方法等。

（2）应制订安全应急预案，内容包括作业人员紧急状况时的逃生路线和救护方法，现场应配备的救生设施和灭火器材等。现场人员应熟知应急预案的内容。在设备外的现场应配备一定数量符合规定的应急救护器具和灭火器材。设备的出入口内外不得有障碍物，保证其畅通无阻，便于人员出入和抢救疏散。

（3）无"进入受限空间作业许可证"和监护人，禁止进入作业。当受限空间状态改变时，为防止人员误入，在受限空间的入口处设置"危险！严禁入内"警告牌。

（4）为保证受限空间内空气流通和人员呼吸需要，可采用自然通风，必要时采取强制通风方法，但严禁向内充氧气。进入受限空间内的作业人员每次工作时间不宜过长，应安排轮换作业或休息。

（5）在进入受限空间作业前，应切实做好工艺处理，与其相连的管线、阀门应加盲板断开。不得以关闭阀门代替安装盲板，盲板处应挂牌标志。

（6）带有搅拌器等转动部件的设备，应在停机后切断电源，摘除保险或挂接地线，并在开关上挂"有人工作、严禁合闸"警示牌，必要时派专人监护。

（7）进入受限空间作业应使用安全电压和安全行灯。进入金属容器（炉、塔、釜、罐等）和特别潮湿、工作场地狭窄的非金属容器内作业照明电压不大于 12 V；当需使用电动工具或照明电压大于 12 V 时，应按规定安装漏电保护器，其接线箱（板）严禁带入容器内使用。当作业环境原来盛装爆炸性液体、气体等介质的，则应使用防爆电筒或电压不大于 12 V 的防爆安全行灯，行灯变压器不应放在容器内或容器上；作业人员应穿戴防静电服装，使用防爆工具。

（8）取样分析应有代表性、全面性。设备容积较大时应对上、中、下各部位取样分析，应保证设备内部任何部位的可燃气体浓度和氧含量合格，有毒有害物质不超过国家规定的"车间空气中有毒物质最高容许浓度"的指标。设备内温度宜在常温左右，作业期间应至少每隔 4 小时取样复查一次，如有一项不合格，应立即停止作业。

（9）对盛装过能产生自聚物的设备容器，作业前应进行工艺处理，采取蒸煮、置换等方法，并做聚合物加热等试验。

（10）进入受限空间作业，不得使用卷扬机、吊车等运送作业人员，作业人员所带的工具、材料须进行登记。作业结束后，进行全面检查，确认无误后，方可交验。

（11）在特殊情况下，作业人员可戴长管式面具、空气呼吸器等，但佩戴长管面具时，一定要仔细检查其气密性，同时防止通气长管被挤压，吸气口应置于新鲜空气的上风口，并有专人监护。

（12）出现有人中毒、窒息的紧急情况，抢救人员必须佩戴隔离式防护面具进入设备，并至少有一人在外部做联络工作。

（13）以上措施如在作业期间发生异常变化，应立即停止作业，待处理并达到安全作业条件后，方可再进入设备作业。

5. 作业监护人的资格与职责

（1）作业监护人应熟悉作业区域的环境和工艺情况，有判断和处理异常情况的能力，懂急救知识。

（2）作业监护人在作业人员进入受限空间作业前，负责对安全措施落实情况进行检查，发现安全措施不落实或安全措施不完善时，有权提出拒绝作业。

（3）作业监护人应清点出入受限空间作业人数，并与作业人员确定联络信号，在出入口处保持与作业人员的联系，严禁离岗。当发现异常情况时，应及时制止作业，并立即采取救护措施。

（4）作业监护人应随身携带进入受限空间作业许可证，并负责保管。

（5）作业监护人员在作业期间，不得离开现场或做与监护无关的事。

6. 作业人员职责

（1）持有经审批同意、有效的"进入受限空间作业许可证"方可施工作业。

（2）在作业前应充分了解作业的内容、地点、时间、要求，熟知作业中的危害因素和"进入受限空间作业许可证"中的安全措施。

（3）"进入受限空间作业许可证"所列的安全防护措施应经落实确认、监护人同意后，方可进入受限空间内作业。

（4）对违反本制度的强令作业、安全措施不落实、作业监护人不在场等情况有权拒绝作业，并向上级报告。

（5）应服从作业监护人的指挥，禁止携带作业器具以外的物品进入受限空间。如发现作业监护人不履行职责时，应立即停止作业。

（6）在作业中如发现情况异常或感到不适和呼吸困难时，应立即向作业监护人发出信号，迅速撤离现场，严禁在有毒、窒息环境中摘下防护面罩。

7. 许可证管理

（1）"进入受限空间作业许可证"是进入受限空间作业的依据，不应涂改；如确需修改时，应经签发人在修改内容处签字确认。如果"进入受限空间作业许可证"中安全措施、气体检测、评估等栏目不够时，应另加附页。"进入受限空间作业许可证"和附页应妥善保管，保存期为一年。

（2）"进入受限空间作业许可证"中各栏目，应由相应责任人填写，其他人不应代签，作业人员、监护人姓名应与"进入受限空间作业许可证"上的相符。

（3）"进入受限空间作业许可证"的有效期为作业项目一个周期。当作业中断4小时以上时，再次作业前，应重新对环境条件和安全措施予以确认；当作业内容和环境条件变更时，需要重新办理"进入受限空间作业许可证"。

五、起重作业安全管理规定与要求

1. 安全管理要求

（1）凡患有癫痫、高血压、心脏病、眩晕和突发性昏厥、听觉障碍和其他妨碍起重作业疾病及生理缺陷者，均不得从事起重作业。

（2）从事起重作业的人员必须经过专业培训，取得起重作业资格证，方可上岗。

（3）起重作业时，必须由专人负责指挥。起重工要熟悉各种手势、信号。起重现场要设警戒。

（4）起重设备操作工必须熟悉起吊工器具的结构、性能，索具的最大允许负荷、报废标准，熟练掌握指挥信号。

（5）对大型设备、物件的起重、吊装作业，必须制订技术方案和安全措施。

（6）起重设备操作工必须从专用梯子上下，禁止无关人员登上起重机。

（7）起重机作业时禁止对起重设备进行维修、保养、调整，当进行维修、保养、调整时，必须停电，并挂牌警示。

（8）严禁在超负荷和受冲击载荷的情况下起吊。禁止吊固定或掩埋不明物件。

（9）雨天或潮湿环境下作业，要防止制动器受潮失效，应先经试吊确认制动器可靠后，方可进行。

（10）有主副两套起重机构的起重机，其主、副机构不可同时开动。

（11）钢丝绳、吊索具要定期检查。经检查已达到报废标准的，应及时销毁，严禁使用，不准与合格的钢丝绳、吊索具混放。吊钩、吊环禁止补焊。

（12）钢丝绳使用时，不准采取套绳、结扣相挂等方式使用。在使用过程中，要严防扭结、压扁、弯折等现象的发生。

（13）当吊钩处于工作位置最低点时，钢丝绳在卷筒上的缠绕不少于3圈。

（14）禁止两根链条交叉缠绕使用或将链条用作捆绑。在链条出现纽扣现象时，要及时理顺，未纠正前不准操作。

（15）卸扣（吊环）不允许焊接在其他物件上使用。当两个卸扣连接使用时，应以弯曲的部位相接为宜，选用时必须符合公称要求，不准敲击或从高处往下抛掷。禁止用其他材料的螺栓代替卸扣配套螺栓。

（16）禁止将有电缆通过的钢梁、水泥梁作为起重支撑点。钢梁、设备及楼板禁止打吊装孔，如确实需要，必须经有关部门批准，方可进行。

（17）厂房内的吊装孔，每层之间必须有牢固盖板和栏杆；临时吊装孔、眼，必须设置临时栏杆、盖板和醒目标志。

（18）遇有大雪、大雾、雷雨或六级及以上大风时，不得露天进行起重作业。当场地照明不足时，要停止起重作业。

（19）爆炸品、危险品（压缩气瓶、酸、碱、可燃油类等）不得起吊。必须起吊时，应采取可靠的安全措施，并经厂长及安全管理部门批准后，方可进行。

（20）起重设备、工具必须经常检查，定期检修维护，保护装置灵活可靠。

2. 起重作业前安全要求

（1）起重工根据作业内容正确选用和配带好个人防护用品。

（2）根据作业要求，按起重设备（工具）额定负荷选用钢丝绳及吊索具等。

（3）对吊索具和人员状态进行检查。

（4）检查作业场所周边环境，发现隐患立即处理。

3. 起重作业中安全要求

（1）起重设备（工具）运行（起吊）前，必须鸣铃或喊话示警。

（2）起重设备（工具）操作人员必须听从现场指挥人员指挥，当指挥信号、手势不明时，不准作业；操作人员应发出"重复"信号询问，明确指挥意图后，方可作业。

（3）多人配合作业时，必须有专人统一指挥，指挥时，必须做到：①口令坚定、洪亮；②信号明确、清晰；③手势标准、清楚。

（4）不准戴手套指挥。

（5）行车挂钩人员统一手势，起吊手势应有哨音信号配合。

（6）指挥和配合作业的人员，站位应有充分的避让余地，不应站在死角位置，对于高空起重作业尤其重要。

（7）在吊运过程中，起重设备操作人员对任何人发出的紧急停止信号，都应服从。

（8）捆缚吊物选择绳索夹角要适当，不得大于120°。遇特殊起吊件时应用专用工具。

（9）起吊大件时，必须绑牢。吊钩的悬挂点应与吊件的重心在同一铅垂线上。吊钩钢丝绳应保持垂直，严禁在偏位斜吊。落钩时应防止吊件局部着地引起吊绳偏斜，起重物未固定好严禁松钩。

（10）散物件的捆扎要牢固，棱角、快口、利边或精密部件要采取衬垫措施，吊位应正确。起吊件翻身时，要掌握重心，注意周围人员动向。

（11）卸扣（吊环）的螺栓拧紧后，应适当回拧 1/1～1/2 圈。

（12）起吊方向与卸扣（吊环）螺栓环的方向必须一致，不准横向拽拉。

（13）吊运物件要保持平衡、和缓，严禁猛拉、猛推、猛操作。

（14）物件起吊后，不宜长时间高空悬挂，重物若较大时间停止在空中时，设备操作人员不许离开操作室或控制按钮。如遇到突然停电或电压下降，重物无法放下时，要将控制器恢复到零位，并立即发出信号通知下方人员避开，吊物下要立即拉好警戒围栏并设专人监护，防止他人误入，通电正常后，方可继续作业。

（15）吊运物件时，吊物上不准站人，吊物不准从人头上方通过或停留。进入吊物下方操作，应事先与岗位工联系，并设好支撑装置或采取安全措施。

（16）严禁任何人在起重物件下面通过或停留。

（17）使用撬杠应边撬边垫好木块，严禁将手伸入物件下方。较重物件和作业环境较复杂的场合，应有专人配合，操作中应谨防撬杠回弹伤人。

（18）吊运的物件要妥善堆放在预定地点，不准乱堆乱放或将重物放在其他设备及管线上。

（19）起吊结束后，岗位工离开驾驶室或操作按钮前，应将吊钩升到安全位置，各控制器回零位，切断电源。

4. 起重作业后安全操作要求

（1）工作完成后，应将起吊设备开到指定位置，锁好轨钳，关好驾驶室门窗，切断电源。

（2）清理作业现场。剩余的配件、材料及更换下来的旧设备等搬运到指定地点，杂物清理干净。

（3）吊索具使用完毕后妥善保管，严禁与腐蚀性物品混放。

（4）确认作业现场无任何问题方可离开。

六、设备检修作业安全管理与要求

1. 安全管理要求

（1）根据设备检修项目的要求，检修施工单位应制订设备检修方案，检修方案应经设备使用单位审核，检修方案中必须有安全技术措施，并明确检修项目安全负责人。检修施工单位应指定专人负责整个检修作业过程的具体安全工作。

（2）检修前，设备使用单位应对参加检修作业的人员进行安全教育，安全教育主要包括如下内容：①有关检修作业的安全规章制度。②检修作业现场和检修过程中存在的危险因素和可能出现的安全问题及相应安全对策。③检修作业过程中所使用的个体防护器具的使用方法及使用注意事项。④有关事故案例和检修作业的经验、教训。

（3）检修项目负责人应组织参加检修作业的人员到现场进行检修方案交底，检修的施工单位要做到组织落实、检修人员落实和检修安全措施落实。

（4）当检修设备涉及高处、动火、动土、断路、吊装、盲板抽堵、受限空间等作业时，须按相关专业安全技术操作规程进行。临时用电应办理用电手续，并按用电规定安装和架设。设备使用单位负责设备的隔绝、清洗、置换工作，检验合格后交出检修；检修项目负责人应与设备使用单位负责人共同检查，确认设备、工艺处理等满足检修安全的要求。

（5）应对设备检修中使用的脚手架、起重机械、电气焊用具、手持电动工具等各种工器具进行安全检查；手持式电气工器具应配有漏电保护装置。凡不符合检修作业安全要求的工器具不得使用。

（6）对检修设备上的电器电源，须采取可靠的断电措施，确认无电后在电源开关处设置安全警示牌或加锁。

（7）对检修中使用的气体防护器材、消防器材、通信设备、照明设备等应安排专人检查，确保完好；对检修作业现场的梯子、栏杆、平台、箅子板、盖板等进行检查，确保安全。

（8）对有腐蚀性介质的检修场所应备有应急用冲洗水源和相应的防护用品；对检修现场存在的可能危及安全的坑、井、沟、孔、洞等应采取有效的安全防护措施，设置警示标志，夜间设置警示红灯。

2. 安全操作要求

（1）参加检修作业的人员应按规定正确穿戴劳动防护用品。

（2）检修作业人员应遵守本工种安全技术操作规程。

（3）从事特种作业的人员必须持有"特种作业人员操作证"，如电工、焊工、起重工等。

（4）多工种、多层次交叉作业时，应统一协调，采取相应的安全措施。

（5）从事有放射性物质的检修作业时，应通知现场有关操作人员、检修人员避让，确认好安全防护距离，按照国家有关规定设置明显的警示标志，并设专人监护。

（6）夜间进行检修作业及特殊天气的检修作业，须安排专人进行安全监护。

（7）当生产装置出现可能危及检修人员安全时，设备使用单位应立即通知检修人员停止作业，迅速撤离作业现场。经处理，异常情况排除且确认安全后，检修人员才可恢复作业。

3. 安全注意事项

（1）因检修需要拆移的盖板、箅子板、扶手、栏杆、防护罩等安全设施应恢复其安全使用功能。

（2）检修所用的工器具、脚手架、临时电源、临时照明设备等应及时撤离现场。

（3）检修完工后所留下的废料、杂物、垃圾、油污等应清理干净。

七、危险作业安全监护规定与要求

1. 危险作业安全监护的含义

危险作业安全监护是为了保证在具有较大危险性的作业过程中，防止因意外事件发生而造成人员伤害和企业财产损失，因此对危险作业程序规范化、设备与工具使用规范化、作业（施工）现场规范化，确保作业按操作规程进行和安全措施的落实。

2. 安全监护范围

安全监护范围主要有：

（1）易燃易爆区域动火作业。

（2）塔、釜、槽、罐、容器内清扫、检修作业。

（3）斗槽、煤塔、焦仓内清扫作业。

（4）电捕焦油器内作业。

（5）大工件、危险物品及整台机电设备吊装作业。

（6）多工种、多层次同时交叉作业。

（7）高压倒电闸作业。

（8）带电作业。

（9）煤气系统停送作业。

（10）蒸汽系统停送作业。

（11）高空作业。

（12）从事有毒有害、腐蚀性作业。

（13）抽堵煤气盲板作业。

（14）焦炉碳化室热态修补作业。

（15）锅炉内检修作业。

（16）锅炉汽包检验作业。

（17）排除重大故障作业。

（18）各种突击抢修作业等。

3. 对安全监护人的要求

（1）凡在危险作业前，各班组必须确定安全监护人，并对作业全过程负责监护。各班组在车间施工，车间安全员负责检查、督促安全措施的落实。

（2）安全监护人必须由责任心强、熟悉作业全过程的人担任，能懂得了解作业过程可能会出现那些危险及其危险性质、危险程度，并能提出控制危险向事故转化的措施。安全监护人员应佩戴安全监护标志。

（3）安全监护人必须忠于职守，不得擅自离开监护岗位。作业人员必须听从安全监护人的指令。

（4）安全监护人一旦发现作业区域内有危险情况，有权停止作业，必要时组织人员立即撤离现场，待险情排除后再进行作业。

（5）安全监护人应对安全防护措施进行事前检查，落实不到位的，要及时向施工负责人提出，督促安全防护措施到位。

（6）安全监护人发现作业人员有违章蛮干现象，应及时制止；制止不听者，应立即向施工负责人汇报，直到作业人员停止违章蛮干为止。

（7）安全监护人发现作业现场有不安全因素时，如：超负荷吊运、煤气区域 CO 浓度未进行监测、防火墙不符合要求、塔釜内有害气体浓度不明等，应立即与作业负责人联系，在确认安全后才能进行作业。

4. 其他安全要求

（1）危险作业现场的通道必须保持畅通无阻，一旦发生意外，便于人员疏散。通道条件不具备，安全监护人应配合施工队疏通安全通道。

（2）除作业班组指定的专人实行安全监护之外，负责该危险作业的主管科室负责人、有关安全员应经常到现场检查、督促安全防范措施的落实，协助安全监护人员搞好监护工作。

第五章　安全生产知识

在企业员工安全教育中，安全生产知识教育是非常重要的一个内容。安全生产知识教育主要是提高人们的判断和反应能力，使员工在工作过程中明确哪些是危险因素，怎样消除；哪些不应该做，应该怎样做；哪些行为不正确。教育内容主要包括：生产过程中的不安全因素、潜在的职业危害及其发展成为事故的规律；企业内部特别危险的设备和区域及其安全防范措施；安全防护的基础知识和尘毒防治的综合措施；有关电气设备、机械设备等基本安全知识；消防知识及灭火设备的使用方法等等。在此介绍电气安全知识、机械设备安全知识、特种设备安全知识等。

第一节　电气安全知识

在企业生产过程中，时时刻刻都离不开电，照明需要电，设备运行需要电，电气仪表需要电。电是一种看不见、摸不着的能量，电的使用极大地促进了生产。但是如果使用不当，电也会对人体构成多种伤害。例如，电流通过人体，人体直接接受电流能量将遭到电击；电能转换为热能作用于人体，致使人体受到烧伤或灼伤等。为了自身的安全和他人的安全，了解一些电气安全知识，掌握有关用电常识，就能够在生产以及生活中避免受到电的伤害。

一、电气安全基本常识

1. 电流和电路

在电源的作用下，带电微粒会发生定向移动，正电荷向电源负极移动、负电荷向电源正极移动。带电微粒的定向移动就是电流，一般以正电荷移动的方向为电流的正方向。电流的方向和大小不随时间变化的电流称为直流电，电流的大小和方向随时间作周期性变化的电流称为交流电。

电流的大小称为电流强度，电流强度简称为电流。电流的常用单位是安培（A）或毫安（mA），即 1 A＝1 000 mA。

电流所流经的即电路。在闭合电路中，实现电能的传递和转换。电路由电源、连接导线、开关电器、负载及其他辅助设备组成。电源是提供电能的设备，电源的功能是把非电能转换为电能，如电池把化学能转换为电能，发电机把机械能转换为电能，太阳能电池将太阳能转化为电能，核能将质量转化为能量等。干电池、蓄电池、发电机等是最常用的电源。负载是电路中消耗电能的设备，负载的功能是把电能转变为其他形式的能量。如电炉把电能转变为热能，电动机把电能转变为机械能等。照明器具、家用电器、机床等是最常见的负载。开关电器是负载的控制设备，如刀开关、断路器、电磁开关、减压启动器等都属于开关电器。辅助设备包括各种继电器、熔断器以及测量仪表等。辅助设备用于实现对电路的控制、分配、保护及测量。连接导线把电源、负载和其他设备连接成一个闭合回路，连接导线的作用是传输电能或传送电讯号。

2. 安全电压

安全电压是在一定条件下、一定时间内不危及生命安全的电压。安全电压的限值是在任何情况下，任意两导体之间都不得超过的电压值。我国标准规定工频安全电压有效值的限值为 50 V。我国规定工频有效值的额定值有 42 V、36 V、24 V、12 V 和 6 V。特别危险环境使用的携带式电动工具应采用 42 V 安全电压；有电击危险环境使用的手持照明灯和局部照明灯应采用 36 V 和 24 V 安全电压；金属容器内、隧道内、水井内以及周围有大面积接地导体等工作地点狭窄、行动不便的环境应采用 12 V 安全电压；水上作业等特殊场所应采用 6 V 安全电压。

3. 保险丝的作用

保险丝又称熔丝，主要是用于防止因电流过大而烧坏电线的一道保险。保险丝是一种容易烧断的细合金丝，它只能通过正常用电电流，当电流量超过一定的数值时，它就会发热熔断而切断电源，从而保护电线不被烧坏，特别是当电线短路时，如不很快切断电源，电线在瞬间就会被烧坏，甚至发生火灾。保险丝的大小应视用电量大小而定，一般 1 A 的保险丝可以正常使用 100～200 W 的电器。太大起不到良好的保护作用，太小又会经常烧断，影响正常用电。

4. 颜色标志

按照规定，为便于识别，防止误操作，确保运行和检修人员的安全，采用不同颜色来区别设备特征。如电气母线，A 相为黄色，B 相为绿色，C 相为红色，明敷的接地线涂为黑色。在二次系统中，交流电压回路用黄色，交流电流回路用绿色，信号和警告回路用白色。

5. 常见电气故障

在整个供电系统中，设备种类多，可能发生故障的种类也较多，但比较常见的故障主要有：

（1）断路。断路故障大都出现于运转时间较长的变配电设备中，原因是受到机械力或电磁力作用以及受到热效应或化学效应作用等，使导线严重氧化造成断路。断路故障一般发生在中性线或相线，有的发生在设备内部等地方。

（2）短路。在日常运行中，短路故障发生的形式是多种多样的，如绝缘老化、过电压或其他机械作用等，都可能造成设备和线路的短路故障。

（3）错误接线。在检查、修理、安装调试过程中，经常发生由于操作失误造成接线错误而导致的故障。所以，接线以后要注意检查、核对。常见的接线错误有相序接错、变压器下次线圈接反或极性错接。

（4）错误操作。凡是未按照操作安全技术规程去做的，都属于错误操作。常见的错误操作有隔离开关带负荷拉闸、操作过电压等，这些错误操作会导致意外故障的发生。

6. 绝缘、屏护和安全距离

绝缘、屏护和安全距离是最为常见的安全措施，是防止人体触及或过分接近带电体造成触电事故以及防止短路、故障接地等电气安全的主要安全措施。

（1）绝缘。就是用绝缘材料把带电体封闭起来。常用的绝缘材料有塑料、橡胶、瓷、玻璃、云母、木材、胶木、布、纸和矿物油等。

（2）屏护。就是用遮拦、护罩、护盖以及箱匣等将带电体与外界隔离开来。电器开关的可动部分一般不能使用绝缘，而要使用屏护。高压设备不论是否绝缘，均应采取屏护。用金属制成的屏护装置，要与带电体绝缘良好，还应接地。这样，不仅可防止触电，还可防止电弧伤人。

（3）安全距离。就是带电体与设备、设施之间，以及作业时人员与带电体之间要保持一定的间距，以防止电气短路和放电伤人。安全距离还可起到防止火灾、防止混线、方便操作的作用。为了防止在检修工作中，人体及所携带的工具触及或接近带电体，必须保证足够的检修安全距离。

7. 工作接地、保护接地和保护接零

工作接地、保护接地和保护接零是保证安全用电的有效措施。

（1）工作接地。低压供电系统中性点接地属于工作接地，即将供电系统的中性点与大地相连接。低压供电系统的中性点接地方式有两种：一种是将配电变压器的中性点通过金属接地体与大地相接，称为中性点直接接地方式；另一种是中性点与大地绝缘，称为中性点不接地方式。

中性点接地与否，对于电网的安全运行关系极大，对于人身安全也有影响。在中性点

不接地的系统中，当人触及电网的一相时，触电以后产生的危害要小一些，并且还能减小由此引起的杂散电流，防止杂散电流引起电雷管爆炸。但不能限制低压电网由于某种原因而引起的对地高电压，如雷击、高压线搭接等。而中性点接地系统能使窜入的高电压得到限制。

（2）保护接地。运行中的电气设备可能由于绝缘损坏、线路断线等原因，使其金属外壳以及与电气设备相接触的其他金属物上出现危险的对地电压。人体接触后，就有可能发生触电危险。为了避免触电事故的发生，最常用的保护措施是接地和接零。接地就是把电气设备中正常不带电而在故障状态下带电的金属部分通过接地装置（由接地体和接地线组成）进行接地。该法适用于中性点不接地系统。

在对地绝缘的配电系统中，当一相碰及无保护接地的设备外壳，人体触及外壳时，电流通过人体和电网对地绝缘阻抗形成回路。这时就有触电的危险。为防止发生人身触电事故，必须进行保护接地。

（3）保护接零。是在 380/220 V 的三相四线制中性点接地的供电系统中，将电气设备的金属外壳与中性点接地的零线连接起来的连接方式。保护接零一般需与短路保护装置同时使用。保护接零的作用是，当某相带电体与设备的外壳连接时，通过设备外壳的接零导线造成单相短路，短路电流促使短路保护装置动作，断开故障部分的点源，从而消除触电危险。

8. 漏电保护

为了防止电网漏电及由此造成的危害，以及人触及带电体时造成的触电事故，应装设漏电动作保护器。它可以在设备或线路漏电时，通过保护装置的检测机构取得异常信号，经中间机构转换和传递，然后促使执行机构动作，自动切断电源来起保护作用。

9. 过电流保护

过电流是指电气设备或线路的电流超过规定值，一般有短路和过载两种情况。

（1）短路。就是"电流走了捷径"，是一种故障状态，是在电网或设备中，不同相之间直接短接或通过电弧短接，一般由设备或线路的绝缘损坏或机械损伤而造成。

（2）过载。是指用电设备或线路的负荷电流及相应的时间（过载时间）超过允许值。

短路和过载都将使电气设备或线路发热超过允许限度，从而引起绝缘损坏，设备或线路烧毁，甚至引起火灾事故，造成电气设备的机械损伤，使电气设备寿命降低等。为了保障安全可靠供电，电网或用电设备应装设电流保护装置，当电网发生短路或过载故障时，过电流保护装置动作，迅速可靠地切除故障部分的电源，避免造成严重后果。常用的过电流保护装置有熔断器、热继电器、电磁式过电流继电器。

要使过电流保护装置起到应有的保护作用，应合理地选择熔丝的额定电流，选择并调整继电器的动作值。选择的原则是在被保护范围内发生过流时，保护装置能迅速可靠地将故障部分的电路切断，而其他部分则仍能正常工作。

10. 防爆电气设备的使用

在存在易燃易爆危险的场所，应使用防爆电气设备。防爆型电气设备依其结构和防爆性能的不同分为六类：防爆安全型（标志 A）；防爆型（标志 B）；防爆充油型（标志 C）；防爆通风、充气型（标志 F）；防爆安全火花型（标志 H）；防爆特殊型（标志 T）。所谓隔爆型，即允许电机内产生火花、电弧，也允许进入机壳内的爆炸性混合物爆炸，但将这个爆炸限制在隔爆的机壳内，不使外传。在爆炸危险场所设置电气设备时，应注意根据实际情况，从安全可靠、经济合理的角度出发，尽量将电气设备（包括电气线路），特别是正常运行时能产生火花的电气设备，如开关设备，装设在爆炸危险场所之外；如必须装设在爆炸危险场所内时，应设置在危险性较小的地点，如爆炸性混合物不易积聚的地点。在爆炸危险场所，应尽量少用携带式电气设备，应少装插座及局部照明灯具。对于爆炸危险场所，采取一定措施后，其危险等级可以降低，所选用的电气设备的防爆等级也可降低。

11. 防止雷电

防止雷电包括电力系统的防雷和建筑系统的防雷，主要措施是采用避雷针和避雷器。防止雷击的装置一般是由接闪器、引下线和接地装置三部分组成。根据保护的对象不同，接闪器可选用避雷针、避雷线、避雷网或避雷带。避雷针主要作为露天变电设备、建筑物和构筑物等的保护；避雷线主要作为电力线路的保护；避雷网和避雷带主要作为建筑物的保护。

12. 防止静电

防止静电危害的措施关键在于减少静电的产生量，设法导走与消散静电电荷以及严防静电放电现象的发生。方法有：

（1）接地法。主要用来消除导电体上产生的静电电荷，而不能用接地法来消除绝缘体上的静电。

（2）泄漏法。采取增湿、加抗静电添加剂等方法促使静电电荷从带电体上自行消散。

（3）中和法。利用极性相反的电荷去中和绝缘体上的静电电荷。

（4）工艺控制法。在工艺上采取适当措施，限制静电的产生与积累。通常采用金属材料代替非金属材料；限制液体、气体与粉体物质的流速，控制静电电荷的产生量；加过滤金属网并良好接地等。

13. 安全标志

电气安全标志的作用是：警示作用，或者指示作用，一般是通过不同的颜色和符号来表示的。安全标志一般是采用安全色、安全标志、警示牌来表示的。如红色或红色符号表示禁止，黄色或黄色符号表示警告；警示牌或警告提示，如闪电符号，在高压电器上注明"高压危险"的警示语，检修设备的电气开关上挂"有人作业，禁止送电"的警示牌等。指示作用是用不同的颜色来表示不同性质和用途的电气设备和线路，如红色按钮表示停机按钮，绿色按钮表示开机按钮等。还有各种用途的电气信号指示灯。

14. 试电笔的使用

试电笔可以对常用电气设备进行安全检查。在使用试电笔之前应将试电笔在带电设备上确认良好后方可进行验电，以避免触电事故的发生。试电笔在使用中有很多用法，介绍如下：

（1）区别相线和零线。在交流电路里，用试电笔触及导线时，试电笔发亮的是相线，不发亮的是零线。

（2）判断相线或零线断路。在单相电路中，试电笔测单相电源网路相线和零线，氖管均发亮说明零线断路，氖管都不发亮则是相线断路。

（3）区别交流电和直流电。交流电通过试电笔时，氖管里的两个极同时发亮。直流电通过时，氖管里两个极只有一个发亮。

（4）区别直流电的正负极。将试电笔连接在直流电的正负极之间，发亮的一端为负极，不发亮的一端为正极。

（5）区别直流电接地的是正极还是负极。发电站和电网的直流系统是对地绝缘的，人站在地上，用试电笔去测正极或负极，氖管是不应发亮的。如果发亮，则说明直流系统有接地现象。如果发亮在靠近笔尖的一端则是正极有接地现象。当然接地现象微弱，达不到氖管启动电压时，虽有接地现象氖管是不会发亮的。

（6）区别电压的高低。经常是自己使用的试电笔，可根据氖管发光的强弱来估计电压高低的约略数值。

（7）相线碰壳。用试电笔触及电气设备外壳（如电机、变压器壳体），若氖管发亮，则是相线与壳体相接触，有漏电现象。如壳体安全接地，氖管是不会发亮的。

（8）相线接地。用试电笔触及三相三线制星形接法的交流电路，若有两根比通常稍亮，而另一根的亮度要弱点，则表示这根亮度弱的导线有接地现象，但还不太严重；如两相很亮，而另一相不亮，则是一相完全接地。三相四线制，单相接地以后，中心线上用试电笔测量时也会发亮。

（9）设备（电动机、变压器）各相负荷不平衡或内部匝间、相间短路。三相交流电路的中性点移位时，用试电笔测量中性点，就会发亮。这说明该设备（电动机、变压器）的各相负荷不平衡，或者内部匝间或相间短路，以上故障较为严重时才能反映出来，且要达到试电笔的启动电压时氖管才发亮。

（10）线路接触不良或电气系统互相干扰。当试电笔触及带电体，而氖灯光线有闪烁时则可能因线头接触不良而松动，也可能是两个不同的电气系统互相干扰。

掌握以上几种检查方法可给电气工作人员在检查、维修时带来一些方便，从事电气工作的人员要特别注意安全，不要忽视试电笔的这些作用。

15. 绝缘安全用具的使用

绝缘安全用具包括绝缘杆、绝缘夹钳、绝缘靴、绝缘手套、绝缘垫和绝缘站台。绝缘安全用具分为基本安全用具和辅助安全用具，前者的绝缘强度能长时间随电气设备的工作电压，能直接用来操作带电设备；后者的绝缘强度不足以随电气设备的工作电压，只能加强基本安全用具的保护作用。

（1）绝缘杆和绝缘夹钳。绝缘杆和绝缘夹钳都是基本安全用具。绝缘夹钳只用于35 kV 及 35 kV 以下的电气操作。绝缘杆和绝缘夹钳都由工作部分、绝缘部分和握手部分组成。握手部分和绝缘部分用浸过绝缘漆的木材、硬塑料、胶木或玻璃钢制成，其间有护环分开。配备不同工作部分的绝缘杆，可用来操作高压隔离开关，操作跌落式保险器，安装和拆除临时接地线，安装和拆除避雷器，以及进行测量和试验等项工作。绝缘夹钳主要用来拆除和安装熔断器及其他类似工作，考虑到电力系统内部过电压的可能性，绝缘杆和绝缘夹钳的绝缘部分和握手部分的最小长度应符合要求。绝缘杆工作部分金属钩的长度，在满足工作需要的情况下，不宜超过 5～8 cm，以免操作时造成相间短路或接地短路。

（2）绝缘手套和绝缘靴。绝缘手套和绝缘靴用橡胶制成。两者都作为辅助安全用具，但绝缘手套可作为低压工作的基本安全用具。绝缘手套的长度至少应超过手腕 10 cm。

（3）绝缘垫和绝缘站台。绝缘垫和绝缘站台可作为辅助安全用具。绝缘垫用厚度 5 mm 以上、表面有防滑条纹的橡胶制成，其最小尺寸不宜小于 0.8 m×0.8 m。绝缘站台用木板或木条制成。相邻板条之间的距离不大于 2.5 cm，以免鞋跟陷入；站台不得有金属零件；台面板用于支持绝缘子与地面绝缘，支持绝缘子高度不得小于 10 cm；台面板边缘不得伸出绝缘子以外，以免站台翻倾，人员摔倒。绝缘站台最小尺寸不宜小于 0.8 m×0.8 m，但为了便于移动和检查，最大尺寸也不宜超过 1.5 m×1.0 m。

16. 移动电动工具和低压灯的安全使用

移动电动工具是指无固定装设地点，无固定操作人员的生产设备及电动工具，如电焊机、移动水泵（含潜水泵、电钻、电锤、手提磨光机、电风扇、电吹风、电熨斗、电烙铁等）。

移动电动工具应有借用发放制度，有专人保管，定期检查。使用过程中如需搬动，应停止工作，并断开电源开关或拔掉电源插头。

（1）移动电动工具的基本要求。有金属外壳的移动电动工具，必须有明显的接地螺钉和可靠的接地线。电源线必须采用"不可重接电源的插头线"，长度一般为 2 m 左右，单相 220 V 的电动工具应用三总线，三相 380 V 的电动工具应用四总线，其中绿黄双色为专用接地线。移动电动工具的引线、插头、开关应完整无损。使用前应用验电笔检查外壳是否漏电。

移动电动工具的绝缘电阻应在规定范围内。

（2）使用电钻及类似工具的安全要求。使用电钻、电锤时，手握得紧，力用得大，所以手心容易出汗。如有漏电现象极容易引起触电事故，为了确保安全，我们要严格遵守安全使用要求。

1）电钻、电锤等必须有控制开关。严禁使用无插头的电源引出线，严禁将电源引线直接插入电源插座。

2）在使用电钻、电锤等移动电动工具时，须戴绝缘手套，并穿绝缘靴或站在绝缘垫上。

3）使用电动工具时如发现麻电，应立即停用检查。调换钻头时要拔脱插头或关断开关。

（3）使用电风扇的安全要求。每年取出使用前，应作全面的检查和维护，检查合格后贴上合格证。搬动电扇，须拔脱插头或拉脱开关，待风叶完全停稳后方可搬移。

（4）行灯。亦称低压灯。一般使用 24 V 或 36 V 电压，在特殊危险场所（如锅炉、金属容器内或特别潮湿场所），使用 12 V 以下电压。行灯应有绝缘手柄和金属网罩，铜头不准外露，引线采用橡胶塑料护套线，并采用 T 形插头。

二、电气安全管理

1. 临时用电的安全管理

在企业生产过程中，有时需要采取临时用电措施，完成临时照明设备检修等任务，由于临时用电引起的人员伤亡或财产损失事故时有发生，因此必须在以下六个方面加强对临时用电的管理：

（1）临时用电期限。临时用电期限一般规定为三个月。因故超期的，应办理延期用电手续，同时还应做新一轮临时用电前的安全检查。如果计划用电时间在三个月以上一年以内，可申请定期用电。对定期用电的管理比照临时用电管理办法进行。

（2）临时用电手续。当固定电源不能满足需要而必须使用临时电力时，应向电力公司或相关单位提出申请，经其同意后方可使用。临时用电申请内容包括：线路和设备容量，安装地点，用电期限，临时用电负责人等。

（3）临时用电线路的安装。线路安装要确保安全。如果低压绝缘导线需要在地面越过道路时，必须使用具有一定强度的电线管作保护，必要时挖沟将穿管导线或电缆埋入地下。低压绝缘导线在空中跨越道路时，道路两侧必须立竿固定，必要时还应用辅助拉线引渡电力线。不得用金属线在电杆上共同捆扎分相导线、火线和工作零线等。线路与各种物体的距离要符合规定要求。照明线路不得用金属物作非固定悬挂。严禁"一火一地"用电。临时手持照明灯的导线应采用橡皮护套软线，并采用隔离变压器输出的安全电压作照明电源。在地沟或其他狭窄的危险场所，灯具使用的电压不得超过 12 V。

（4）临时用电设备的安装。对于临时用电设备的安装必须注意以下几点：

1）室外开关箱、配电盘、配电柜等必须具有防水功能。不得将电路开关板放在水塘里或随手挂在金属脚手架上。暴露的带电导体应远离人员频繁出入的场所，远离金属材料、水源及易燃易爆气体等，无法避免时，应采取防水、防爆等隔离措施。

2）频繁移动的用电设备，在使用前应认真检查。对需要设置护栏的用电设备，不能省略护栏。在水中使用的电器设备，线路与外壳之间的绝缘必须很好，并将设备金属外壳接零或接地。每台设备均应安装漏电保护器。

3）临时用电设备应有专人负责，做到人走电停，并对开关箱、配电盘、配电柜等加锁。如果施工现场的用电设备没有防雨雪功能，应加设防雨装置，防止线路受潮造成短路、漏电等事故。

4）安装、检修、维护临时用电设备的电工必须经过培训，并持有"特种作业操作证"和"电工技术等级合格证"方可上岗作业。

（5）外包过程临时用电管理。对外包过程应实施有效控制。在工程承包合同中应明确临时用电管理办法，并且在临时用电系统投入使用前由发包方对其进行确认，其内容包括：用电设备及其安装区域；用电设备操作人员资格；临时用电标志设置；安全防护措施等。

（6）临时用电的监督。供电单位对临时用电申请要进行认真审核并做出合理安排，建立和保存好管理台账。对批准设置临时用电的现场，要派专职人员检查其电力线路和设备的安装，不合格不准使用。平时也应定期或不定期地对临时用电现场做必要的检查或抽查，发现问题及时纠正。

撤销临时用电。临时用电结束，用电单位应向供电单位报告撤销临时用电，并及时拆除用电线路和设备。供电单位接到报告后，应及时派员到现场查看，确认临时用电线路和设备确已拆除。如果发现遗留问题应及时处理，避免留下事故隐患。

2. 电气设备安全装置的管理

要安全使用好电气设备，离不开安全装置的保护。电气设备的安全装置是安全使用电气设备、防止电气事故发生的安全保护装置。如熔断器、断路器等。电气设备的安全装置是安全生产的"保护神"，在日常工作中，由于防护装置失灵而发生的事故并不少见。安全防护装置应时刻保持灵敏可靠，否则很容易出事故。

电气设备安全装置的安全管理措施主要有：

（1）熔断器。熔断器一般安装在电网和电气线路上，是一种最基本的安全装置。当电气设备发生短路或超负荷工作时，熔断器的熔丝会自行熔断，切断电路而避免电气设备事故或人员伤亡事故的发生。熔断器的熔丝熔断后，仍应按原规格要求配置，不能用其他金属丝或超规格的熔丝代替，否则起不到安全保护的作用，易发生事故。

（2）断路器。断路器又称过载保护开关，当电路过载，超过允许极限或短路时，能自动断开电流回路的安全装置。断路器如发生拉力瓷瓶和支持瓷瓶等受损破裂或者同时发生接地、筒体着火爆炸、严重漏泄、开关跳跃振动、套管端子熔断或熔化、出入侧套管炸裂、着火或连续发生较大的火花等故障时，应立即采取紧急措施，进行维修或更换处理。

（3）漏电保护器。漏电保护器是防止电气设备或线路因意外漏电所设置的一种保护开关装置。当电气设备发生漏电时，该开关装置能够迅速切断电源，以防止机壳、机架意外带电危及人体安全。该装置应与设备或线路的额定值相匹配，并能高灵敏地正确动作。通常安装在导电性强的铁板、电架、水、液体、湿润物等场所和对地电压高于 150 V 的可移动电路及电气设备之中。

（4）屏护。屏护是防止触电、电弧短路以及电弧灼伤的有效保护措施。在有些电气设备不便于绝缘或者强度低，不能保证安全作业时，就要采取遮蔽、护档等措施，如使用速杆、护罩、箱匣等。遮杆（又称遮拦），是用来防止作业人员无意碰到或过分接近带电体，在安全距离不足处进行操作的屏护装置。一般用干燥的木头、橡胶或其他坚韧的绝缘材料制作，高度不得低于 1.7 m，下部离地不得超过 10 cm。遮杆与带电体之间，根据电压的高低，应留有相应的安全距离，如因工作特殊需要，可以用高度绝缘性能的遮护板，部分地接触被遮护的带电体。所有使用遮杆（遮拦）的部位，都要悬挂"高压危险"或"有电危险"的警示、警告标志，并采用灯光或音响等信号装置，表示有电切勿靠近，及当人体越过屏护靠近带电体时，可使屏护的带电体自动切断电源的连锁装置，以保证人员安全。屏护的材料应有足够的机械强度和良好的耐燃性能，金属材料制成的屏护要注意绝缘和可靠的接地或接零。

（5）绝缘。采用不导电的气体、液体和固体，将带电体隔离或包屏起来，称为绝缘。

绝缘是保证电气设备线路安全运行，防止触电事故发生的重要措施。在一般情况下，绝缘的电阻不应低于 0.5 MΩ；运行中的低压线路与设备的绝缘强度按照电力设备交接试验规程的规定：1 V 工作电压相应地有不低于 11 Ω 的绝缘电阻；在潮湿场合下的线路与设备的绝缘强度要求 1 V 工作电压相应有不低于 500 Ω 的绝缘电阻；控制线路的绝缘电阻一般要求应不低于 1 MΩ；运行中的电缆的绝缘电阻如表 5—1 所示。

表 5—1   运行中电缆的绝缘电阻

额定电压（kV）	3	6～10	20～35
绝缘电阻（MΩ）	300～750	400～700	600～1500

（6）保护接地与接零。保护接地与接零是防止电气设备漏电或意外带电发生触电事故的重要防范措施。接地是在故障情况下，对可能呈现危险的对地电压的金属部分同地连接起来的一种防护措施；接零则是将电气设备正常状态下不带电的金属部分与电网零线连接起来的一种保护措施。接地应满足安全要求，连接必须牢靠，入地深度不得小于 0.6 m，并与建筑物保持 1.5 m 以上的距离。

3. 电气设备规章制度的贯彻落实

要安全高效地使用好电气设备，除了要有完好的电气设备和可靠的安全装置外，还要制定相应的安全规程和制度，并在日常工作中认真贯彻实施。

（1）要实施工作票制度。在电气设备安装、维修、更换等作业时，要实施工作票制度。工作票上要写明工作任务，安全措施，安全负责人，开工、完工时间等内容。在作业前，要提前计划布置好，作业中按计划有序进行，以免作业时忙中出错。在执行工作票制度时，还应规定工作票签发人、工作负责人、工作许可人，以及各作业人员在安装、维修、更换等作业时应负的安全责任。

（2）要落实作业监护制度。当在电气设备上进行检修或在 1 kV 以上的电气设备上进行停送电倒闸操作时，至少应有 2 人一起作业，其中 1 人为监护人。监护的目的是防止作业人员在工作中麻痹大意，或对设备情况不熟悉不了解，错跑工作位置而发生意外危险，并随时提醒作业人员遵守安全作业的有关规定，发生事故时，能迅速采取抢救措施，及时消除或控制事故，不使事故扩大。

（3）要执行倒闸操作制度。倒闸操作时要执行倒闸操作制度，使操作者事先了解操作内容和操作步骤，以保证操作时不颠倒或有遗漏。执行倒闸操作时，一定要有操作票，事前详细计划，周密部署，操作中按序进行，避免发生带负荷拉、合刀闸，引起不应有的设备损坏和伤人事故。

（4）要订立检修维护制度。在电气设备的检修维护工作中，要认真检查落实事前各项防范措施，并保障安全有效，以防止事故的发生。

1）停电。对检修维护部位所有能够送电的线路，要全部切断，并落实好防止误合闸的措施，每处至少要有1个明显的断开点；对于多回路的线路，要注意防止其他方面突然来电，特别要注意防止低压方面的反馈电。

2）验电。作业前要对已被停电的线路进行验电，以防万一漏电，验电时应按电压等级选用相适应的验电器。

3）放电。将待检修设备上残存的静电放掉，放电时应使用专用的导线，用绝缘棒或开关操作，一般应放电10 min左右，注意线与地之间、线与线之间均应放电。电容器和电缆的残存电荷较多，放电时最好有专门的放电设备。

4）装设临时接地线。为防止意外送电和感应电，应在设备的检修部分，装设必要的临时性接地线，接地线在装设时，应先接接地的一端，后接被修设备的一端；拆除时，按反顺序进行，先拆被检修设备的一端，后拆接地的一端。接地线应用截面不小于25 mm^{2}的软铜线制作。

5）挂好标示牌。在被检修设备的断电处，应挂上"有人工作、禁止合闸"的标示牌；在临近带电部分的遮拦上，应挂上"止步，高压危险！""站住，生命危险！"的警示牌等，以告诫他人注意安全。

6）装设遮拦。部分电气设备停电检修时，应将带电部分遮拦起来，使检修人员与带电导体之间保持一定的安全距离。在10 kV以下设遮拦应保持0.35 m的距离，不设遮拦应保持0.7 m以上的距离；35 kV设遮拦应保持0.60 m的距离，不设遮拦应保持1 m的距离；110 kV设遮拦和不设遮拦均应保持1.5 m的距离；220 kV设遮拦与不设遮拦均应保持3 m的距离。

（5）要落实安全检查制度。电气设备在使用过程中，由于种种原因经常会出现这样或那样的问题，经常检查能及时发现问题并得到解决。

（6）实行持证上岗制度。电工、金属焊割、电梯、制冷等电气设备的安装维修和操作使用岗位的特殊工种人员，一定要经国家承认的培训教育机构培训取证，做到持证上岗，并定期复检；其他和电气设备相关的工种，也应根据本岗位电气设备的特点，通过相应的岗位安全知识教育和业务技术培训，并经考试合格后上岗，未经培训教育和考试不合格者，禁止上岗操作。

（7）要执行安全用电制度。用电要申请，安装维修找电工；任何人不准玩弄电气设备和开关；非电工不准拆装、修理电气设备和用具；不准私拉乱接电气设备；不准私用电热设备和灯泡取暖；不准使用绝缘损坏的电气设备；不准擅自用水冲洗电气设备；熔丝不准用其他的金属丝替代和调换容量不符的熔丝；不准擅自移动电气设备的安全标志、围栏等安全设施；不办手续，不准打桩动土，以防损坏地下电缆，等等。

三、预防电气火灾事故的技术措施

1. 电气火灾发生的主要原因

根据公安部消防局电气火灾原因技术鉴定中心的统计资料，电气火灾大都是由电气线路的短路、过负荷、漏电等原因直接或间接造成的。

预防电气火灾的发生，需要注意以下事项：

（1）过载（超负荷）。电气线路或设备所通过的电流值超过其允许的数值就是过载。过载发生的主要原因有：①导线截面选择过小，实际负荷超过了导线的安全载流量；②在线路中接入了过多或功率过大的电气设备，超过了配电线路的负载能力。如果电气设备的功率过大或电气设备本身有故障而产生过载现象，也会使导线发热甚至起火。一般导线的最高允许工作温度为＋65℃。当过载时，导线的温度就超过这个温度值，会使绝缘加速老化，甚至损坏，引起短路火灾事故。

（2）短路。当电气设备内部有短路或由于电线绝缘外皮老化破损造成短路，根据欧姆定律，短路时由于电阻突然减小则电流将突然增大，如果没有采取断电措施，电线很快就会发热燃烧造成火灾。

造成短路的原因有以下几点：

1）绝缘受高温、潮湿或腐蚀等作用的影响，失去了绝缘能力。

2）线路年久失修，绝缘老化或受损。

3）电压过高，使电线绝缘被击穿。

4）安装修理时接错线路，或带电作业时造成人为碰线短路。

5）裸导线安装太低，搬运金属物件时不慎碰在电线上；线路上有金属或小动物，发生电线之间的跨接。

6）架空线路间距太小，挡距过大，电线松弛，有可能发生两相相碰；架空导线与建筑物、树木距离太近，使导线与建筑物或树木接触。

7）导线机械强度不够，导致导线断落接触大地，或断落在另一根导线上。

8）不按规程要求私接乱拉，管理不善，维护不当造成短路。

9）高压架空线路的支持绝缘子耐压程度过低，引起线路的对地短路。

（3）漏电。漏电是引起电气火灾的主要原因之一。漏电一般是指电气设备或电线的漏电，是指电线中的火线对地或电气设备中的火线对电气设备的外壳发生的短路情况。电气设备、电线绝缘材料性能不好；电器及插座等内部的灰尘多并遇到天气潮湿时，也容易发生漏电现象。由于绝缘材料的性能下降是不能逆转的，所以漏电电流会逐渐加大，造成打火，引燃周围的可燃物而形成电气火灾。

（4）接触电阻过大。导线连接时，在接触面上形成的电阻称为接触电阻。接头处理良好，则接触电阻小，连接不牢或其他原因，使接头接触不良，则会导致局部接触电阻过大，发生过热，加剧接触面的氧化，接触电阻更大，发热更剧烈，温度不断升高，造成恶性循环，致使接触处金属变色甚至熔化，引起绝缘材料燃烧。

造成接触电阻过大的主要原因有以下几点：

1）安装质量差，造成导线与导线、导线与电气设备衔接连接不牢。

2）导线的连接处有杂质，如氧化层、泥土、油污等。

3）连接点由于长期震动或冷热变化，使接头松动。

4）铜铝接头处理不当，在电腐蚀作用下接触电阻会很快增大。

（5）电火花和电弧。电火花是电极间放电的结果，电弧是由大量密集的电火花构成的。线路产生的火花或电弧能引起周围可燃物质的燃烧，在爆炸危险场所可以引起燃烧或爆炸。

（6）电气设备的违规使用。电气设备的违规使用造成电气设备的自身温度过高或供电线路过负荷，从而引燃周围可燃物形成电气火灾。

2. 电气火灾的特点

电气火灾主要有以下特点：

（1）隐蔽性。由于漏电与短路通常都发生在电器设备及穿线管的内部，所以在一般情况下，电气起火的最初部位是看不到的，只有当火灾已经形成并发展成大火后才能看到，但此时火势已大，再扑救已经很困难。

（2）燃烧快。电线着火时，火焰沿着电线燃烧得非常迅速，原因是处于短路或过流时的电线温度特别高（有时要超过 $300\sim400℃$）。

（3）扑救难。电线或电器设备着火时一般是在其内部，看不到起火点，且不能用水来扑救，所以带电的电线着火时不易扑救。

（4）传统的感烟探测器很难对电气火灾实现早期报警。电气火灾一般发生于电器或电线管的内部，当火已经蔓延到表面时，形成较大火势且烟雾弥漫时烟雾报警装置才能报警，但此时火势往往已经不能控制，扑灭电气火灾的最好时机已经错过了。

3. 预防电气火灾事故的基本措施

预防电气火灾事故，主要有以下基本措施：

（1）正确选用电气设备。根据电气设备所使用的场所，按照国家有关规定正确选用相关的电气设备。

（2）按规范选择合理的安装位置，保持必要的安全间距是防火、防爆的一项重要措施。

（3）加强维护、保养、维修，保持电气设备正常运行。例如，保持电气设备的电压、电流、温升等参数不超过允许值，保持电气设备足够的绝缘能力，保持电气连接良好等。

（4）通风。例如，在爆炸危险场所安装良好的通风设施，可以降低爆炸性混合物的浓度，降低爆炸发生的几率。

（5）采用耐火设施。例如，为了提高耐火性能，木质开关箱内表面衬以白铁皮。

（6）接地。

4. 电气线路火灾事故的预防措施

对于电气线路常采用以下防火措施：

（1）避免发生短路。如果想避免发生短路必须按照环境特点来安装导线，应考虑潮湿、化学腐蚀、高温场所和额定电压的要求。导线与导线、墙壁、顶棚、金属构件之间，以及固定导线的绝缘子、瓷瓶之间，应有一定的距离。距地面 2 m 以及穿过楼板和墙壁的导线，均应有保护绝缘的措施，以防损伤。绝缘导线切忌用铁丝捆扎和铁钉搭挂。要定期对绝缘电阻进行测定。安装线路应为持证电工安装。安装相应的保险器或自动开关。

（2）避免超负荷运行

1）要根据负载情况，合理选用导线；

2）安装相应的保险或自动开关，严禁滥用铜丝、铁丝代替熔断器的熔丝；

3）不准乱拉电线和接入过多或功率过大的电气设备；

4）要定期检查线路负载与设备增减情况。

（3）防止接触电阻过大

1）导线与导线、导线与电气设备的连接必须牢固可靠，尽量减少不必要的接头。

2）铜芯导线采用铰接时，应尽量再进行锡焊处理，一般应采用焊接和压接。

3）铜铝相接应采用铜铝接头，并用压接法连接。

4）要经常进行检查测试，发现问题，及时处理。

5. 电气火灾的扑救

（1）电气火灾的特点。电气火灾与一般火灾相比，有两个突出的特点：一是电气设备着火后可能仍然带电，并且在一定范围内存在触电危险。二是充油电气设备如变压器等受热后可能会喷油甚至爆炸，造成火灾蔓延且危及救火人员的安全。所以，扑救电气火灾必须根据现场火灾情况，采取适当的方法，以保证灭火人员的安全。

（2）断电灭火注意事项。电气设备发生火灾或引燃周围可燃物时，首先应设法切断电源，必须注意以下事项：

1）处于火灾区的电气设备因受潮或烟熏，绝缘能力降低，所以拉开关断电时，要使用绝缘工具。

2）剪断电线时，不同相电线应错位剪断，防止线路发生短路。

3）应在电源侧的电线支持点附近剪断电线，防止电线剪断后跌落在地上，造成电击或短路。

4）如果火势已威胁邻近电气设备时，应迅速拉开相应的开关。

5）夜间发生电气火灾，切断电源时，要考虑临时照明问题，以利扑救。如需要供电部门切断电源时，应及时联系。

第二节　机械设备安全知识

在生产制造企业，有各种各样的机械设备，机械设备起到提高生产效率的积极作用。但机械设备是钢铁，而人是血肉之躯，当人与钢铁发生碰撞、摩擦的时候，吃亏的肯定是人。机械设备对人员造成的伤害，主要指机械设备运动（静止）部件、工具、加工件直接与人体接触引起的夹击、碰撞、剪切、卷入、绞、碾、割、刺等形式的伤害。各类转动机械的外露传动部分（如齿轮、轴、履带等）和往复运动部分都有可能对人体造成机械伤害。需要注意的是，造成伤害事故的原因，主要是人的不安全行为与机械设备的不安全状态导致的。因此，需要了解机械设备相关知识，在操作和使用中严格遵守安全规定，保证自身安全和设备安全。

一、机械设备危险因素与事故特点

1. 机械设备存在的危险因素

机械设备在规定的使用条件下执行其功能的过程中，以及在运输、安装、调整、维修、拆卸和处理时，无论处于哪个阶段、处于哪种状态，都存在着危险与有害因素，有可能对操作人员造成伤害。

（1）正常工作状态存在的危险因素。机械设备在完成预定功能的正常工作状态下，存在着不可避免的但却是执行预定功能所必须具备的运动要素，并可能产生危害后果。如零部件的相对运动、刀具的旋转、机械运转的噪声和振动等，使机械设备在正常工作状态下存在碰撞、切割、作业环境恶化等对操作人员安全不利的危险因素。

（2）非正常工作状态存在的危险因素。在机械设备运转过程中，由于各种原因引起的意外状态，包括故障状态和维修保养状态。设备的故障不仅可能造成局部或整机的停转，还可能对操作人员构成危险，如运转中的砂轮片破损会导致砂轮飞出造成物体打击事故；电气开关故障会产生机械设备不能停机的危险。机械设备的维修保养一般都是在停机状态下进行，由于检修的需要往往迫使检修人员采用一些特殊的做法，如攀高、进入狭小或几乎密闭的空间、将安全装置拆除等，使维护和修理过程容易出现正常操作不存在的危险。

2. 机械设备的主要危害

由危害因素导致的危害主要包括两大类，一类是机械性危害，一类是非机械性危害。

机械性危害包括：其主要包括挤压、碾压、剪切、切割、碰撞或跌落、缠绕或卷入、戳扎或刺伤、摩擦或磨损、物体打击、高压流体喷射等。

非机械性危害主要包括电流、高温、高压、噪声、振动、电磁辐射等产生的危害，因加工、使用各种危险材料和物质（如燃烧爆炸、毒物、腐蚀品、粉尘及微生物、细菌、病毒等）产生的危害，还包括因忽略安全人机学原理而产生的危害等。

3. 机械设备事故特点

机械设备是各行业的基础设备，特别是机械加工设备，承担着工业设备的生产制造。机械加工设备主要有金属切削机床、锻压机械、冲剪压机械、起重机械、铸造机械、木工机械等。

机械伤害是企业职工在工作中最常见的事故类别，伤害类型多以夹挤、碾压、卷入、剪切等为主。各类机械设备的旋转部件和成切线运动的部件间、对向旋转部件的咬合处、旋转部件和固定部件的咬合处等，都可能成为致人受伤的危险部位。据我国安全生产部门统计，近年来，夹挤、碾压类事故占机械伤害事故的一半左右，注重此类工伤事故的特点和预防，是一项不容忽视的重要工作。

4. 机械设备的主要危险类型

机械设备的主要危险有以下九大类：

（1）机械危险：包括挤压、剪切、切割或切断、缠绕、引入或卷入、冲击、刺伤或扎伤、摩擦或磨损、高压流体喷射或抛射等危险。

（2）电气危险：包括直接或间接触电、趋近高压带电体和静电所造成的危险等。

（3）热（冷）的危险：烧伤、烫伤的危险、热辐射或其他现象引起的熔化粒子喷射、化学效应的危险和冷的环境对健康损伤的危险等。

（4）由噪声引起的危险：包括听力损伤、生理异常、语言通讯和听觉干扰的危险等。

（5）由振动产生的危险：如由手持机械导致神经病变和血脉失调的危险、全身振动的危险等。

（6）由低频无线频率、微波、红外线、可见光、紫外线、各种高能粒子射线、电子或粒子束、激光辐射对人体健康和环境损害的危险。

（7）由机械加工、使用和构成材料、物质产生的危险。

（8）在机械设计中由于忽略了人类工效学原则而产生的危险。

（9）以上各种类型危险的组合危险。

5. 操作机械发生事故的原因

在一般情况下，操作机械而发生事故的原因如下：

（1）违章操作。在我国，大量的机械设备属于传统的机械化、半机械化控制的人机系统，没有在本质安全上做到尽善尽美，因此需要在定位、固定、隔离等控制环节上进行弥补，通过设置醒目的警示标志和严格的安全操作规程加以完善。但不少机械类企业工人有章不循、违章作业仍非常突出，违章造成的夹挤、碾压类伤害时有发生，成为企业必须下大气力着重解决的安全问题。

（2）体力与脑力疲劳造成辨识错误。长期持久的体力与脑力劳动、单调乏味的工作、嘈杂的工作环境、凌乱的工作布局、不良的精神因素等，都容易使操作者产生疲劳、厌烦的感觉，此时，辨识错误就会出现，带来误操作、误动作，造成伤害事故。

（3）机械设备安全设施缺损，如机械传动部位无防护罩等。造成这种情况，可能是无专人负责保养，也可能是无定期检查、检修、保养制度。

（4）生产过程中防护不周。如车床加工较长的棒料时，未用托架。

（5）设备位置布置不当，如设备布置得太挤，造成通道狭窄，原材料乱堆乱放，阻塞通道。

（6）未能按照规定正确使用劳动防护用品。

（7）作业人员没有进行安全教育，不懂安全基本知识。

二、机械设备的安全技术要求

1. 机械设备的基本安全要求

机械设备的基本安全要求主要是：

（1）机械设备的布局要合理，应便于操作人员装卸工件、加工观察和清除杂物，同时也应便于维修人员的检查和维修。

（2）机械设备的零部件的强度、刚度应符合安全要求，安装应牢固，不得经常发生故障。

（3）机械设备根据有关安全要求，必须装设合理、可靠、不影响操作的安全装置。例如：

1）对于做旋转运动的零部件应装设防护罩或防护挡板、防护栏杆等安全防护装置，以防发生绞伤。

2）对于超压、超载、超温度、超时间、超行程等能发生危险事故的零部件，应装设保险装置，如超负荷限制器、行程限制器、安全阀、温度继电器、时间断电器等，以便当危险情况发生时，由于装置的作用而排除险情，防止事故的发生。

3）对于某些动作需要对人们进行警告或提醒注意时，应安设信号装置或警告牌等。如电铃、喇叭、蜂鸣器等声音信号，还有各种灯光信号、各种警告标志牌等都属于这类安全装置。

4）对于某些动作顺序不能搞颠倒的零部件应装设连锁装置，即某一动作必须在前一个动作完成之后才能进行，否则就不可能进行下一个动作。这样就保证了不致因动作顺序搞错而发生事故。

（4）机械设备的电气装置必须符合电气安全的要求，主要有以下几点：

1）供电的导线必须正确安装，不得有任何破损或露铜的地方。

2）电机绝缘应良好，其接线板应有盖板防护，以防直接接触。

3）开关、按钮等应完好无损，其带电部分不得裸露在外。应有良好的接地或接零装置，连接的导线要牢固，不得有断开的地方。

4）局部照明灯应使用 36 V 的电压，禁止使用 110 V 或 220 V 电压。

（5）机械设备的操纵手柄以及脚踏开关等应符合如下要求

1）重要的手柄应有可靠的定位及锁紧装置。同轴手柄应有明显的长短差别。

2）手轮在机动时能与转轴脱开，以防随轴转动打伤人员。

3）脚踏开关应有防护罩或藏入床身的凹入部分内，以免掉下的零部件落到开关上，启动机械设备而伤人。

（6）机械设备的作业现场要有良好的环境，即照度要适宜，湿度与温度要适中，噪声和振动要小，零件、工夹具等要摆放整齐。因为这样能促使操作者心情舒畅，专心无误地工作。

（7）每台机械设备应根据其性能、操作顺序等制定出安全操作规程和检查、润滑、维护等制度，以便操作者遵守。

2. 安全防护的主要措施

安全防护是通过采用安全装置、防护装置或其他手段，对一些机械危险进行预防的安全技术措施，其目的是防止机械在运行时产生的各种对人员的接触伤害。安全防护的重点是机械设备的传动部分、操作区、高空作业区、移动机械的移动区域，以及某些机械设备由于特殊危险形式需要采取的特殊防护等。无论采取何种措施进行防护，都应对所需防护的机械设备进行风险评价以避免带来新的风险。

安全防护常常采用防护装置、安全装置及其他安全措施。防护装置是指通过物体障碍方式将人与危险部位隔离的装置，根据其结构，防护装置可以是壳、罩、屏、门等封闭式防护装置等；安全装置是指用于消除或减小机械伤害风险的单一装置或与防护装置连用的装置。

3. 防护装置安全技术要求

防护装置在人与危险之间构成安全保护屏障，在减轻操作者精神压力的同时，也使操作者形成心理依赖。一旦安全防护装置失效，会增加损伤或危害的风险。因此，安全防护装置必须满足与其保护功能相适应的安全技术要求；同时，所采取的安全措施不得影响机械设备的正常运行，而且使用方便，否则就可能出现为了追求达到设备的最大效用而导致避开安全措施的行为。

防护装置按使用方式分为固定式和活动式两种。其安全技术要求如下：

（1）对固定防护装置的要求，固定防护装置应该用永久固定方式（如焊接等）或借助紧固件（螺钉、螺栓、螺母等）固定方式，将其固定在所需的地方，若不用工具就不能使其移动或打开。

（2）对活动防护装置的要求，活动防护装置或防护装置的活动体打开时，尽可能与防护的机械保持相对固定（可通过铰链或导轨连接），防止挪开的防护装置或活动体丢失或难以复原；活动防护装置打开时或出现丧失安全功能故障时，设备的活动部件应不能运转或运转中的部件应停止运动。

4. 机械设备必须达到的规定安全要求

为了有效预防事故与职业危害，机械设备必须达到标准规定的安全要求，防止发生人员的伤害。

（1）防止可动零部件伤害

1）人员易触及的可动零部件，应尽可能封闭，以避免在运转时与其接触。

2）设备运行时，操作者需要接近的可动零部件，必须配置符合规定要求的安全护装置。

3）为防止运行中的机械设备或零部件超过极限位置，应配置可靠的限位装置。

4）若可动零部件（含其载荷）所具有的动能或势能可引起危险时，必须配置限速、防坠落或防逆转装置。

5）以人员操作位置所在平面为基准，凡高度在2m之内的所有传送带、转轴、传动链、联轴节、带轮、齿轮、飞轮、链轮、电锯等危险零部件及危险部位，都必须配置符合规定要求的防护装置。

（2）防止飞出物伤害

1）高速旋转的零部件，必须配置具有足够强度、刚度与合适形状、尺寸的防护罩。必要时，应规定此类零部件检查和更换期限。

2）机械设备运行过程中（或突然停电时），若存在工具、工件、连接件（含紧固件）或切屑等飞甩危险，应在设计中采取防松脱措施、配置防护罩或防护网等安全防护装置。

（3）防止过冷和过热物体的伤害

人员可触及的机械设备的过冷或过热部件，必须配置固定式防接触屏蔽。在不影响操作和设备功能的情况下，加工灼热件的机械设备，也必须配置固定式防接触屏蔽。

（4）防止高处坠落的伤害

1）设计工作位置，必须充分考虑人员脚踏和站立的安全性。

2）若操作人员经常变换工作位置，必须在机械设备上配置安全走板。

3）若操作人员的工作位置在坠落基准面2m以上时，必须在机械设备上配置符合标准规定要求的供站立的平台和防坠落的栏杆、安全圈及防护板等。

4）走板、梯子、平台均应具有良好的防滑性能。

5）机械设备应防止泄漏。对于可能产生泄漏的机械设备，应有适宜的收集或排放装置。必要时，应设有特殊地板。

（5）防止噪声和振动的伤害

各类机械设备，都必须在产品标准中规定噪声（必要时加振动）的允许指标，并在设计中采取有效的防治措施，使产品实际产生的噪声和振动数值符合标准规定的要求。

（6）防尘、防毒和防放（辐）射的要求

1）凡工艺过程中产生粉尘、有害气体或有害蒸气的机械设备，应尽可能采用自动加料、自动卸料装置，并必须配置吸入、净化及排放装置，以保证工作场所和排放的有害物质浓度符合有关职业卫生标准规定的要求。

2）凡可能产生放（辐）射的机械设备，必须采取有效的屏蔽、吸收措施，并应尽可能使用远距离操作或自动化作业，以保证工作场所放（辐）射强度符合有关职业卫生标准规定的要求。

3）设计上述各类设备时，应符合有关规程、标准规定要求。

4）必要时，上述工作场所应有监测、报警和连锁装置。

5. 机械设备的其他安全要求

（1）标志

1）每台机械设备都必须有标牌。注明制造厂、制造日期、产品型号、出厂号、安全使用的主要参数等内容。

2）设计机械设备时，应使用安全色。机械设备易发生危险的部位，必须有安全标志。安全色和安全标志必须符合有关标准规定要求。

3）标牌、安全色、安全标志，应保持颜色鲜明、清晰、持久。

（2）说明

机械设备必须使用说明书等设计文件。说明书内容包括安装、搬运、储存、使用、维修和安全卫生等有关规定。

6. 机械加工车间常见的防护装置和作用

机械加工车间常见的防护装置有防护罩、防护挡板、防护栏杆和防护网等。在机械设备的传动带、明齿轮接近于地面的联轴节、转动轴、皮带轮、飞轮、砂轮和电锯等危险部分，都要装设防护装置。对压力机、碾压机、电刨、剪板机等压力机械的旋压部分都要有安全装置。防护罩用于隔离外露的旋转部分如皮带轮、齿轮、链轮、旋转轴等。防护挡板、防护网有固定和活动两种形式，起到隔离、遮挡金属切削飞溅的作用。防护栏杆用于防止高空作业人员坠落或划定安全区域。

7. 机械设备操作人员的安全管理规定

要保证机械设备不发生工伤事故，不仅机械设备本身要符合安全要求，而且更重要的是要求操作者严格遵守安全操作规程。当然机械设备的安全操作规程因其种类不同而内容各异，但其基本安全守则为：

（1）必须正确穿戴好个人防护用品。该穿戴的必须穿戴，不该穿戴的就一定不要穿戴。例如，机械加工时要求女工戴防护帽，如果不戴就可能将头发绞进去。同时要求不得戴手套，如果戴了，机械的旋转部分就可能将手套绞进去，将手绞伤。

（2）操作前要对机械设备进行安全检查，而且要空车运转一下，确认正常后，方可投入运行。

（3）机械设备在运行中也要按规定进行安全检查。特别要注意紧固的物件是否由于震动而松动，以便重新紧固。

（4）机械设备严禁带故障运行，千万不能凑合使用，以防出事故。

（5）机械设备的安全装置必须按规定正确使用，更不准将其拆掉不使用。

（6）机械设备使用的刀具、工夹具以及加工的零件等一定要装卡牢固，不得松动。

（7）机械设备在运转时，严禁用手调整，也不得用手测量零件，或进行润滑、清扫杂物等。如必须进行时，则应首先关停机械设备。

（8）机械设备运转时，操作者不得离开工作岗位，以防发生问题时，无人处置。

（9）工作结束后，应关闭开关，把刀具和工件从工作位置退出，并清理好工作场地，将零件、工夹具等摆放整齐，打扫好机械设备的卫生。

三、机械加工安全知识与注意事项

1. 金属切削加工和金属切削机床的种类

金属切削加工也称为冷加工，是利用刀具和工件做相对运动，从毛坯上切去多余的金属，以获得所需要的几何形状、尺寸、精度和表面光洁度的零件。金属切削加工的形式很多，一般可分为车、刨、钻、铣、磨、齿轮加工及钳工等。

金属切削机床是用切削方法将金属毛坯加工成为零件的一种机器，称为"工作母机"，人们习惯上将其称为机床。根据加工方式和使用刀具的不同，金属切削机床可分为车床、钻床、镗床、刨床、拉床、磨床、铣床、齿轮加工机床、螺纹加工机床、电加工机床和其他机床等共 12 大类。

2. 金属切屑加工过程中经常发生的伤害事故

在金属切屑加工过程中经常发生以下伤害事故：

（1）刺割伤。操作人员接触的较为锋利的机件和工具刃口，如金工车间里的切屑及正在工作着的车、铣、刨、钻、圆盘锯等，都如同快刀一样，能对人体未加防护的部位造成伤害。

（2）物体打击。高空落物及工件或砂轮高速旋转时沿切线方向飞出的碎片，往复运动的冲床、剪床等，都可导致人员受到伤害。

（3）绞伤。旋转的皮带、齿轮及正在工作的转轴都可导致绞伤。

（4）烫伤。加工切削下来的高温切屑迸溅到人体的暴露部位上导致的人员烫伤。

造成以上几种伤害事故的原因可归纳为以下几个方面：

（1）人的不安全行为。工作时操作人员注意力不集中，思想过于紧张，或操作人员对机器结构及所加工工件性能缺乏了解，操作不熟练及操作时不遵守安全操作规程，以及没能正确使用个人防护用品和设备的安全防护装置。

（2）设备的不安全状态。机床设计和制造存在着缺陷，机床部件、附件和安全防护装置的功能退化等，机床的这些不安全状态，均能导致伤害事故。

(3) 环境的不安全因素。如工作场地照明不良、温度或湿度不适宜、噪声过高、设备布局不合理、零件摆放零乱等，都容易造成事故。

3. 冲压机械的工作原理和特点

冲压机械可以完成金属切削机械不能胜任的工作，是工矿企业常用的设备之一，特别是机械制造、电子器件等行业的主要设备。

冲压机械的工作原理是：冲压机械工作时，其机械传动系统（包括飞轮、齿轮、曲轴等）做旋转运动，通过曲柄—连杆机构带动滑块做直线往复运动，利用分别安装在滑块和工作台上的模具，使板料产生分离或变形。它是一种无切削加工，广泛用于汽车、拖拉机、电机、仪器仪表等制造部门。

冲压加工的特点是：速度快、生产效率高、操作工序简单、劳动量大，操作多用人工，易发生失误动作，造成人身或设备事故。

4. 冲压加工经常发生伤害事故与事故原因

由于在操纵冲压机械时，需要作业人员用手将加工的原料送入冲头、冲模和压套下，或从中取出，而冲压的时间很短（一般冲压机工作时间仅 0.3 s），冲压力量很大（一般在 10 t 以上），冲压频率较高，故作业人员稍有不慎，就会冲断手而发生工伤事故，造成终身残疾。

在冲压作业中，由于在周而复始的枯燥的工作条件下，人很容易做出失误动作，因而在冲压生产中往往发生断指伤害事故。发生事故的主要原因有：

（1）手工送料或取件时，由于频繁的简单劳动容易引起操作者精神和体力的疲劳而发生误操作。特别是采用脚踏开关的情况下，手脚难以协调，更易做出失误动作。操作失误还与时间有关系，如在接近下班时，操作者体力已消耗很大，身体十分疲劳，这时又急于完成工作，或精力不集中，更易做出失误动作而酿成事故。

（2）由于室温不适、噪声过大、旁人打扰或操作条件不舒适等劳动环境的因素，导致操作者观察错误而误操作。

（3）多人操作时，由于缺乏严密的统一指挥，操作动作互相不协调而发生事故。

（4）手在上下模具之间工作时，因设备故障而发生意外动作。如离合器失灵而发生连冲，调整模具时滑块自动下滑；传动系统防护罩意外脱落；敞开式脚踏开关被误踏等故障，均易造成意外事故。

（5）违反操作规程、冒险作业或由于定额过高、加班操作等生产组织上的原因，而造成事故的发生。

5. 冲压作业各道工序中存在不安全因素

冲压作业包括送料、定料、操纵设备完成冲压、出件、清理废料、工作点的布置等操作动作。这些动作常常互相联系，不但对制件的质量、作业的效率有直接影响，操作不正确还会危害人身安全。

（1）送料：将坯料送入模内的操作称为送料。送料操作是在滑块即将进入危险区之前进行，所以必须注意操作的安全。如操作者不需用手在模区内操作，这时是安全的。但当进行尾件加工时或手持坯件入模进料时，手要进入模区，一旦发生失误，具有较大的危险性，因此要特别注意。

（2）定料：将坯料限制在某一固定位置上的操作称为定料。定料操作是在送料操作完成后进行的，它处在滑块即将下行的时刻，因此比送料操作更具有危险性。由于定料的方便程度直接影响到作业的安全，所以决定定料方式时要考虑其安全程度。

（3）操纵：指操纵者控制冲压设备动作的方式。常用的操纵方式有两种，即，按钮开关和脚踏开关。当单人操作按钮开关时一般不易发生危险，但多人操作时，会因注意不够或配合不当，造成伤害事故，因此多人作业时，必须采取相应的安全措施。脚踏开关虽然容易操作，但也容易引起手脚配合失调，发生失误，造成事故。

（4）出件：是指从冲模内取出制件的操作。出件是在滑块回程期间完成的。对行程次数少的压机来说，滑块处在安全区内，不易直接伤手；对行程次数较多的开式压机，则仍具有较大危险。

（5）清除废料：指清除模区内的冲压废料。废料是分离工序中不可避免的。如果在操作过程中不能及时清理，就会影响作业正常进行，甚至会出现复冲和叠冲，有时也会发生废料、模片飞弹伤人的现象。

6. 安装和拆卸冲模时应注意的安全问题

在冲压压力机上安装冲模是一件很重要的工作，冲模安装调整不好，轻则造成冲压件报废，重则将威胁人身和设备的安全。

为了确保冲模安装的安全，首先要做好下列准备工作：

（1）熟悉生产工艺，全面了解该工序所用冲模的结构特点及其使用条件，熟悉制件结构性能、作用和技术条件，冲压材料和工艺性能及该工序的工艺要求。

（2）检查压力机的刹车、离合器及操纵机构是否正常，只有在确认压力机的技术状态良好，各项安全措施齐全、完备，才能按照冲模安装操作规程进行冲模的安装工作。

（3）检查压力机的打料装置，应将其暂时调整到最高位置，以免调整压力机闭合高度时折弯。

（4）检查下模顶杆和上模打棒是否符合压力机打料装置的要求（大型压力机则检查气垫装置）。

（5）检查压力机和冲模的闭合高度，压力机的闭合高度应略大于冲模的闭合高度，防止发生事故。

（6）将上下模板及滑块底面的油污擦拭干净，并检查有无遗物，防止影响正确安装和发生意外事故。

安装时，应断开或切断动力和锁住开关，安装次序是按先装上模后装下模的顺序安装。上下模安好后，用手扳动飞轮，使滑块走完半个行程，检查上下模对正位置是否正确，经检查安装无误后，可升空车试冲几次，直至符合要求，将螺杆锁紧并调整好打料位置，重新安上全部安全装置，并检查、调整和运行。

在拆卸模具时，上下模之间应垫上木块，使卸料弹簧处于不受力状态。在滑块上升前，应用手锤敲打上模板，以免滑块上升后模板随其重新脱下，损坏冲模刀口及发生伤害事故。在拆卸过程中，必须切断电源，注意操作安全，以防发生事故。

7. 冲压机械的安全装置应具有的功能

冲压机械的安全装置的功能有下列四种类型：

（1）在滑块运行期间（或滑块下行程期间），人体的某一部分应不会进入危险区。如固定栅栏式、活动栅栏式等安全装置。

（2）当操作者的双手脱离启动离合器的操纵按钮或操纵手柄后，伸进危险区之前，滑块应能停止下行程或已超过下死点。如双手按钮式、双手柄式等安全装置。

（3）在滑块下行程期间，当人体的某一部分进入危险区之前，滑块应能停止或已超过下死点。如光线式、感应式、刻板式等安全装置。

（4）在滑块下行程期间，能够把进入危险区的人体某一部分推出来，或能够把进入危险区的操作者手臂拉出来，如推手式、拉手式等安全装置。

8. 冲压机械常用的安全防护装置与功能特点

冲压机械目前常用的安全防护装置有：安全启动装置、机械防护装置和自动保护装置，不同的安全防护装置具有功能特点。

（1）安全启动装置。其功能特点是当操作者的肢体进入危险区时，冲压机的离合器不能合上，或者滑块不能下行，只有当操作者的肢体完全退出危险区后，冲压机才能被启动工作。这种装置包括：双手柄结合装置和双按钮结合装置。这种设施的原理是：在操作时，操作者必须用双手同时启动开关，冲压机才能接通电源开始工作，从而保证了安全。

（2）机械防护装置。其功能特点是在滑块下行时，设法将危险区与操作者的手隔开，或用强制的方法将操作者的手拉出危险区，以保证安全生产。这类防护装置包括：防护板、推手式保护装置、拉手安全装置。机械式防护装置结构简单、制造方便，但对作业干扰影响大。

（3）自动保护装置。其功能特点是在冲模危险区周围设置光束、气流、电场等，一旦手进入危险区，通过光、电、气控制，使压力机自动停止工作。目前常用的自动保护装置是光电式保护装置。其原理是在危险区设置发光器和受光器，形成一束或多束光线。当操作者的手误入危险区时，光束受阻，使光信号通过光电管转换成电信号，电信号放大后与启动控制线路闭锁，使冲压机滑块立即停止工作，从而起到保护作用。

9. 在冲压机械操作中停机检查修理的安全要求

在冲压作业时，发生下列情况要停机检查修理：

（1）听到设备有不正常的敲击声。

（2）在单次行程操作时，发现有连冲现象。

（3）坯料卡死在冲模上，或发现废品。

（4）照明熄灭。

（5）安全防护装置不正常。

10. 冲压机械操作工安全注意事项

冲压机械操作工在冲压设备上进行操作时，应注意以下事项：

（1）开始操作前，必须认真检查防护装置是否完好，离合器制动装置是否灵活和安全可靠。应把工作台上的一切不必要的物件清理干净，以防工作时震落到脚踏开关上，造成冲床突然启动而发生事故。

（2）冲小工件时，不得用手递送，应该有专用工具，最好安装自动送料装置。

（3）操作者对脚踏开关的控制必须小心谨慎，装卸工件时，脚应离开脚踏开关。严禁外人在脚踏开关的周围停留。

（4）如果工件卡在模子里，应用专用工具取出，不准用手拿，并应将脚从脚踏板上移开。

第三节　特种设备安全知识

特种设备是指危及生命安全、危险性较大的锅炉、压力容器、压力管道、电梯、起重机械、客运索道、大型游乐设施、场（厂）内车辆等设备。近年来，随着我国经济的快速发展，特种设备数量也在迅速增加。特种设备本身所具有的危险性，与迅猛增长的数量因素双重叠加，使得特种设备安全形势更加复杂。特种设备的共同特点是具有潜在危险性，易发生爆炸、有毒介质泄漏、失稳、失效、倒塌等事故，造成人员伤亡甚至群死群伤。

一、锅炉安全技术相关知识

1. 锅炉设备的特点

锅炉是一种能量转换设备，它将燃料的化学能、高温烟气的热能以及电能等转换成由蒸汽、高温水或者有机热载体携带的热能，并向外输出蒸汽、高温水或者有机热载体。在工业生产和人们生活中，主要用蒸汽作为加热介质，用热水和有机热载体采暖。

锅炉作为一种受热、承压、有可能发生爆炸危险的特种设备，广泛使用于各类工业企业和人们日常生活之中。锅炉具有与一般机械设备有不同的特点，这些特点主要是：

（1）具有爆炸危险而且破坏性极大。锅炉是一种密闭的容器，处于受热、受压的条件下运行，因此具有爆炸的危险性。锅炉发生爆炸的原因很多，归纳起来不外乎两种情况：一种是锅炉内压力升高，超过允许工作压力，而安全附件失灵，未能及时报警和排气降压，致使锅炉内压力继续升高，在大于某一受压元件所能承受的极限压力时，发生爆炸；另一种是在正常工作压力时，由于受压元件结构本身有缺陷，使用后造成损坏，或钢材不能承受原来允许的工作压力时，就可能突然破裂爆炸。锅炉在爆炸时，锅内压力骤降，高温饱和水靠自身的潜热汽化，体积成百倍的膨胀形成冲击波，冲垮建筑物，造成严重的破坏和伤亡。

（2）具有易损坏的恶劣工作环境。由于锅炉处在较高温度和承受一定压力的条件下运行，它的工作条件要比一般机械设备恶劣。如受热面内外广泛接触烟、火、灰、水、气、水垢等，它们在一定的条件下对锅炉受压元件起腐蚀作用；锅炉各受压元件上承受不同的内外压力而产生相应的应力，同时由于各元件工作温度差异、热胀冷缩程度不同而产生相应应力也不同，随着负荷和燃烧的变化，这种应力也发生变化，部分承受集中应力的受压元件疲劳损坏；依靠锅内流动循环的水汽冷却的受热面因缺水、结水垢或水循环被破坏使传热发生障碍，都可能使高温区的受热面烧损鼓包、开裂；另外，飞灰造成磨损、渗漏引起腐蚀等。所以，锅炉设备工作条件恶劣，要比一般机械设备容易损坏。

（3）使用广泛并要求连续运行。锅炉的用途十分广泛，是火力发电厂以及化工、纺织、轻工行业中的关键性设备，在日常生活中的食品加工、医疗消毒、洗澡取暖等都离不开它，遍及城乡各地、各行各业。而锅炉一般还要求连续运行，不同一般设备可以随时停车检修，运行中的锅炉如果发生突然停炉事件，会影响到一条生产线、一个工厂，甚至一个地区的生产和生活。

（4）锅炉的主要危险。锅炉的主要危险在于易出现介质失控，表现形式有爆炸、泄漏、缺水、满水、超温等。另外，燃料为油、天然气和煤粉的锅炉，还会出现燃烧失控的问题，表现形式为燃爆。锅炉事故造成人员伤亡的因素主要有爆炸、爆燃、灼烫等。此外，检修时人员进入锅炉内部，还易出现缺氧窒息；运行操作时出现机械伤害、触电等。

2. 锅炉运行中存在的危险因素

锅炉的附件与仪表，是确保锅炉安全和经济运行必不可少的组成部分，它们分布在锅炉和锅炉房各个重要部位，对锅炉的运行状况起着监视和控制的作用。安全附件包括安全阀、压力表、水位表、高低水位报警器、温度计、排污和放水装置以及自动控制与保护装置等。随着机械化和自动化程度的提高，锅炉的机械化操作和自动控制的仪表也越来越多，使操作更加简化，能源的利用率越来越高，安全保护设施更加完善，进而提高了锅炉的利用率和效率。

锅炉附属设备是指燃料的供给与制备系统，主要包括：上煤、磨粉、燃煤、燃油、燃气装置及鼓、引风机、除渣、清灰、空气预热、除尘等装置。

锅炉在运行中工作条件恶劣，影响因素复杂，存在的危险因素主要有：

（1）承受温度压力。锅炉的汽水系统由密闭的容器、管道组成，在工作中承受一定的温度和压力，属于受火加热的压力容器，比常温下的压力容器更易损坏。

（2）接触腐蚀性的介质。锅炉金属表面一侧要接触烟气、灰尘；另一侧要接触水或蒸汽，有腐蚀、磨损及玷污堵塞的可能，使锅炉设备比其他机械设备更容易损坏。

（3）维持连续运转。无论电站锅炉还是工业锅炉，一旦投入运行，就要维持连续运转，不能任意停炉，如果发生事故被迫停炉，就会影响正常的生产和生活，造成很大的损失，因而锅炉常有带"病"运行并把小"病"拖成大"病"的可能。

（4）复杂系统的协同动作。一台锅炉是一个复杂的系统，锅炉本体一般包括很多部件、零件，此外还有很多辅机、附件，锅炉的运转需要整个系统的协调动作，其中任何环节发生故障，都会影响锅炉的安全运行。

（5）锅炉爆炸是灾难性的。锅炉受压元件的损坏，特别是锅炉的受压元件破裂爆炸和燃烧系统的燃气爆炸，具有巨大的破坏力，不仅毁坏设备本身，而且损坏周围的设备建筑，并常常造成人员伤亡，后果严重。

锅炉用得普遍，容易损坏，损坏后果严重，对锅炉安全绝不能等闲视之。因此，需要加强对锅炉的安全管理，预防各种事故的发生。

3. 锅炉三大安全附件的作用

锅炉的三大安全附件是安全阀、压力表和水位表。

（1）安全阀的作用是：当锅炉内蒸汽压力超过允许值时，安全阀自动开放，向外排汽，当压力降到规定值时自动关闭，防止锅炉因超压而发生爆炸事故。

（2）压力表是用来测量锅炉内蒸汽压力大小的仪表，锅炉工人通过它来监视锅炉内蒸汽压力的变化。

（3）水位表是用以反映锅炉内水位状况的直读仪表，司炉工人通过它来监视锅炉内水位的变化。

4. 对锅炉水位的监控与调节

锅炉运行中，运行人员应不间断地通过水位表监督锅内的水位。锅炉水位应经常保持在正常水位线处，并允许在正常水位线上下 50 mm 之内波动。

小型锅炉通常是间断供水的，中大型锅炉则是连续供水。当锅炉负荷稳定时，如果给水量与锅炉的蒸发量（及排污量）相等，则锅炉水位就会比较稳定；如果给水量与锅炉的蒸发量不相等，水位就要变化。间断上水的小型锅炉，由于给水量与蒸发量不相适应，水位总在变化，最易造成各种水位事故，更需加强运行监督和调节。

对负荷经常变动的锅炉来说，水位的变动主要是由负荷变动引起的。负荷变动引起蒸发量的变动，蒸发量的变动造成给水量与蒸发量的差异，造成水位升降。例如，负荷增加，蒸发量相应加大，如果给水量不随蒸发量增加或增加较少，水位就会下降。因而，水位的变化在很大程度上取决于给水量、蒸发量、负荷三者之间的关系。

当负荷突然变化时，由于蒸发量一时难于跟上负荷的变化，锅炉压力会突然变化，这种压力的突然变化也会引起水位改变。例如，负荷骤然增大，锅炉压力会突然下降，饱和温度随之下降并导致部分饱和水突然汽化，由于水面以下气体容积的突然增加而造成水位的瞬时上升，形成所谓"虚假位水"（因实际水位会很快下降）。运行调节中应该考虑到虚假水位出现的可能，在负荷突然增加之前适当降低水位，在负荷突然降低之前适当提高水位，但不应把虚假水位当作真实水位，不能根据虚假水位调节给水量。

为了使水位保持正常，锅炉在低负荷运行时，水位应稍高于正常水位，以防负荷增加时水位降得过低；锅炉在高负荷运行时，水位应稍低于正常水位，以免负荷降低时水位升得过高。

为对水位进行可靠的监督，在锅炉运行中要定期冲洗水位表，一般要求每班 2～3 次。冲洗时要注意阀门开关次序，不要同时关闭进水及进汽阀门，否则会使水位表玻璃温度和压力升降过于剧烈，造成破裂事故。

当水位表出现异常不能显示水位时，应立即采取措施，判断锅炉是"缺水"还是"满水"，然后酌情处理。在未判清锅炉是缺水还是满水的情况下，严禁上水。

由于水位的变化与负荷、蒸发量和气压的变化密切相关，水位的调节常常不是孤立进行的，而是与气压、蒸发量的调整联系在一起。

5. 对锅炉气压的监控与调节

锅炉运行中，蒸汽压力应保持稳定，气压允许波动的范围一般是±0.05 MPa。

锅炉气压变动通常是由负荷变动引起的。当锅炉蒸发量与负荷不相等时，气压就要变动：负荷小于蒸发量，气压就上升；负荷大于蒸发量，气压就下降。所以调节锅炉的气压也就是调节其蒸发量。而蒸发量的调节是通过燃烧调节和给水调节来实现的。运行人员根据负荷变化，相应增减锅炉的燃料量、风量、给水量，来改变锅炉蒸发量，使气压相对保持稳定。例如，当锅炉负荷降低使气压升高时，如果此时水位较低，可先适当加大进水使气压不再上升，然后酌情减少燃料量和风量，减弱燃烧，降低蒸发量，使气压保持正常；如果气压高时水位也高，应先减少燃料量和风量，减弱燃烧，同时适当减少给水量，待气压、水位正常后，再根据负荷调节燃烧和给水量。当锅炉负荷增加使气压下降时，如果此时水位较高，可适当控制进水量，观察燃烧和蒸发量的情况，如燃烧正常，蒸发量未达到额定值，则可增加燃料量和风量，强化燃烧，加大蒸发量，使气压恢复正常；如果气压低时水位也低，则可先调节燃烧，同时相应调节给水，使气压水位恢复正常。

对于间断上水的锅炉，为了保持气压稳定，要注意上水均匀，上水间隔的时间不宜过长，一次上水不宜过多；在燃烧减弱时不宜上水；手烧炉在投煤、扒渣时也不宜上水。

6. 对过热蒸汽温度的监控与调节

对生产过热蒸汽的锅炉来说，锅炉负荷、燃烧、给水温度改变，都会造成过热气温的改变。过热器本身的传热特性不同，上述因素改变时，气温变化的规律也各不相同。小型锅炉的过热器都是对流型过热器，调节气温的手段有：

（1）吹灰。对炉膛中的水冷壁吹灰，可以增加炉膛蒸发受热面的吸热量，降低炉膛出口烟温及过热器传热温压，从而降低过热气温；对过热器管吹灰，则可提高过热器吸热能力，提高过热气温。

（2）改变给水温度。当负荷不变时，增加给水温度，势必减弱燃烧才能不使蒸发量增加，燃烧的减弱使烟气量和烟气流速减小；使过热器的对流吸热量降低，从而使过热气温下降；相反地，如果给水温度降低，过热气温反而升高。

（3）增加风量，改变火焰中心位置。适当增加引风和鼓风，使炉膛火焰中心上移，使进入过热器的烟气量和烟温上升，可使过热气温增高。

（4）喷汽降温。在过热器出口，适当喷入饱和蒸汽，可降低过热气温。

7. 对锅炉燃烧的监控与调节

锅炉燃烧监控与调节的任务是：

（1）使燃料燃烧放热适应负荷的要求，维持气压稳定。

（2）使燃烧完好正常，维持一定的过量空气系数，尽量减少未完全燃烧损失，减轻金属腐蚀和大气污染。

（3）对负压燃烧锅炉，维持引风和鼓风的均衡，保持炉膛一定的负压，以保证操作安全和减少排烟损失。

锅炉正常燃烧时，炉膛火焰应呈现金黄色。如果火焰发白发亮，则表明风量过大；如果火焰发暗，则表示风量过小。

火焰在炉膛中的分布应尽量均匀。负荷变动需要调整燃烧时，应该注意风与燃料增减的先后次序，风与燃料的协调及引风与鼓风的协调。对层燃炉，燃料量的调节应主要通过变更加煤间隔时间、改变链条转速、改变炉排振动频率等手段，而不要轻易改变煤层的厚度。在增加风量的时候，应先增引风，后增鼓风；在减小风量的时候，应先减鼓风，后减引风，以使炉膛保持在负压下运行。对室燃炉，当负荷增加时，应先增引风，再增鼓风，最后增加燃料；当负荷减小时，应先减燃料，其次减小鼓风，最后降低引风。这样可防止在炉膛及烟道中积存燃料，避免浪费和爆炸事故，同时也保证负压运行。

不同燃烧方式，不同燃烧设备，燃烧调节的具体内容、次序及要求各不相同，在此处不作详细介绍。

8. 对锅炉排污与吹灰的要求

在锅炉运行中，对锅炉排污与吹灰有如下要求：

（1）排污。锅炉运行中，为了保证受热面内部清洁，避免锅水发生汽水共腾及蒸汽品质恶化，除了对给水进行必要而有效的处理外，还必须坚持排污。

定期排污至少每班进行一次，应在低负荷时进行。定期排污前，锅炉水位应稍高于正常水位。进行定期排污，必须同时严密监视水位。每一水循环回路的排污持续时间，当排污阀全开时不宜超过半分钟，以防排污过分干扰水循环而导致事故。同一台锅炉不准同时开两个或更多的排污管路排污。

排污时，快慢排污阀的先后开启顺序应当固定。排污应缓慢进行，防止水冲击。如果管道发生严重震动，应停止排污，消除故障之后再进行排污。

排污后应进行全面检查，确实把各排污阀关闭严密。如两台或多台锅炉使用同一排污母管，而锅炉排污管上又无逆止阀时，禁止两台锅炉同时排污。

（2）吹灰。锅炉烟气中，含有许多飞灰微粒，在烟气流经蒸发受热面、过热器、省煤器及空气预热器时，一部分烟灰就沉积到受热面上，不及时吹扫清理往往越积越多。由于烟灰的导热能力很差，受热面上积灰会严重影响锅炉传热，降低锅炉效率，影响锅炉运行工况特别是蒸汽温度，对锅炉安全也造成不良影响。

清除受热面积灰最常用的办法就是吹灰。即用具有一定压力的蒸汽或压缩空气，定期吹扫受热面，清除其上的灰尘。水管锅炉通常每班至少吹灰一次，锅壳锅炉每周至少清除火管内积灰一次。

吹灰应在锅炉低负荷时进行。吹灰前应增加引风，使炉膛负压适当增大，操作者应在吹灰装置侧面操作，以免喷火伤人。吹灰应按烟气流动的方向依次进行。锅炉两侧装有吹灰器时，应分别依次吹灰，不应同时使用两台或更多的吹灰器。

使用蒸汽吹灰时，蒸汽压力约为 $0.3 \sim 0.5$ MPa，吹灰前应首先疏水和暖管，以避免吹灰管路损坏并避免把水吹入炉膛或烟道。吹灰后应关闭蒸汽阀并打开疏水阀，防止吹灰蒸汽经常定位冲刷受热面而把受热面损坏。

用压缩空气吹灰时，空气压力应为 $0.4 \sim 0.6$ MPa。

吹灰过程中，如锅炉发生事故或吹灰装置损坏，应立即停止吹灰。

9. 锅炉事故分类

凡锅炉任何部分损坏或运行失常，使锅炉整套设备停止运行或少供汽量的，均称为锅炉事故。锅炉是在高温及承压的恶劣环境中运行，设备本身的缺陷、维护保养和运行操作不当，均可造成事故。锅炉事故的发生，将会带来设备、厂房损坏和人身伤亡等恶性事故，并造成较大的经济损失，因此，锅炉管理人员和操作人员，应认真学习锅炉安全法规及有关技术知识，不断提高操作管理技术水平，同时应熟悉各类事故发生的现象、原因及处理方法，一旦发生事故苗头，迅速给予正确处理，防止事故的发生或扩大。

按锅炉设备的损坏程度，锅炉事故可分为爆炸事故、重大事故和一般事故三类。

（1）爆炸事故。受压部件损坏，不能承受锅炉内的工作压力，并从损坏处爆裂，使锅炉压力瞬间从工作压力降到大气压力的事故。

（2）重大事故。锅炉受压部件严重过热变形、鼓包、破裂、炉膛倒塌、钢架烧红或变形等，造成锅炉被迫停炉进行修理的事故。

（3）一般事故。锅炉设备发生故障或损坏，使锅炉被迫停炉或中断供汽。但能在短时间内恢复运行的事故。

锅炉事故按其性质来划分，有破坏性事故和责任事故两类。破坏性事故是有意犯罪，责任事故是指锅炉设计、制造、安装修理及运行操作过程中没有认真执行法规和未尽职尽责造成的事故。

　　锅炉事故按照事故的发生原因及现象分类，可分为缺水事故、满水事故、超压事故、爆管事故等。

10. 锅炉运行中的常见事故

　　锅炉运行中的常见事故主要有：

　　（1）锅炉缺水。锅炉严重缺水，会造成受压元件变形甚至发生炉管爆炸，如果处理不当可能会发生锅炉爆炸事故。发现锅炉缺水时，应严禁进水，并采取紧急停炉措施。造成锅炉缺水事故的原因大多与运行人员松懈麻痹和误操作有关，或是与水位表因无冲洗措施而发生堵塞故障有关。

　　（2）汽水共腾。汽水共腾的特点是：水位表水位剧烈波动，锅水起泡，蒸汽中大量带水，蒸汽温度下降，严重时管道内发生水冲击。产生这种情况的主要原因是：水质不良，含盐太高或锅炉负荷增加过急等。发现汽水共腾时，必须加强水质处理和加大连续排污。

　　（3）锅炉超压。锅炉超压运行，轻则引起元件变形，连接处损坏；严重时会引起爆炸事故。发生锅炉超压主要是由司炉人员盲目提高工作压力或撤离工作岗位造成的。有时，由于压力表和安全阀同时失灵也会引起锅炉超压。因此，必须加强司炉工岗位责任制和对安全附件的检查。

　　（4）炉管爆炸。炉管爆破时，有显著的爆破声、喷汽声，同时，水位和气压明显下降。发现这种情况时，必须采取紧急停炉处理措施。发生这种情况的一般原因是：水质不良引起炉管结垢或腐蚀；缺水和爆管也可能互为因果；此外，由于设计缺陷、材料强度不足和焊接质量不好，均可能引起爆管事故。

11. 锅炉运行的安全管理

　　由于锅炉是受热承压设备，系统复杂，环节多，又需要维持连续运行，所以，要使锅炉在运行过程中既安全，又经济，圆满地实现各种运行指标，除了要求运行人员从技术上了解和掌握锅炉的有关知识、性能、操作要求、持证上岗外，还应认真加强运行管理，要求运行人员具有高度的责任心，认真贯彻执行各种规章制度。

　　锅炉运行中，操作人员必须严格地按照各项规章制度进行锅炉运行操作管理。由于运行情况是复杂的，有时会因难于作出判断而贻误操作，运行人员必须时时刻刻密切注意锅炉各种测量仪表，特别是安全附件，不断巡回检查受压部件、转动机械、燃烧系统及其他环节的运行情况，遇到异常情况时，在充分掌握情况的前提下，迅速作出判断，并依据有关规程进行处理。即必须把责任心、业务知识和规章制度有机地结合起来，才能管好用好锅炉。

二、压力容器与气瓶安全技术相关知识

1. 压力容器的特点

压力容器（含气瓶）是在一定温度和压力下进行工作且介质复杂的特种设备，在石油化工、轻工、纺织、医药、军事及科研等领域被广泛使用。随着生产的发展和技术的进步，其操作工艺条件向高温、高压及低温发展，工作介质种类繁多，且具有易燃、易爆、剧毒、腐蚀等特征，危险性更为显著，一旦发生爆炸事故，就会危及人身安全、造成财产损失、带来灾难性恶果。

压力容器不管其形状、用途、结构如何，一般都是由筒体、封头（端盖）、管板、球壳板、法兰、接管、人（手）孔、支座等部分组成。其中，筒体是压力容器的重要部件，与封头或管板共同构成承压壳体，为物料的贮存和完成介质的物理、化学反应及其他工艺用途提供所必需的空间。

压力容器可提供一个能够承装介质并且承受其压力的密闭空间（单腔或者多腔）。固定式压力容器的主要作用可分为4种：一是用于完成介质的物理、化学反应；二是用于完成介质的热量交换；三是用于完成介质的流体压力平衡缓冲和气体的净化分离；四是用于储存、盛装气体、液体、液化气体等介质。移动式压力容器和气瓶主要用于盛装气体、液体、液化气体等介质。

由于压力容器是承压设备，是在各种介质和十分苛刻的环境下运行，所以按操作规程操作显得尤为重要。压力容器工艺参数范围较大，其操作压力有的高达250MPa（如高压法聚乙烯），温度可达上千度，还有的是在$-196℃$（如乙烯）下运行。内部盛装的介质有的是易燃、易爆，有的毒性程度为高度危害、极度危害，有的腐蚀性强等。因此，对压力容器最主要、最基本的要求必须最大限度地保证工艺生产有效、安全地实施。换句话说，压力容器必须具有工艺要求的特定使用性能，安全可靠；制造安装简单；结构先进，维修方便和经济合理等方面的特点。

2. 压力容器的危险性

压力容器广泛用于化工、石化、能源、冶金、制药、纺织、造纸、医疗、军工、建材、机械制造、民用等领域。固定式压力容器、移动式压力容器和气瓶的主要危险在于其易于失去密封介质的能力，表现形式分为爆炸和泄漏两大类。压力容器盛装的介质比较复杂，如果是可燃介质逸出，可造成气体爆炸、火灾；如果是有毒介质溢出，可造成中毒以及环境污染。尤其是压力容器介质盛装量较大的时候，发生事故的后果会更为严重。氧舱的主要危险是易发生火灾。压力容器事故造成人员伤亡的因素主要有爆炸、爆燃、中毒、火灾、

灼烫等。此外，检修时进入压力容器内部，还易出现缺氧窒息和中毒。

压力容器常见事故有爆炸、泄漏、爆燃、火灾、中毒以及设备损坏等类型。压力容器发生爆炸事故的主要原因，一是存在较严重的先天性缺陷，即设计结构不合理、选材不当、强度不足、粗制滥造；二是使用管理不善，即操作失误、超温、超压、超负荷运行、失检、失修、安全装置失灵等。因此，压力容器安全涉及容器设计、制造、安装、管理、检验、修理、改造等各个方面。

3. 压力容器的安全使用

压力容器的安全装置和附件需齐全、灵敏、安全、可靠。装载易燃介质的移动式槽车需装设可靠的静电接地装置。乙炔气瓶需装设专用的减压器、回火防止器（阻止器）、安全附件并定期检验，如发现失效，应及时更换。

压力容器及各类钢瓶充装时，任何情况下均不得超装超压。

氧气瓶的瓶体与瓶阀不得粘有油脂、易燃品和带有油污的物品。

所装介质相互接触后能引起燃烧、爆炸的气瓶，不得同车运输、同室储存。易起聚合反应的气体钢瓶，需规定贮存期限。

日常生产作业过程中，应加强对压力容器的使用保养。容器在运行使用中应处于完好状态，要定期检验和进行安全检查，及时发现并处理容器存在的缺陷。要经常监视和记录容器的使用压力及温度、安全附件和指示仪表的工作情况，以及容器外部的腐蚀情况。对容器或气瓶壁严重腐蚀或因伤痕而变薄部位，应进行强度核算，以确定是否符合强度要求。

压力容器操作人员需经专业培训，考核合格取得《特种设备作业人员证书》后方可上岗。操作中要严格遵守安全操作规程和岗位责任制。操作要平稳，杜绝压力频繁或大幅度波动以及温度梯度过大。

容器运行中严禁超载、超温、超压，其运行压力和温度如有异常，应立即按操作规程调整到正常参数。

压力容器是承压的特种设备，一旦发生事故，其后果极为严重。因此，必须认真贯彻《特种设备安全监察条例》，严格执行规程和标准，以保证压力容器的安全。

4. 工业气瓶安全基本要求

（1）检验周期应符合

1）盛装腐蚀性气体的气瓶应每两年检验一次；

2）盛装一般气体的气瓶应每三年检验一次；

3）盛装惰性气体的气瓶应每五年检验一次；

4）低温绝热气瓶应每三年检验一次。

（2）气瓶本体

1）瓶体漆色、字样应清晰，且符合 GB 7144 的规定。

2）瓶体外观应无缺陷，无机械性损伤，无严重腐蚀、灼痕。

3）瓶帽、瓶阀、防震圈、爆破片、易熔合金塞等安全附件应齐全、完好。

（3）气瓶储存

1）气瓶应储存于专用库房内，并有足够的自然通风或机械通风。

2）存放可燃气体气瓶和助燃气体气瓶的库房耐火等级应不低于二级，其门窗的开向以及电器线路应符合防爆要求；库房外应设置禁火标志；消防器材的配备应符合 GB 50140 的规定。

3）可燃气体气瓶和助燃气体气瓶不允许同库存放。

4）空、实瓶应分开存放，在用气瓶和备用气瓶应分开存放，并设置防倾倒措施。

5）应采取隔热、防晒、防火等措施。

（4）气瓶使用

1）溶解气体气瓶不允许卧放使用。

2）气瓶内气体不得耗尽，应留有不小于 0.05 Mpa 的余压。

3）工作现场的气瓶，同一地点存放量不得超过 20 瓶；超过 20 瓶则应建二级气瓶库。

4）气瓶不得靠近热源和明火，应保证气瓶瓶体干燥。盛装易起聚合反应或分解反应的气体的气瓶应避开放射性源。

5）不得采用超过 40℃的热源对气瓶加热。

6）气瓶减压器的压力表应定期校验，乙炔瓶工作时应安装回火防止器。

5. 气瓶的安全装置

气瓶是移动式容器，它在充装、使用特别是在搬运过程中，常常会因滚动或震动而相互撞击或与其他硬物碰撞，这不但会使气瓶瓶壁产生伤痕或变形，而且会因此而引起气瓶脆裂，这是高压气瓶发生破裂爆炸事故常见原因之一。为了避免气瓶因碰撞而发生破裂事故，在瓶体上，最好装有防止撞击的保护装置——防震圈。

瓶帽是为了防止气瓶瓶阀被破坏的一种保护装置。装在气瓶顶部的瓶阀，如果没有保护装置，常会在气瓶的搬运过程中被撞击而损坏，有时甚至会因为瓶阀被撞断而使气瓶内气体高速喷出，以至于气瓶向气流的相反的方向飞动，造成人身伤亡事故。所以每个气瓶的顶部都应装有瓶帽，以便气瓶在搬运过程中配带。瓶帽一般用螺纹与瓶颈连接，瓶帽上应开有小孔，一旦瓶阀漏气，漏出的气体可以从小孔排除，以免瓶帽打飞伤人。

6. 气体的充装

气瓶在充装时，如充装过量或助燃－可燃气体混装，便很可能会发生爆炸事故。特别在夏天，充装温度一般都比室温低很多，如果计量不准确，就可能充装过量，充装过量的气瓶受周围环境温度的影响，或在烈日下暴晒，瓶内液体温度升高，体积膨胀，瓶内空间很快被饱和气体所充满，并产生很大的压力，结果造成气瓶破裂爆炸。

气瓶在充装时，要严防可燃与助燃气体混装，即原来充装可燃气体的气瓶，未经置换、清洗等处理，并且瓶内还有余气，又来充装氧气（反之亦然）。结果瓶内的可燃气体与氧气发生化学反应，产生大量的热，造成瓶内压力剧烈升高，气瓶破裂爆炸，且这种爆炸由于反应速度快容易炸成很多碎片。

7. 气瓶的使用与维护

一般气瓶所装的气体按化学性质大致可以分为 4 类，即易燃类，如乙炔、氢、一氧化碳等；助燃类，如氧；有毒类，如氯、氨、硫化氢等；不燃无毒类，如氮、二氧化碳等。由于气瓶充装和流动性大，如不加强使用与管理，一旦发生泄漏，往往发生爆炸、火灾或人员中毒事故。

（1）正确操作，合理使用。开启气瓶阀门时要慢慢开启，防止附件升压过速产生高温。对充装可燃气体的气瓶尤应注意，以免因静电作用引起气体燃烧。开阀时不能用扳手等敲击瓶阀，以防产生火花；氧气瓶的瓶阀及其他附件都禁止沾染油脂，手或手套上沾有油脂时，不要操作氧气瓶；每种气体要有专用的减压器，氧气和可燃气体的减压阀不能互用；瓶阀或减压阀泄漏时不得继续使用；气瓶使用到最后时应留有余气，以防混入其他气体或杂质，造成事故。

（2）防治气瓶受热。为了避免瓶内气体温度升高，气瓶不应放在高温下暴晒，也不能靠近高温热源，更不能用高压蒸汽直接吹喷气瓶；瓶阀冻结时应把气瓶移到较暖的地方，用温水解冻，禁止用明火烘烤。

（3）加强气瓶的维护。气瓶外壁上的油漆既是防护层，又可以保护瓶体免受腐蚀，也是识别标记，它表明瓶内所装气体的类别，可以防止误用和混装。因此必须保持油漆完好。油漆脱落或模糊不清时应按规定重新漆包。瓶内混入水分常会加速气体对气瓶内壁的腐蚀，尤其是在进行水压试验后，氧气瓶内混入水分（氧气中带水），也是气瓶腐蚀的常见原因。很多氧气瓶都是在内壁下部腐蚀严重，原因就是气瓶中长期积水，在水与氧的交接面腐蚀加剧所致。已经使用过的气瓶，一般不要换装别的气体。

8. 运输和装卸气瓶应遵守的安全规定

运输和装卸气瓶应遵守下列规定：

（1）运输工具上应有明显的安全标志。

（2）气瓶必须戴好瓶帽，轻装轻卸，严禁抛、滑、滚、撞。

（3）吊装时，严禁使用电磁起重机和链绳。

（4）瓶内气体相互接触能引起燃烧、爆炸、产生毒物的气瓶，不得同车运输；易燃、易爆、腐蚀性物品或与瓶内气体起化学反应的物品，不得与气瓶一起运输。

（5）气瓶装在车上应妥善固定。横放时，头部朝向应一致，垛高不得超过车厢高度，且不得超过 5 层；立放时，车厢高度应在瓶高的 2/3 以上。

（6）夏季运输应有遮阳设施，避免暴晒；城市繁华地段应避免白天运输。

（7）严禁烟火。运输可燃气体气瓶时，车上应备有灭火器材。

（8）装有液化石油气的气瓶，不应长途运输。运输气瓶过程中，司机与押运人员不得同时离开运输工具。

9. 储存气瓶应符合的安全规定

储存气瓶应符合下列规定：

（1）应置于专用仓库储存。

（2）仓库内不得有地沟、暗道，严禁明火和其他热源；仓库内应通风、干燥，避免阳光直射。

（3）盛装易聚合反应或分解反应气体的气瓶，必须规定储存周期，并避免接触放射性射线源。

（4）空瓶、实瓶分开放置，标志应明显；毒性气体气瓶和瓶内气体相互接触引起燃烧、爆炸、产生毒物的气瓶，应分室存放；仓库附近设置防毒用具和灭火器材。

（5）旋紧瓶帽，放置整齐，留有通道，妥善固定。气瓶卧放，头部统一朝向一方，垛高不得超过 5 层。

三、起重机械安全技术相关知识

1. 起重机械的特点与危险性

起重机械是一种搬运设备，主要作用是吊起重物，在空间移动后，在指定地点放下重物，即通过在空间的移动完成重物位移。起重机械主要用于工业企业、港口码头、铁路车站、仓库、电站、房屋建筑、工程建设、设备制造及安装、维修等场所。

起重机械的主要危险在于易出现设备失控和起吊物失控。设备失控可导致起重机倾覆、折臂、过卷扬、碰撞等；起吊物失控可导致吊物坠落、碰撞，而起吊物为盛装液体介质的容器如钢水包时，起吊物失控还会造成钢水的溅出或溢出。另外，起重机械还会导致触电、机械伤害等。

起重机械对人的伤害包括各种起重作业（包括起重机安装、检修、试验）中发生的挤压、坠落（吊具、吊重）、物体打击和触电。起重机械常见事故类型有吊物坠落、挤压碰撞、触电和机体倾翻和设备损坏等。

2. 起重机械的分类

起重机械是机械、冶金、化工、矿山、林业等企业，以及在人类生活、生产活动中以间歇、重复的工作方式，通过吊钩或其他吊具起升、搬运物料的一种危险因素较大的特种机械设备。起重运输形式多样，种类繁多，按其结构和用途可分为起重机具（简单起重机械）和起重机两大类。

起重机具具有以下几类：

（1）千斤顶：分为齿条千斤机、螺旋千斤顶、液压千斤顶和气压千斤顶等。

（2）葫芦：分为手动葫芦、电动葫芦和气动葫芦等。

（3）卷扬机：分为手动卷扬机、电动卷扬机等。

（4）升降机：分为电梯、货用电梯和建筑升降机等。

（5）扒杆：分为独脚扒杆、人字扒杆和龙门扒杆等。

起重机还可以根据产品的结构、用途和国内生产管理上的习惯，分为两大类：

（1）桥式类型：分为桥式起重机、龙门起重机、装卸桥、缆索起重机和桥式缆索起重机。

（2）旋转式类型：分为塔式起重机、门座式起重机、浮船式起重机、桅杆式起重机和自行式起重机等。

3. 起重机安全操作的一般要求

起重机安全操作的一般要求是：

（1）司机接班时，应对制动器、吊钩、钢丝绳和安全装置进行检查。发现性能不正常时，应在操作前排除。

（2）开车前，必须鸣铃或报警。操作中接近人时，亦应给以断续铃声或报警。

（3）操作应按指挥信号进行。对紧急停车信号，不论何人发出，都应立即执行。

（4）当起重机上或其周围确认无人时，才可以闭合主电源。当电源电路装置上加锁或有标牌时，应由有关人员除掉后才可闭合主电源。

（5）闭合主电源前，应使所有的控制器手柄置于零位。

（6）工作中突然断电时，应将所有的控制器手柄扳回零位。在重新工作前，应检查起重机工作是否都正常。

（7）在轨道上露天作业的起重机，当工作结束时，应将起重机锚定住，当风力大于 6 级时，一般应停止工作，并将起重机锚定住。对于在沿海工作的起重机，当风力大于 7 级时，应停止工作，并将起重机锚定住。

（8）司机进行维护保养时，应切断主电源并挂上标志牌或加锁，如存在未消除的故障，应通知接班司机。

4. 起重机械安全基本要求

（1）安全管理和资料应满足以下要求

1）制造、安装、改造、维修应由具备资质的单位承担，选用的产品应与工况、环境相适应；

2）产品合格证书、自检报告、安装资料等齐全；

3）应注册登记，并按周期进行检验；

4）日常点检、定期自检和日常维护保养等记录齐全。

（2）金属结构件和轨道

1）主要受力构件（如主梁、主支撑腿、主副吊臂、标准节、吊具横梁等）无明显变形。

2）金属结构件的连接焊缝无明显焊接缺陷，螺栓和销轴等连接处无松动、无缺件、无损伤。

3）大车、小车轨道无松动。

（3）钢丝绳的断丝数、腐蚀（磨损）量、变形量、使用长度和固定状态应符合 GB/T 5972 的规定。

（4）滑轮应转动灵活，其防护罩应完好；滑轮直径与钢丝绳的直径应匹配，其轮槽不均匀磨损不得大于 3 mm，轮槽壁厚磨损不得大于原壁厚的 20%，轮槽底部直径磨损不得大于钢丝绳直径的 50%，并不得有裂纹。

（5）吊钩等取物装置

1）无裂纹。

2）危险断面磨损量不得大于原尺寸的 10%。

3）开口度不得超过原尺寸的 15%。

4）扭转变形不得超过 10°。

5）危险断面或吊钩颈部不得产生塑性变形。

6）应设置防脱钩装置，且有效。

7）吊钩（含直柄吊钩尾部的退刀槽）、液态金属吊钩横梁的吊耳和板钩心轴、盛钢（铁）液体的吊包耳轴（含焊缝）、集装箱吊具转轴及搭钩等应定期进行无损探伤，探伤检查周期一般为 6 个月至 12 个月。

（6）制动器

1）运行可靠，制动力矩调整合适。

2）液压制动器不得漏油。

3）吊运炽热金属液体、易燃易爆危险品或发生溜钩可造成重大损失的起重机械，起升（下降）机构应装设两套制动器。

（7）各类行程限位、重量限制器开关、连锁保护装置及其他保护装置应完好、可靠。1 t 及以上起重机械应加装重量限制器，1 t 以下起重机械应加装防止电动葫芦脱轨的装置。

（8）急停装置、缓冲器和终端止挡器等停车保护装置完好、可靠。急停装置不得自动复位，且装设在司机操作方便的部位。

（9）便携式（含地面操作、遥控）按钮盘的控制电源应采用安全电压，且功能齐全、有效。无线遥控装置应由专人保管，非操作人员不得启动按钮。便携式地面操作按钮盘的按钮自动复位（急停开关除外），控制电缆支承绳应完整有效。

（10）各种信号装置与照明设施应完好有效。

（11）PE 线应连接可靠，线径截面及安装方式应符合相关规定要求。电气装置应配备完好，防爆起重机上的安全保护装置、电气元件、照明器材等应符合防爆要求。

（12）各类防护罩、盖完整可靠，工业梯台应符合相关规定要求。

（13）露天作业的起重机械防雨罩、夹轨器或锚定装置应安全可靠，起升高度大于 50 m 且露天作业的起重机械应安装风速仪。

（14）安全标志与消防器材

1）明显部位应标注额定起重量、检验合格证和设备编号等标志。

2）危险部位标志应齐全、清晰，并符合 GB 2894 的规定。

3）运动部件与建筑物、设施、输电线的安全距离符合相关标准，室外高于 30 m 的起重机械顶端或者两臂端应设置红色障碍灯。

4）司机室应确保视野清晰，并配有灭火器和绝缘地板，各操作装置标志完好、醒目。

5）司机室的固定连接应牢固可靠；露天作业的司机室应设置防风、防雨、防晒等装置，高温、铸造作业的司机室应密封并加装空调。

（15）吊索具

1）自制吊索具的设计、制作、检验等技术资料均应符合相关标准要求，且有质量保证措施，并报本企业主管部门审批。

2）购置吊具与索具应是具备安全认可资质厂家的合格产品。

3）使用单位应对吊具与索具进行日常保养、维修、检查和检验，吊具与索具应定置摆放，且有明显的载荷标志；所有资料应存档。

（16）铁路起重机、高空作业车、升降机等专项安全保护和防护装置齐全、有效。有轨巷道堆垛起重机的限速防坠、过载保护、松绳保护、货叉伸缩行程限位器等专项安全保护和防护装置应符合 JB 5319.2 的相关规定。

5. 起重机司机在操作时应遵守的安全技术要求

司机在操作时应遵守下述要求：

（1）不得利用极限位置限制器停车。

（2）不得在有载荷的情况下，调整起升、变幅机构的制动器。

（3）吊运时，不得从人的上空通过，吊臂下不得有人。

（4）起重机工作时，不得进行检查和维修。

（5）所吊重物接近或达到额定起重能力时，吊运前应检查制动器，并用小高度、短行程试吊后，再平稳地吊运。

（6）无下降极限位置限制器的起重机，吊钩在最低工作位置时，卷筒上的钢丝绳必须保持设计规定的安全圈数。

（7）起重机工作时，臂架、吊具、辅具、钢丝绳、缆风绳及重物等，与输电线的最小距离不应小于规定要求。

（8）流动式起重机，工作前应按说明书的要求平整停机场地，牢固可靠地打好支腿。

（9）对无反接制动性能的起重机，除特殊紧急情况外，不得利用打反车进行制动。

6. 起重机司机在工作中应遵守的"十不吊"

所谓"十不吊"，是指起重机司机在工作中遇到以下十种情况时不能进行起吊作业：

（1）超载或被吊物重量不清。

（2）指挥信号不明确。

（3）捆绑、吊挂不牢或不平衡可能引起吊物滑动。

（4）被吊物上有人或浮置物。

（5）结构或零部件有影响安全工作的缺陷或损伤。

（6）遇有拉力不清的埋置物件。

（7）工作场地光线暗淡，无法看清场地、被吊物情况和指挥信号。

（8）重物棱角处与捆绑钢丝绳之间未加垫。

（9）歪拉斜吊重物。

（10）易燃、易爆物品。

7. 起重机司机在作业中的严禁事项

起重机的严禁事项主要有以下几项：

（1）不准用升降机构起升或移运人员。

（2）不准吊运易燃、易爆物品及酸类物品。

（3）不准超负荷起吊。

（4）不准用一台车撞另一台车。

（5）不准从起重机上向下扔重物。

（6）不准非司机（无操作证人员）操作起重机。

8. 卷扬机的种类、用途与使用安全要求

卷扬机又名绞车，在起重安装工作中使用较广泛，根据其驱动方式可分为手动与电动两种。手动卷扬机由机架、摇柄、卷筒及齿轮传动系统组成，其起重量一般在 0.5～10 t 之间，常用在某些临时性的建筑安装、拆卸、检修及其他拖拉工作中。电动卷扬机主要是由机架、变速箱、卷筒、电动机、突缘盘、制动器、联轴节、电器开关箱、防护罩等组成，较手动卷扬机的起重量大，速度高，操作方便，常用在建筑安装及其他装卸或拖运工作方面，也可用作起重机和升降机的驱动装置。

对卷扬机的使用规定如下：

（1）卷扬机与支承面的安装定位，应平整牢固。

（2）卷扬机卷筒与导向滑轮轴心线应对正。卷筒轴心线与导向滑轮轴心线的距离：光卷筒不应小于卷筒长的 20 倍；有槽卷筒不应小于卷筒长的 15 倍。

（3）钢丝绳应从卷筒下方卷入。

（4）卷扬机工作前，应检查钢丝绳、离合器、制动器、棘轮棘爪等，可靠无异常，方可开始吊运。

（5）重物长时间悬吊时，应用棘爪支柱。

（6）吊运中突然停电时，应立即断开总电源，手柄扳回零位，并将重物放下，对无离合器手控制动能力的，应监护现场，防止意外事故。

9. 手拉葫芦的特点与使用中要注意的问题

手拉葫芦又称倒链，按结构可分为齿轮传动及蜗轮蜗杆传动两种。后者因工作效率及工作速度较低，目前还很少采用。齿轮传动式手拉葫芦有结构紧凑、重量轻、便于携带、容易操纵等优点。尤其对露天、无电源及流动性场合更有其重要的功用，被广泛应用于安装和修理工作中。

手拉葫芦在使用时要注意以下问题：

（1）操作前必须详细检查各个部件和零件，包括链条的每个链环，各传动部件的润滑，情况良好时方可使用。

（2）悬挂支撑点应牢固，悬挂支撑点的承载能力应与该葫芦的承重能力相适应。

（3）使用时应先将牵引链条反拉，使启动主链条倒松，使之有最大的起重距离。

（4）在使用时，应先把起重链条缓慢倒紧，等链条吃劲后，应检查葫芦的各部分有无变化，安装是否妥当，在各部分确实安全良好后，才能继续工作。

（5）在倾斜或水平方向使用时，拉链方向应与链轮方向一致，应注意不使钩子翻转，防止链条脱槽。

（6）起重量不得超过手拉葫芦的起重能力，在重物接近额定负荷时，要特别注意。使用时用力要均匀，不得强拉猛拉。

（7）接近泥沙工作的葫芦必须采用垫高措施，避免泥沙带进转动轴承内，影响其使用寿命与安全。

（8）使用三个月以上的葫芦，应进行拆卸、清洗、检查和注油。对于缺件、失灵和结构损坏等情况，需经修复后才能使用。

（9）使用三脚架时，三脚必须保持相对间距，两脚间应用绳索联系，当联系绳索置于地面时，要注意防止将作业人员绊倒。

（10）起重高度不得超过标准值，以防链条拉断销子，造成事故。

10. 电动葫芦的特点与使用中要注意的问题

电动葫芦是一种把电动机、钢绳卷筒、减速器、制动器及运行小车合为一体的小型轻巧的起重设备。它具有结构简单、制造和检修方便、互换性好、轻巧灵活、操作容易、成本低等优点，被广泛地用在中、小型物品的起重运输过程中。悬挂方式可用螺栓固定，也可用吊钩、托架悬挂在梁上。葫芦可以是固定的，也可以通过小车和桥架组成电动单梁、简易桥式双梁和简易龙门起重机等。

为保证电动葫芦使用中的安全，操作人员除按规定培训并持证操作外，还必须要注意以下问题：

（1）开动前应认真检查设备的机械、电气、钢丝绳、吊钩、限位器等是否完好可靠。

（2）不得超负荷起吊。起吊时，手不准握在绳索与物件之间。吊物上升时严防撞顶。

（3）起吊物件时，必须遵守挂钩起重工安全操作规程。捆扎时应牢固，在物体的尖角缺口处应设衬垫保护。

（4）使用拖挂线电气开关启动，绝缘必须良好。正确按动电钮，操作时注意站立的位置。

（5）单轨电动葫芦在轨道转弯处或接近轨道尽头时，必须减速运行。

（6）凡有操作室的电动葫芦必须有专人操作，严格遵守行车工有关安全操作规程。

11. 千斤顶的特点与使用中的安全要求

千斤顶不同于其他的起重设备，它在工作时被置于重物之下，因此不需使用系物绳索或链条等其他辅助装置。它能保证准确的起升高度，无冲击无震动，并且构造简单轻便，维护简易，已被广泛用于安装和检修工作中。

使用千斤顶要注意以下事项：

（1）千斤顶应放平整，并在上下端垫以坚韧木料，但不能使用沾有油污的木料或铁板做衬垫，以防止千斤顶受力时打滑。应有足够的承压面积，并使受力通过承压中心。

（2）千斤顶安装好以后，要先将重物稍微顶起，经试验无异常变化时，再继续起升重物。在顶重过程中，要随时注意千斤顶的平整直立，不得歪斜，严防倾倒，不得任意加长手柄或操作过猛。

（3）起重时应注意上升高度不超过额定高度。当需将重物起升超过千斤顶的额定高度时，必须在重物下面垫好枕木，卸下千斤顶，垫高其底座，然后重复顶升。

（4）起升重物时，应在重物下面随起随垫枕木垛，下放时，应逐步外抽。保险枕木垛和重物的高差一般不得大于一块枕木厚度，以防意外。

（5）同时使用两台或两台以上千斤顶时，应注意使每台千斤顶负荷平衡，不得超过额定负荷，要统一指挥，同起同落，使重物升降平稳，以防发生倾倒。

（6）千斤顶的构造，应保证在最大起升高度时，齿条、螺杆、柱塞不能从底座的筒体中脱出。

（7）千斤顶在使用前，应认真进行检查、试验和润滑。油压千斤顶按规定定期拆开检查、清洗和换油，螺旋千斤顶和齿条千斤顶的螺纹磨损后，应降低负荷使用，磨损超过20％则应报废。

（8）保持储油池的清洁，防止砂子、灰尘等进入储油池内，以免堵塞油路。

（9）使用千斤顶时要时刻注意密封部分与管接头部分，必须保证其安全可靠。

（10）千斤顶不适用于有酸、碱或腐蚀性气体的场所。

四、电梯安全技术相关知识

1. 电梯的特点与危险性

电梯是指动力驱动，利用沿刚性导轨运行的轿厢或者沿固定线路运行的梯级（踏步），进行升降或者平行运送人、货物的机电设备，主要包括载人（货）电梯、自动扶梯和自动人行道等。

电梯是一个多层及高层建筑的上下垂直运输设备，需要频繁地上下启动停止，人经常处于加速度及颠簸状态。因此，采用垂直输送方式的电梯主要危险是设备失控，一是可导致人从高处坠落或者人和货物随轿厢从高处坠落；二是在人员出入轿厢的瞬间，轿厢突然启动，造成人员在轿门与层门之间的门槛处被剪切；三是轿厢冲顶或撞底时，导致位于轿顶或底坑的检修人员被挤压。另外，电梯还会造成触电、机械伤害等事故。自动扶梯和自动人行道设备的主要危险是机械伤害以及失控时致使乘客绊倒（跌倒）。

电梯事故可分为人身伤害事故、设备损坏事故和复合性事故等三类。电梯人身伤害事故分为坠落、剪切、挤压、撞击、缠绕和卷入、滑倒、绊倒（跌倒）、触电以及乘客被困在电梯中等事故类型。

2. 电梯安全基本要求

（1）安全管理和资料应满足以下要求

1）制造、安装、改造、维修、日常保养应由具备资质的单位承担；

2）产品合格证书、自检报告、安装资料等齐全；

3）应注册登记，并按周期进行检验，轿厢内粘贴检验合格证。

（2）限速器、安全钳、缓冲器、限位器、报警装置以及门的连锁装置、安全保护装置应完整，且灵敏可靠。

（3）曳引机应工作正常，油量适当，曳引绳与补偿绳断丝数、腐蚀磨损量、变形量、使用长度和固定状态应符合 GB 7588 的相关规定，制动器应运行可靠。

（4）轿厢结构牢固可靠、运行平稳，轿门关闭时无撞击，轿厢内应设有与外界联系的通信设施和应急照明设施，轿厢门开启灵敏，防夹人的安全装置完好有效，间隙符合要求。

（5）PE 线应连接可靠，线径截面及安装方式应符合相关规定要求。电气部分的绝缘电阻值应符合 GB 7588 的相关规定。

（6）机房

1）机房内应通风、屏护良好，且清洁、无杂物；并应配置合适的消防设施、固定照明和电源插座。

2）房门应上锁，通向机房、滑轮间和底坑的通道应畅通，且应有永久性照明。

3）控制柜（屏）的前面和需要检查、修理等人员操作的部件前面应留有不小于 0.6 m×0.5 m 的空间；曳引机、限速器等旋转部位应安装防护罩。

4）对额定速度不大于 2.5 m/s 的电梯，机房内钢丝绳与楼板孔洞每边间隙均应为 20～40 mm。对额定速度大于 2.5 m/s 的电梯，运行中的钢丝绳与楼板不应有摩擦的可能。

通向井道的孔洞四周应筑有高 50 mm 以上的台阶。

5）机房中每台电梯应单独装设主电源开关，并有易于识别（应与曳引机和控制柜相对应）的标志。该开关位置应能从机房入口处迅速开启或关闭。

（7）升降机出入门及井巷口的防护栏应与动力回路连锁，且完好、可靠。

3. 电梯正常行驶前的准备工作

现代电梯的自动化程度很高，操纵简单，几乎不需要任何特殊技能。但是如果缺乏必要的基本知识，不具备确保电梯正常工作的条件，就会对电梯的安全运行带来隐患。需要注意的是，电梯在取得许可证并安装以后，应严格按照有关标准进行验收，确保电梯的安装质量和安全性能，投入使用以前应申请注册登记，由有关安全部门认可。投入使用时要建立健全必要的管理制度，使用中发现有故障要及时报修。

电梯正常行驶前的准备工作主要有：

（1）做好交接班手续，了解上一班运行情况。

（2）开启厅门进入轿厢前，看清轿厢是否确实停在该层站，切忌莽撞。在合上有关开关（如照明、运行电源及风扇等），确定其运行方式以后，做一次简单的试运行，包括检查选层、启动、换速、平层、销号、开关门的速度及安全触板动作是否正常，有无异常声响；各种指示灯、信号灯、上下限位开关的作用，紧急停止按钮等动作是否正常。若发现问题，要及时通知维修人员。

（3）检查并做好轿厢、厅门口的清洁，特别注意地坎槽内有无落入杂物，以免影响门的正常开闭。

（4）在厅门外，不能用手扒启门，厅门、轿厢门未全关闭时，电梯不能启动。

4. 电梯正常行驶时的注意事项

电梯正常行驶时需要注意以下事项：

（1）禁止电梯超载运行，客用电梯在满载时，要劝阻后进入的乘客暂等下次电梯。

（2）货梯载荷要在轿厢中均布，尽可能地安放中间，以免轿厢倾斜。

（3）客梯不应做货梯使用，轿厢不允许装运易燃易爆等危险品。对垃圾或建筑材料等，在运送时要包装完整。

（4）轿厢内严禁吸烟。要劝阻乘客不要在轿厢内打逗、蹦跳或乱动。

（5）不允许用开启轿厢顶安全窗、轿厢安全门等办法运送长大物件。

（6）在开关门之际，提醒乘客不要触摸或紧靠轿门，以防夹人夹物。

（7）劝告乘客勿依靠轿门或在轿门与厅门之间停留，以免影响电梯的运送效率。

（8）禁止乘客涂抹或随意扳弄操作盘上的开关和按钮。

（9）严禁在厅门轿门开启的情况下，用检修速度正常行驶。

（10）不允许使用检修开关、急停开关或电源开关做正常运行中的销号。

（11）电梯运行中不得突然换向，必要时先将轿厢就近层停车后换向。电梯运行至端站，应注意换向。

（12）手柄控制电梯不要用厅门轿门作为开停电梯的开关。

（13）手柄控制电梯在发生停电时，应及时将摇把扳至零位。

（14）有司机操作运行电梯必须由专职司机操作。司机暂离轿厢时，应将电梯停至基站，切断操作盘上的电源开关，熄灭照明灯，关好厅门。

（15）严禁在电梯运行时，用厅门钥匙开启厅门。

（16）连续停用七天以上的电梯，再次使用时，须详细检查各部位情况。

5. 电梯的安全使用与管理

电梯作为一种特殊的垂直运输机械，安全技术显得特别重要。由于电梯运行需频繁启动、制动、升降，所以对电梯的各个部件都要求绝对安全可靠。尤其是对电梯重要部位的机械强度和可靠性要求特别高，同时还要采取各种机械的、电气的安全保护措施，以确保司乘人员和设备的安全。

电梯使用注意事项主要有：

（1）严格遵守额定人员、额定载质量及轿厢内铭牌上所载事项。

（2）保持轿厢内清洁，勿将碎石、垃圾等物踢入地坎沟（槽）内。

（3）不要随便触摸按钮。胡乱操作按钮是引起故障及损坏的主要原因。

（4）装卸货物或推小车上梯，不应碰撞门扇，以免引起门变形，影响正常的开闭。

（5）在轿厢内不要玩闹或跳跃，以免引起安全装置误动作，发生困人事故。

（6）在开门之际，不要触摸门扇，以免夹手。

（7）幼儿乘梯一定要有大人陪同。

（8）万一被困在电梯里，不要强行开门走出。因为电梯随时可能运行，容易发生危险。要使用警铃、对讲机与外面取得联系，听取指导，等候解救。

（9）地震、火灾时勿使用电梯逃生。

（10）对新安装使用的电梯，应对用户详细说明电梯安全事项。

6. 维修人员安全作业要求

维修人员安全作业要求主要有：

（1）要按规定穿着指定的工作服和工作鞋，禁止穿着拖鞋作业。夏天工作时切勿裸身或将衣袖卷起。要按章使用安全帽、安全带。有安全标志和警告时，要严格执行其工作内容。经常清理所在的工作环境。根据电梯的工作性质，维修保养工作应由两人以上组合进行。

（2）工作前，应事先确定工作的进行方法和内容，事先检查清楚各种安全器具和使用工具有无破损，并注意本人的健康状态，有病不要勉强工作。

（3）工作中，不可随意离开现场进入其他危险地方。有事离开，应关好厅门或指派他人监视。工作中若涉及他人的安全，需张贴危险指示牌及用绳或栅栏围好，必要时应留人监视。工作中要注意头和脚，以免碰砸受伤，养成正确姿势工作的习惯。使用电器工具要依正规方法，勿从轿厢内接大功率器具电源（如电焊机、电钻等），以免电流过大烧坏随行电缆。操作时注意尽量利用照明，使用工具应放在明显、稳妥的地方，不宜放置于路旁、导轨架或棚架上，更不能放在转动部件上。传递工具或材料时要小心，切勿投掷。两人以上共同工作时，要注意相互联络。若需要动火应事先填写动火申请报告，备妥灭火器；工作完成后，注意将火全部熄灭，不要留下火种，并与负责人联系。工作地方不可吸烟。

（4）工作后，要检查是否有未完成的事项或遗留的工具。事后要清理工作场地，再检查有无留下火种。在划定的吸烟区吸烟，烟头要放入有水的烟灰缸。拆掉各种警告标牌，确认无误后，才能恢复电梯运行，并向部门主管人员汇报工作情况。

（5）应备有各种急救药品。发生意外人身事故或火灾时，立即与当地负责人联系，并采取适当的抢救措施。伤员要尽快接受正式医生的诊断和治疗。

7. 维修与保养的安全操作

维修保养人员在保养电梯设备中，要特别注意以下安全事项。

（1）修理前要事先通知电梯管理人员，并在其工作的电梯和主要入口处挂上安全标记（如"检修停用""例行保养"等），维修检查中不得运客或载货。

（2）对可以转动部件进行清扫、抹油或加润滑油时，电梯应停止运行并切断电源开关。在轿厢顶工作时，应使用机顶检修开关操纵电梯运行。当不需要轿厢运行来进行工作时，要断开相应位置的开关：①在机房工作时，应断开总电源开关。②在轿厢顶工作时，应断开轿顶检修箱的急停开关或安全钳联动开关。③在轿厢内工作时，应断开轿厢操纵盘内的运行电源开关。④在井道底坑工作时，应断开底坑检修按钮箱的急停开关或限速器张紧装置的安全开关。

（3）在准备上轿厢顶工作之前，必须先了解清楚轿厢停靠在正确的井道、位置和需要停靠的楼层后，方能用厅门钥匙打开候梯厅厅门。使用厅门钥匙时，要站在厅门左侧（指厅门钥匙孔在右扇门上），站稳后用右手将厅门钥匙插入孔内，向左侧慢慢开启。如果在轿厢内打开轿门及厅门，也要慢慢开启，使乘客不会误会，以为有轿厢抵达而从候梯厅进入轿厢。

（4）在轿厢顶工作要保证足够的照明，检视灯必须是设有保护罩的 36 V 及以下安全电压。要注意那些随轿厢运行而转动的机器设备及其位置，如绕速缆轮、平衡对重、选层器钢带、平层感应器、门操纵机构、分隔梁架和凸轮等。若轿厢顶或横梁有油污，一定要擦拭干净，防止滑倒跌入井道。

（5）两人一同工作，应分主持与助手协同进行。轿厢顶有人工作时，若需要有人在轿厢内控制电梯运行（仅当使用检修开关）站在轿厢顶的人在发出指示之前，要站在安全位置上，其身体部位不能超越轿厢边缘，并在轿厢运行之前复述指示。如轿厢内人员发出"上行"指令，要等轿厢顶人员回复"上行"后，方可操作"上行"按钮。两人同在一处工作，需要电梯运行时应遵守此法。

（6）操纵有人在轿厢顶工作的电梯，只能用检修速度运行。维修人员要抓牢构架中最稳固的部位，稳定脚步。在轿厢上行时，要注意不碰顶部结构，特别是某些轿厢顶空间较小的电梯。

（7）检查曳引钢丝绳限速器，钢丝绳必须在轿厢停止运行的情况下进行。

（8）在拆修、吊机修理时，要特别注意轿厢外的其他设备的动作情况，如平衡对重使用安全钳动作或木方顶起等。

（9）对梯群控制管理系统的电梯进行保养工作要特别小心。因为总电源或运行开关断开时，转换开关虽已改变但控制柜内的电脑存储器仍可能有呼梯信号记忆，有的电梯还要执行完最后微机程序方能转为检修运行状态。

（10）严禁维修人员在井道外探身至轿厢顶，或跨在轿厢、地坎上进行较长时间的检修工作。

（11）全部维修工作完成后，要确保所有警告牌都收回，并锁好电梯操纵控制盘。

（12）进入潮湿的井底工作，要弄清楚不会触电后再下坑底。

8. 电梯维修与保养安全注意事项

电梯维修与保养安全注意事项主要有：

（1）工作区必须保持清洁，不得堆放废物、垃圾和建筑材料，焦油渍布必须存放在指定的容器或垃圾袋内并定期搬走。

（2）不准在工作期间喧闹、打闹，严禁工作前或工作时间饮酒。

（3）棚架木料拆下后必须把钉子拔出，在旧木料堆中发现钉子，必须把它拔出或折弯，防止伤人。

（4）使用溶解剂时要保持空气流通，避免长时间和重复吸入气味造成损害。如在没有足够通风设备的密封地区用溶剂，必须戴防毒面具，并避免皮肤与溶剂重复接触。不要把溶剂与强力氧化剂（如氯和氧）存放或混合在一起。必须确保易燃液体及其蒸气不接触火花及火星，禁止在使用或存放此类物品的地区吸烟，并张贴"禁止吸烟"的警告。易燃和可燃物（溶剂）不得存放于作为出口、楼梯或人们用作安全通道的地方。

（5）不能用明火取暖，并遵守有关防火规定。不要在旧的井道内点燃火柴、蜡烛或用其他明火作为井道的照明，以免引燃墙上和导轨上的棉绒等高度易燃物。

（6）不得在随行电缆和导轨上滑行、摇荡或爬行。上下楼梯时不要把手放在口袋里，当心失足绊倒。携带工具和器材时要加倍小心。

（7）开关和按钮控制装置上要张贴"不准开动"的标志，并用锁锁上。

（8）进行焊接和切割作业时要注意防火。在任何地点使用手提切割和焊接设备，都要办理"动火申请报告"，并得到许可才可以工作。工作前要把工作面清扫干净，木板地面需用水浸湿或用金属板及类似物料覆盖，避免火星落下引起火情。易燃物料必须搬至安全区，如不能搬走，则必须用阻燃物料将其严密覆盖，设置火灾报警器，同时配备灭火器。焊接或切割作业完成后的半小时内，要经常检查现场有无冒烟和阴燃，还要检查相连接房间及上下地板。不要在易燃液体附近进行切割或焊接。工作时，在能触发电弧之前要选择一个安全地点放置带电的焊钳。不要在旧井道切割或焊接，因为那里的导轨和其他设备都有油渍和棉绒（尤其是纱厂的货梯井道，少量火星就能引起火灾）。

9. 电梯修理中的安全注意事项

检修运行时，要先确认内外门均已关好，方可进行运转。楼层厅门若打开，则必须加上围板或其他安全围栏，但其结构必须坚固，并标有"工作中"或"非工作人员不准入内"的标志。而且围板或围栏之出入口处需上锁（在民用住宅楼，更应防止小孩失足）。如有需要，可在轿厢内铺上夹板或其他物料，以保护轿厢地面免受损伤。在某台电梯工作时，切勿随意离开岗位，到邻近地方或其他电梯进行修理，一定要处理好本项工作后方可离去。对拆卸的零件或设备不要乱放，以免影响他人通过。对堆放的物品要铺垫好，以免将油污溅至地毯或地面上。在浇灌巴氏合金时，要戴防护镜和手套。盛载巴氏合金的容器或套管要干燥，因水蒸气会形成压力而使热巴氏合金爆炸。要避免呼吸时吸进烟雾。接触过巴氏合金后，要先洗净手才能进食（或吸烟）。工作完成后，原则上检查工作不可与其他工作同时进行。电梯的安全装置未安妥或未调整妥当，不可进行检查工作。并列两部电梯同时进行检查时，应以同一步骤相互照应地进行；在有影响他人危险的情况下，一方工作须暂时中止。

10. 电梯的例行保养检查要求

电梯的例行保养检查要求主要有：

（1）每日应做巡视性检查，清洁机房及轿厢卫生，检查司机接班日记，以及时发现和解决问题。

（2）每周应检查主要安全装置、减速箱及各部件的润滑情况，检查各种信号灯、平层状态、乘搭感觉及电梯运行有无异常现象。

（3）每月应对各种安全装置及电气控制系统进行详细检查，更换各种易损部件。

（4）每季度应对重要的机械部件（如曳引机、减速机等）进行较详细的检查和调整，检测控制回路稳压电源，紧固各种螺丝。

（5）每年组织有关人员进行一次全面的技术检验，检查所有机械、电气、安全设施，修复更换磨损严重的主要零部件，进行静载和超载试验。

（6）根据电梯的性能和使用率，可在三至五年内进行一次全面的大修，清洗并更换元件。如更换磨损的曳引钢丝绳，喷涂油漆及做荷载试验。

（7）电梯长时间停用或遭遇火灾、地震以后，需要进行全面的详细检查，写出检查记录，确认无误后方可投入使用。

（8）定期保养检查，要事先编好检查内容和标准，并在工作中详细记录，工作后认真分析，最后存档。对有问题的事项，要及时提出整改措施。

11. 电梯发生紧急故障的处理

电梯发生紧急故障时，带有异常的声响和振动，有时轿厢内一团漆黑，极易引起乘客恐惧和混乱。这时电梯司机首先要安定乘客的情绪并用电话或其他方式迅速与外部联系并及时采取措施排除故障。

（1）电梯突然失去控制，发生超速，虽断开电源开关，亦无法制止电梯运行时，要靠电梯本身的各种安全装置发生作用使轿厢停止运行。这时电梯司机要保持镇静，稳定乘客情绪，不允许有打开轿厢门，跳出轿厢的任何企图，并告诉乘客，由于电梯曳引特点，轿厢对应的底坑部位装有缓冲器，不会出现机毁人亡事故。并应告诉乘客采取自我保护措施：双手扶住轿壁，脚尖踮起，双腿微曲，口微张，以防止冲击伤害。

（2）如果电梯在运行中突然停止，如有电源，电梯司机可利用检修（慢车）开关，同时按应急按钮使电梯慢上或慢下，轿厢就近停靠层站，打开层门和轿门，让乘客离开轿厢，然后点动式地逐层检查每层厅门是否关闭到位，门电连锁是否有效。如无电源无慢车，而停止位置使轿厢又处在井道内不能打开层门，即使能打开，人跳出去也十分危险时，电梯司机应设法通知检修人员到机房用手动方式使电梯移动，即可把层门或安全门安全窗打开将乘客撤出。在使用安全门安全窗时，电梯司机必须将电源开关断开。

（3）电梯运行中突然出现剧烈振动和噪声，电梯司机应立即停车，改用慢速将电梯开到附近层站停靠，若慢速运行振动与噪声不止，应将乘客撤出，并通知检修人员进行检查。

（4）在电梯轿厢或机房发生燃烧时，应立即断开所有电源并报告有关部门前来抢救。抢救时应用干粉、二氧化碳或 1211 等灭火器，切不可用一般酸碱和泡沫灭火器。

（5）如遇井道底坑积水和底坑的电气设备被浸在水中，应将全部电源断开后，方可把水排除，以防发生触电事故。

五、厂内机动车安全技术相关知识

1. 厂内机动车的特点与危险性

厂内机动车辆是指在工地、厂区、矿山等作业区域内行驶，主要用于运输作业、搬运作业以及工程施工作业等的机动车辆。厂内机动车辆兼有运输、搬运及工程施工作业功能，并可配备各种可拆换的工作装置与专用属具，能机动灵活地适应多变的物料搬运作业场合，经济高效地满足各种短距离物料搬运作业的需要。

厂内机动车主要有以下特点：

（1）运输距离短。厂内机动车辆驾驶局限于生产作业区域内，属于短程运输。

（2）操作频率高。由于厂区的路况不同于公路，道路、区域狭小，所以车辆转向、换挡、制动操作相当频繁，单位行驶距离内的操作次数，可能是城乡道路上驾驶车辆的几倍甚至于几十倍。

（3）工作时间长。在某些劳动密集型企业（如木材加工企业），车辆每天的运行时间，一般都在二十小时以上。

（4）道路的因素也决定着行车安全。工厂作业区域的道路一般情况下都具有狭窄、弯道多、人员出现突发性强的特点。这就要求厂内机动车驾驶员要严格遵守并规范驾驶行为。主要路段设立警告标记、限速标记。在车间内划定醒目的运输通道，加强对外来车辆的管理，统一建立外来车辆停放区。

厂内机动车辆的主要危险在于，当其在地面以较高速度行驶或搬运重物时，一旦失控，会对人造成伤害。厂内机动车辆对人的伤害因素主要是车辆伤害和搬运重物引发的伤害。常见伤害事故按车辆事故的事态可分为碰撞、碾轧、刮擦、翻车、坠车、爆炸、失火、出轨和搬运、装卸中的坠落及物体打击等类型；按厂区道路可分为交叉路口、弯道、直行、坡道、铁路平交道口、狭窄路面、仓库、车间等行车事故。

2. 厂内机动车安全基本要求

（1）安全管理和资料应满足以下要求

1）产品合格证书、自检报告等资料齐全；

2）应注册登记，并按周期进行检验；

3）日常点检、定期自检和日常维护保养等记录齐全。

（2）车身整洁，所有部件及防护装置应齐全、完整。

（3）动力系统应运转平稳，无异常声音；点火、燃料、润滑、冷却系统性能应良好；连接管道应无漏水、漏油。

（4）电气系统应完好；大灯、转向、制动灯应完好并有牢固可靠的保护罩；电器仪表应配置齐全，性能可靠；喇叭应灵敏，音量适中；连接电气线路应无漏电。

（5）传动系统应运转平稳，离合器分离彻底，接合平稳，不打滑、无异响；变速器的自锁、互锁应可靠，且不跳挡、不乱挡。

（6）行驶系统应连接紧固，车架和前后桥不应变形或产生裂纹；轮胎磨损不应超过标准规定的磨损量，且胎面无损伤。

（7）转向机构应轻便灵活可靠，行驶中不应摆振、抖动、阻滞及跑偏等。

（8）制动系统应安全可靠，无跑偏现象，制动距离满足安全行驶的要求；电瓶车的制动连锁装置应齐全、可靠，制动时连锁开关应切断行车电源。

3. 厂内机动车驾驶员驾驶车辆时应遵守的规定

厂内机动车驾驶员驾驶车辆时应遵守下列规定：

（1）驾驶车辆时，必须携带驾驶证和行驶证。

（2）不得驾驶与驾驶证不符的车辆。

（3）驾驶室不得超额坐人。

（4）严禁酒后驾驶车辆，不得在行驶时吸烟、饮食、闲谈或有其他妨碍安全行车的行为。

（5）身体过度疲劳或患病有碍行车安全时，不得驾驶车辆。

（6）试车时，必须挂试车牌照，不得在非试车区域内试车。

4. 驾驶电瓶车应遵守的安全操作规程

驾驶电瓶车应遵守的安全操作规程主要有：

（1）电瓶车司机经过体检合格后，由正式司机带领辅导实习 3～6 个月，经过考试合格后，由安全主管部门发给合格证，即可独立驾驶。非司机和无证者一律不准驾驶。

（2）出车前必须详细检查刹车、方向盘、喇叭、轮胎等部件是否良好。

（3）司机严禁酒后开车，行车时严禁吸烟，思想要集中，不准与他人谈笑打闹。

（4）坐式电瓶车驾驶室内只许坐 2 人，车厢内只能乘坐随车人员 1 人，拖挂车上禁止乘人。

（5）电瓶车只准在厂区及规定区域内行驶，凡需驶出规定区域时，必须经公安部门同意。

（6）厂区行驶速度最高不得超过 10 km/h。在转弯、狭窄路、交叉口、出入车间的大门、行人拥挤等地方行驶速度最高不超过 5 km/h。

（7）装载物件时，宽度方向不得超过车底盘两侧各 0.2 m，长度方向不得超过车长 0.5 m，高度不得超过离地面 2 m。不得超载。

（8）装载的物件必须放置平稳，必要时用绳索捆牢。危险物品要包装严密、牢固，不得与其他物件混装，并且要低速行驶，不准使用拖挂车拉运危险品。

（9）电瓶车严禁进入易燃易爆场所。

（10）行车前应先查看前方及周围有无行人和障碍物，鸣笛后再开车。在转弯时应减速、鸣笛、开方向灯或打手势。

（11）发生事故应立即停车，抢救伤员，保护现场，报告有关主管部门，以便调查处理。

（12）工作完毕，应做好检查、保养工作并将电瓶车驾驶到规定地点，挂上低速挡，拉好刹车，上锁，拔出钥匙。

第六章　事故意外伤害与急救知识

在现代化工业生产过程中，由于大量机械设备、电力设备、起重机械以及其他设备的使用，不可避免地存在着各种危险性，存在着发生人身伤害事故的可能。安全生产培训的一个重要内容，就是要认识所存在的危险性，这样才能积极预防危险、预防事故。通过学习了解相关知识，不仅能提高自身素质和技术水平，还能够提高预防事故的能力，从而保证安全，避免悲剧的发生。

第一节　生产作业常见意外伤害与救治

不同的行业和企业，具有不同的生产特点，由此所发生的意外伤害也就有所不同。例如建筑施工，比较常见伤亡事故的类别有：物体打击、车辆伤害、机具伤害、起重伤害、触电、高处坠落、坍塌、中毒和窒息、火灾和爆炸以及其他伤害，其中最为常见、死亡人数最多的事故有五类，即，高处坠落、触电、物体打击、机械伤害、坍塌事故，这五类事故占事故总数的86%左右，被人们称为建筑施工五大类伤亡事故。在此介绍在生产作业中较为常见的意外伤害与救治方法，以应对事故的发生。

一、高处坠落的意外伤害与救治

1. 高处坠落的意外伤害

高处坠落的意外伤害在建筑施工企业发生较多。由于建筑施工常需要在高处作业，稍有不慎，容易引发高处坠落事故的发生，所以，高处坠落伤害是建筑业最常见事故之一。为此，防范坠落伤害，除高空作业施工现场必须设置应有的防坠落设施外，还应该加强个人防坠落意识。

常见建筑施工高处坠落伤害事故，主要有以下一些情况：

（1）临边、洞口处坠落。一是无防护设施或防护不规范。如防护栏杆的高度低于1.2 m，横杆不足两道，仅有一道等；在无外脚手架及尚未砌筑围护墙的楼面的边缘，防护栏杆柱无预埋件固定或固定不牢固。二是洞口防护不牢靠，洞口虽有盖板，但无防止盖板位移的措施。

（2）脚手架上坠落。主要是搭设不规范，如相邻的立杆（或大横杆）的接头在同一平面上，剪刀撑、连墙点任意设置等；架体外侧无防护网、架体内侧与建筑物之间的空隙无防护或防护不严；脚手板未满铺或铺设不严、不稳等。

（3）悬空高处作业时坠落。主要是在安装或拆除脚手架、井架（龙门架）、塔吊和在吊装屋架、梁板等高处作业时的作业人员，没有系安全带，也无其他防护设施或作业时用力过猛，身体失稳而坠落。

（4）在轻型屋里和顶棚上铺设管道、电线或检修作业中坠落。主要是作业时没有使用轻便脚手架，在行走时误踩轻型屋面板、顶棚面而坠落。

（5）拆除作业时坠落。主要是作业时站在已不稳固的部位或作业时用力过猛，身体失稳，脚踩活动构件或绊跌而坠落。

（6）登高过程中坠落。主要是无登高梯道，随意攀爬脚手架、井架登高；登高斜道面板、梯档破损、踩断；登高斜道无防滑措施。

（7）在梯子上作业坠落。主要是梯子未放稳，人字梯两片未系好安全绳带；梯子在光滑的楼面上放置时，其梯脚无防滑措施，作业人员站在人字梯上移动位置而坠落。

2. 高处坠落事故的应急处置与救治

高空坠落事故在建筑施工中属于常见多发事故。由于从高处坠落，受到高速坠地的冲击力，使人体组织和器官遭到一定程度破坏而引起的损伤，通常有多个系统或多个器官的损伤，严重者当场死亡。高空坠落伤除有直接或间接受伤器官表现外，还有昏迷、呼吸窘迫、面色苍白和表情淡漠等症状，可导致胸、腹腔内脏组织器官发生广泛的损伤。高空坠落时如果是臀部先着地，外力沿脊柱传导到颅脑而致伤；如果由高处仰面跌下时，背或腰部受冲击，可引起腰椎前纵韧带撕裂，椎体裂开或椎弓根骨折，易引起脊髓损伤。脑干损伤时常有较重的意识障碍、光反射消失等症状，也可有严重并发症的出现。

当发生高处坠落事故后，抢救的重点应放在对休克、骨折和出血的处理上。

（1）颌面部伤员。首先应保持呼吸道畅通，摘除义齿，清除移位的组织碎片、血凝块、口腔分泌物等，同时松解伤员的颈、胸部纽扣。若舌已后坠或口腔内异物无法清除时，可用 12 号粗针头穿刺环甲膜，维持呼吸，尽可能早做气管切开。

（2）脊椎受伤者。创伤处用消毒的纱布或清洁布等覆盖伤口，用绷带或布条包扎。搬运时，将伤者平卧放在帆布担架或硬板上，以免受伤的脊椎移位、断裂造成截瘫，招致死亡。抢救脊椎受伤者，搬运过程严禁只抬伤者的两肩与两腿或单肩背运。

（3）手足骨折者。不要盲目搬动伤者。应在骨折部位用夹板把受伤位置临时固定，使断端不再移位或刺伤肌肉、神经或血管。固定方法：以固定骨折处上下关节为原则，可就地取材，用木板、竹片等。

（4）复合伤者。要求平仰卧位，保持呼吸道畅通，解开衣领扣。

（5）周围血管伤。压迫伤部以上动脉干至骨骼。直接在伤口上放置厚敷料，绷带加压包扎以不出血和不影响肢体血循环为宜。

此外，需要注意的是，在搬运和转送过程中，颈部和躯干不能前屈或扭转，而应使脊柱伸直，绝对禁止一个抬肩、一个抬腿的搬法，以免发生或加重截瘫。

二、物体打击的意外伤害与救治

1. 物体打击的意外伤害

物体打击是指失控物体的惯性力对人身造成的伤害，其中包括高处落物、飞蹦物、滚击物及掉物、倒物等造成伤害。在建筑业施工中物体打击伤害事故范围较广，在高位的物体处置不当，容易出现物落伤人的情况。这类事故，往往问题发生在上边，受害的人则在下面，多数都属于作业中引发伤害他人造成的事故。

在建筑施工中发生物体打击的情况主要有：

（1）高处落物伤害。在高处堆放材料超高、堆放不稳，造成散落，作业人员在作业时将断砖、废料等随手往地面扔掷；拆脚手架、井架时，拆下的构件、扣件不通过垂直运输设备往地面运，而是随拆随往下扔；在同一垂直面、立体交叉作业时，上、下层间没有设置安全隔离层；起重吊装时材料散落（如砖吊运时未用砖笼，吊运钢筋、钢管时，吊点不正确，捆绑松弛等），造成落物伤害事故。

（2）飞蹦物击伤害。爆破作业时安全覆盖、防护等措施不周；工地调直钢筋时没有可靠防护措施。比如，使用卷扬机拉直钢筋时，夹具脱落或钢筋拉断，钢筋反弹击伤人；使用有柄工具时没有认真检查，作业时手柄断裂，工具头飞出击伤人等。

（3）滚物伤害。主要是在基坑边堆物不符合要求，如砖、石、钢管等滚落到基坑、桩洞内造成基坑、桩洞内作业人员受到伤害。

（4）从物料堆上取物料时，物料散落、倒塌造成伤害。物料堆放不符合安全要求，取料者也图方便不注意安全。比如，自卸汽车运砖时，不码砖堆，取砖工人顺手抽取，往往使上面的砖落下造成伤害；长杆件材料竖直堆放，受震动不稳倒下砸伤人；抬放物品时抬杆断裂等造成物击、砸伤事故。

2. 物体打击事故的应急救治

物体打击事故属于常见事故，因此应制定应急预案，主要内容包括：

（1）日常备有应急物资，如简易担架、跌打损伤药品、纱布等。

（2）建立健全应急预案组织机构，做好人员分工，在事故发生的时候应采取应急抢救，如现场包扎、止血等措施，防止伤者流血过多造成死亡。

（3）一旦有事故发生，首先要高声呼喊，通知现场安全员，马上拨打急救电话，并向上级领导及有关部门汇报。

（4）事故发生后，马上组织抢救伤者，首先观察伤者受伤情况、部位，工地卫生员作临时治疗。

（5）重伤人员应马上送往医院救治，一般伤员在等待救护车的过程中，门卫要在大门口迎接救护车，有程序地处理事故，最大限度地减少人员和财产损失。

需要提醒注意的是，当发生物体打击事故后，尽可能不要移动患者，尽量当场施救。抢救的重点放在颅脑损伤、胸部骨折和出血上进行处理。救治措施主要有：

（1）发生物体打击事故后，应马上组织抢救伤者，首先观察伤者的受伤情况、部位、伤害性质，如伤员发生休克，应先处理休克。遇呼吸、心跳停止者，应立即进行人工呼吸，胸外心脏按压。处于休克状态的伤员要让其安静、保暖、平卧、少动，并将下肢抬高约20°，尽快送医院进行抢救治疗。

（2）出现颅脑损伤，必须维持呼吸道通畅，昏迷者应平卧，面部转向一侧，以防舌根下坠或分泌物、呕吐物吸入，发生喉阻塞。有骨折者，应初步固定后再搬运。遇有凹陷骨折、严重的颅底骨折及严重的脑损伤症状出现，创伤处用消毒的纱布或清洁布等覆盖伤口，用绷带或布条包扎后，及时就近送有条件的医院治疗。

如果处在不宜施工的场所时必须将患者搬运到能够安全施救的地方，搬运时应尽量多找一些人来搬运，观察患者呼吸和脸色的变化，如果是脊柱骨折，不要弯曲、扭动患者的颈部和身体，不要接触患者的伤口，要使患者身体放松，尽量将患者放到担架或平板上进行搬运。

三、人员触电的意外伤害与救治

1. 人员触电的意外伤害

在现代建筑工程施工中，处处都离不开电源。大型起重设备必须有电源；很多中小型设备，如电葫芦、混凝土搅拌机、砂浆拌和机、振捣器、蛤蟆夯、钢筋切断机、钢筋弯曲机、电焊机、手持点焊机、手电钻、电锯、电刨、磨石机、套锯管机等也必须有电源才能运作；还有工地晚间一片灿烂的灯光照明，使临时电源线密布于整个作业环境。因而在建筑施工作业中，若对电使用不当，缺乏防触电知识和安全用电意识，极易引发人身触电伤亡和电气设备事故。

发生人员触电的意外伤害事故的情况主要有：

（1）外电线路措施不当导致的人员触电。主要是指施工中碰触施工现场周边的架空线路而发生的触电事故。主要包括：①脚手架的外侧边缘与外电架空线之间没有达到规定的最小安全距离，也没有按规范要求增设屏障、遮拦、围栏或保护网，在外电线路难以停电的情况下，进行违章冒险施工。特别是在搭、拆钢管脚手架，或在高处绑扎钢筋、支搭模板等作业时发生此类事故较多。②起重机械在架空高压线下方作业时，吊塔大臂的最远端与架空高压电线间的距离小于规定的安全距离，作业时触碰裸线或集聚静电荷而造成触电事故。

（2）施工机械漏电导致的人员触电。原因主要是：①建筑施工机械要在多个施工现场使用，不停地移动，环境条件较差（泥浆、锯屑污染等），带水作业多，如果保养不好，机械往往易漏电。②施工现场的临时用电工程没有按照规范要求做到"三级配电，两级保护"，有的工地虽然安装了漏电保护器，但选用保护器规格不当，也有的工地施工机具任意拉接，用电保护混乱。

（3）手持电动工具漏电导致的人员触电。主要是没有按照《施工现场临时用电规范》要求进行有效的漏电保护，使用者（特别是带水作业）没有戴绝缘手套、穿绝缘鞋。

（4）电线电缆的绝缘皮老化、破损及接线混乱导致的人员触电。有些施工现场的电线、电缆"随地拖、一把抓、到处挂"，乱拉、乱接线路，接线头不用绝缘胶布包扎；露天作业电气开关放在木板上不用电箱，特别是移动电箱无门，任意随地放置；电箱的进、出线任意走向，接线处"带电体裸露"，不用接线端子板，"一闸多机"，多根导线接头任意绞、挂在漏电开关或保险丝上；移动机具在插座接线时不用插头，使用小木条将电线头插入插座等。这些现象造成的触电事故是较普遍的。

（5）照明及违章用电导致的人员触电。移动照明特别是在潮湿环境中作业，其照明不使用安全电压，使用灯泡烘衣、袜等违章用电时造成的事故。

2. 触电伤害的应急处置与救治

触电是由于电流或电能（静电）通过人体，造成机体损伤或功能障碍，甚至死亡。大多数是由于人体直接接触电源所致，也有被数千伏以上的高压放电所致。触电伤害事故多发生在潮湿场所、高温场所、导电粉尘场所等导电危险性较大的场所。触电伤害事故多发生在配电设备、架空线路、电缆、闸刀开关、配电盘、熔断器、照明设备、手持照明灯、手持式电动工具和移动式电气设备等设备和设施上。另外，施工现场临时用电，由于临时拉线不符合规定，不装漏电保护器，私接电气设备，一闸控制两机等现象都易引起触电伤害事故。

（1）对低压触电者脱离电源的方法

对于低压触电事故，应迅速使触电者脱离电源，以下方法可以脱离电源：

1）立即拉掉开关或拔出插销，切断电源。

2）如果找不到电源开关，可用有绝缘把的钳子或用木柄的斧子断开电源线；或用木板等绝缘物插入触电者身下，以隔断流经人体的电流。

3）当电线搭在触电者身上或被压在身下时，可用干燥的衣服、手套、绳索、木板等绝缘物作为工具，拉开触电者或挑开电线。

4）如果触电者的衣服是干燥的，又没有紧缠在身上，可以用一只手抓住他的衣服脱离电源，但不得接触带电者的皮肤和鞋。

（2）对高压触电者脱离电源的方法

对于高压触电者，可采用下列方法使其脱离电源：

1）立即通知有关部门停电。

2）戴上绝缘手套，穿上绝缘鞋用相应电压等级的绝缘工具断开开关。

3）抛掷裸金属线使线路接地，迫使保护装置动作，断开电源。注意抛掷金属线时先将金属线的一端可靠接地，然后抛掷另一端，注意抛掷的一端不可触及触电者和其他人。

在抢救过程中，要遵循下列注意事项：①救护人必须使用适当的绝缘工具。②救护人要用一只手操作，以防自己触电。③当触电者在高处的情况下，应防止触电者脱离电源后可能的摔伤。

（3）触电后的症状

触电后一般会有以下症状：接触 1 000 V 以上的高压电时多出现呼吸停止，220 V 以下的低压电易引起心肌纤颤及心脏停搏，220～1 000 V 的电压可致心脏和呼吸中枢同时麻痹。

轻者症状表现为心慌，头晕，面苍白，恶心，神志清楚，呼吸、心跳规律，四肢无力，如脱离电源，安静休息，注意观察，不需特殊处理。重者呼吸急促，心跳加快，血压下降，昏迷，心室颤动，呼吸中枢麻痹以至呼吸停止。

触电局部可有深度烧伤，呈焦黄色，与周围正常组织分界清楚，有两处以上的创口，一个入口、一个或几个出口，重者创面深及皮下组织、肌腱、肌肉、神经，甚至深达骨骼，呈炭化状态。

（4）触电急救措施

触电急救措施主要有：

1）未切断电源之前，抢救者切忌用自己的手直接去拉触电者，这样自己也会立即触电受伤，因为人体是良导体，极易导电。急救者最好穿胶鞋，踏在木板上保护自身。

2）确认心跳停止时，在用人工呼吸和胸外心脏按压后，才可使用强心剂。心跳、呼吸停止还可心内或静脉注射肾上腺素、异丙肾上腺素。血压仍低时，可注射间羟胺（阿拉明）、多巴胺，呼吸不规则注射尼可刹米、洛贝林（山梗菜碱）。

3）触电灼伤应合理包扎。

（5）救治过程注意事项

1）救护人员应在确认触电者已与电源隔离，且救护人员本身所涉环境安全距离内无危险电源时，方能接触伤员进行抢救。

2）在抢救过程中，不要为图方便而随意移动伤员，如确需移动，应使伤员平躺在担架上并在其背部垫以平硬阔木板，不可让伤员身体蜷曲着进行搬运。移动过程中应继续抢救。

3）任何药物都不能代替人工呼吸和胸外心脏按压，对触电者用药或注射针剂，应由有经验的医生诊断确定，慎重使用。

4）抢救过程中，做人工呼吸要有耐心，不能轻易放弃。

5）如需送医院抢救，在途中也不能中断急救措施。

6）在医务人员未接替抢救前，现场救护人员不得放弃现场抢救，只有医生有权做出伤员死亡的诊断。

四、坍塌事故的意外伤害与救治

1. 坍塌事故的意外伤害

坍塌是指建筑物、构筑物、堆置物倒塌以及土石塌方引起的事故。在建筑业中经常会遇到坍塌伤害，例如接层工程坍塌、纠偏工程坍塌、交付使用工程坍塌、在建整体工程坍塌、改建工程坍塌、在建工程局部坍塌、脚手架坍塌、平台坍塌、墙体坍塌、土石方作业坍塌、拆除工程坍塌等。

由于坍塌的过程产生于一瞬间，来势凶猛，现场人员往往难以及时迅速撤离，不能撤离的人员，会随着坍塌物体的变动而引发坠落、物体打击、挤压、掩埋、窒息等严重后果。如果现场有危险物品存在时，还可能引发着火、爆炸、中毒、环境污染等灾害。还有因抢救过程中，缺乏应有的防护措施，因而出现再次、多次坍塌，扩大了人员伤亡，容易发生群死群伤事故。近年来，随着高层、超高层建筑物的增多，基坑的深度越来越深，坍塌事故也呈现出上升趋势。

造成坍塌伤害事故的主要原因有以下几种：

（1）基坑、基槽开挖及人工扩孔桩施工过程中的土方坍塌。主要是坑槽开挖没有按规定放坡，基坑支护没有经过设计或施工时没有按设计要求支护；支护材料质量差而造成支护变形、断裂；边坡顶部荷载大（如在基坑边沿堆土、砖石等，土方机械在边沿处停靠）；排水措施不通畅，造成坡面受水浸泡产生滑动而塌方；冬春之交破土时，没有针对土体胀缩因素采取护坡措施。

（2）楼板、梁等结构和雨篷等坍塌。主要是工程结构施工时，在楼板上面堆放物料过多，使荷载超过楼板的设计承载力而断裂；刚浇筑不久的钢筋混凝土楼板未达到应有的强度，为赶进度即在该楼板上面支搭模板浇筑上层钢筋混凝土楼板造成坍塌；过早拆除钢筋混凝土楼板、梁构件和雨篷等的模板或支撑，因混凝土强度不够而造成坍塌。

（3）房屋拆除坍塌。随着城市建设的迅速发展，拆除工程增多，然而，专业队伍力量薄弱，管理尚不到位，拆除作业人员素质低，拆除工程不编施工方案和技术措施，盲目蛮干，野蛮施工，造成墙体、楼板等坍塌。

（4）模板坍塌。模板坍塌是指用扣件式钢管脚手架、各种木杆件或竹材搭设的高层建筑的楼板的模板，因支撑杆件刚性不够、强度低，在浇筑混凝一时失稳造成模板上的钢筋和混凝土的塌落事故。模板支撑失稳的主要原因是没有进行设计计算，也不编写施工方案，施工前也未进行安全交底。特别是混凝土输送管路，往往附着在模板上，输送混凝土时产生的冲击和振动更加速了支撑的失稳。

（5）脚手架倒塌。主要是没有认真按规定编制施工方案，没有执行安全技术措施和验收制度。架子工属特种作业人员，必须持证上岗。但目前，架子工普遍文化水平低，安全技术素质不高，专业性施工队伍少。竹脚手架所用的竹材有效直径普遍达不到要求，搭设不规范，特别是相邻杆件接头、剪刀撑、连墙点的设置不符合安全要求，造成脚手架失稳倒塌。

（6）塔吊倾翻、井字架（龙门架）倒塌。主要是塔吊起重钢丝或平衡臂钢丝绳断裂致使塔吊倾翻，因轨道沉陷及下班时夹轨钳未夹紧轨道，夜间突起大风造成塔吊出轨倾翻。塔吊倒塌的另一个原因是，在安装拆除时，没有制订施工方案，不向作业人员交底。井架、龙门架倒塌主要原因是，基础不稳固，稳定架体的缆风绳，或搭、拆架体时的临时缆风绳不使用钢丝绳，用直径 6 mm 的钢筋，甚至使用尼龙绳。附墙架使用竹、木杆并采用铅丝等绑扎，井架与脚手架连在一起等。

2. 施工坍塌事故发生后的应急救治

建筑施工中发生坍塌事故后，人们一时难以从倒塌的惊吓中恢复过来，被埋压的人众多、现场混乱失去控制、火灾和二次倒塌危险处处存在，容易给现场的抢险救援工作带来极大的困难。同时，由于事故的发生，可能造成建筑内部燃气、供电等设施毁坏，导致火灾的发生，尤其是化工装置等构筑物倒塌事故，极易形成连锁反应，引发有毒气（液）体泄漏和爆炸燃烧事故的发生。并且建筑物整体坍塌的现场，废墟堆内建筑构件纵横交错，将遇难人员深深地埋压在废墟里面，给人员救助和现场清理带来极大的困难；建筑物局部坍塌的现场，虽然遇难人员数量较少，但由于楼内通道的破损和建筑结构的松垮，对灭火救援工作的顺利进行也造成一定的困难。

建筑施工发生坍塌事故之后，在应急救援上需要注意：

（1）迅速建立现场临时指挥机构，建立统一指挥管理系统。倒塌发生后，应及时了解和掌握现场的整体情况，并向上级领导报告，同时，根据现场实际情况，拟定倒塌救援实施方案，实施现场的统一指挥和管理。

（2）设立警戒，疏散人员。倒塌发生后，应及时划定警戒区域，设置警戒线，封锁事故路段的交通，隔离围观群众，严禁无关车辆及人员进入事故现场。

（3）派遣搜救小组进行搜救。现场指挥在派遣搜救小组进入倒塌区域实施被埋压人员搜救之前，必须对如下几个重要问题进行询问和侦查：倒塌部位和范围，可能涉及的受害人数；可能受害人或现场失踪人在倒塌前被人最后看到时所处的位置；受害人存活的可能性等。

（4）切断气、电和自来水水源，并控制火灾或爆炸。建筑物倒塌现场到处可能缠绕着带电的拉断的电线电缆，随时威胁着被埋压人员和即将施救的人员；断裂的燃气管道泄露的气体既能形成爆炸性气体混合物，又能增强现场火灾的火势；从断裂的供水管道流出的水能很快将地下室或现场低洼的坍塌空间淹没。此外，这些电、气、水的现场控制开关也都可能被埋压在倒塌的废墟堆里，一时难以实施关断。因此，要及时责令当地的供电、供气、供水部分的检修人员立即赶赴现场，通过关断现场附近的局部总阀或开关，消除这些危险。

（5）现场清障，开辟进出通道。迅速清理进入现场的通道，在现场附近开辟救援人员和车辆集聚空地，确保现场拥有一个急救场所和一条供救援车辆进出的通道。

（6）搜寻倒塌废墟内部空隙存活者。在倒塌废墟表面受害人被救后，就应该立即实施倒塌废墟内部受害人的搜寻，因为有火灾的倒塌现场，烟火同样会很快蔓延到各个生存空间。搜寻人员最好要携带一支水枪，以便及时驱烟和灭火。

（7）清除局部倒塌物，实施局部挖掘救人。现场废墟上的倒塌物清除可能触动那些承重的不稳构件引起现场的二次倒塌，使被压埋人再次受伤，因此清理局部倒塌物之前，要制定初步的方案，行动要极其细致谨慎，要尽可能地选派有经验或受过专门训练的人员承担此项工作。

（8）倒塌废墟的全面清理。在确定倒塌现场再无被埋压的生存者后，才允许进行倒塌废墟的全面清理工作。

（9）抢救行动中需要注意的事项

抢救行动中不要慌张，特别需要注意以下事项：

1）救援人员要加强行动安全，不应进入建筑结构已经明显松动的建筑内部；不得登上已受力不均匀的阳台、楼板、房屋等部位；不准冒险钻入非稳固支撑的建筑废墟下面。实施倒塌现场的监护，严防倒塌事故的再次发生。

2）为尽可能抢救遇险人员的生命，抢救行动应本着先易后难，先救人后救物，先伤员后尸体，先重伤员后轻伤员的原则进行。救援初期，不得直接使用大型铲车、吊车、推土机等施工机械车辆清除现场。对身处险境、精神几乎崩溃、情绪显露恐惧者，要鼓励、劝导和抚慰，增强其生存的信心。在切割被救者上面的构件时，防止火花飞溅伤人，减轻震动伤痛。对于一时难以施救出来的人员，视情喂水、供氧、清洗、撑顶等，以减轻被救者的痛苦，改善险恶环境，提高其生存条件。

3）对于可能存在毒气泄漏的现场，救援人员必须佩戴空气呼吸器、防化服；使用切割装备破拆时，必须确认现场无易燃、易爆物品。

五、煤矿冒顶事故的意外伤害与救治

1. 煤矿顶板事故的伤害

矿山冒顶事故是指由地压引起巷道和采场的顶板垮落引发的事故。在煤矿井下生产过程中，冒顶事故所占比重最大。世界主要产煤国家的统计资料表明，冒顶事故占井下事故总数的 50％ 以上。煤矿井下冒顶事故频繁，危害十分严重，首先是威胁井下人员生命安全，其次是冒顶能压垮工作面，造成全工作面停产，影响生产作业。

在井下顶板事故中，回采工作面冒顶事故最多（占冒顶总数的 75％ 以上），其次是掘进工作面。然而，有针对性地采取措施，加强顶板的科学管理，绝大多数冒顶事故是可以预防的。按照顶板一次冒落的范围及造成伤亡的严重程度，常见顶板事故可分为两大类：大冒顶和局部冒顶事故。

顶板事故也是煤矿生产中最常见的一种事故，它不仅发生率高，而且危害性也大，每年我国煤矿因顶板事故造成的伤亡人数十分惊人。因此，矿工在煤矿生产中，一定要坚持执行必要的制度，如敲帮问顶制度、验收支架制度、岗位责任制度、金属支架检查制度、交接班制度、顶板分析制度等，注意做好顶板管理工作，以防止和减少顶板事故的发生。

2. 冒顶事故应急处置

冒顶事故一般是有预兆的。井下人员发现冒顶预兆，应立即进入安全地点避灾。如来不及进入安全地点，要靠煤壁贴身站立（但应防止片帮），或到木垛处避灾。

现场班队长、跟班干部要根据现场情况，判断冒顶事故发生地点、灾情、原因、影响区域，进行现场处置。如无第二次大面积顶板动力现象时，立即组织对受困人员进行施救，防止事故扩大。

现场救援人员必须在首先保证巷道通风、后路畅通、现场顶帮维护好的情况下方可施救，施救过程中必须安排专人进行顶板观察、监护。当出现大面积来压等异常情况或通风不良、瓦斯浓度急剧上升有瓦斯爆炸危险时，必须立即撤离到安全地点，等待救援。

在巷道掘进施工时，应经常检查巷道支架、顶板情况，做好维护工作，防止前面施工，后边"关门"的堵人事故。一旦被堵，则应沉着冷静，同时维护好冒落处和避灾处的支护，防止冒顶进一步扩大，并有规律地向外发出呼救信号，但不能敲打威胁自身安全的物料和岩石，更不能在条件不允许的情况下强行挣扎脱险。若被困时间较长，则应减少体力消耗，节水、节食和节约矿灯用电。若有压风管，应用压风管供风，做好长时间避灾的准备。

抢救被煤和矸石埋压的人员时，要首先加固冒顶地点周围的支架，确保抢救中不再次冒落，并预留好安全退路，保证营救人员自身安全，然后采取措施，对冒顶处进行支护，在确保煤、矸不再垮塌的安全条件下，将遇险人员救出。扒人时，要首先清理遇险人员的口鼻堵塞物，畅通呼吸系统。禁止用镐刨煤、矸，小块用手搬，大块应采用千斤顶、液压起重气垫等工具，绝不允许用锤砸。

对现场受伤人员应根据实际情况开展救助工作，对于轻伤者应现场对其进行包扎，并抬放到安全地带；对于骨折人员不要轻易挪动，要先采取固定措施；对出血伤员要先止血，等待救助人员的到来。

除救人和处理险情紧急需要外，一般不得破坏现场。

3. 冒顶事故的救护

发生冒顶事故后，抢救人员时，用呼喊、敲击或采用生命探测仪探测等方法，判断遇险人员位置，与遇险人员保持联系，鼓励他们配合抢救工作。在支护好顶板的情况下，用掘小巷、绕道通过垮落区或使用矿山救护轻便支架穿越垮落区的方法接近被埋、被堵人员。一时无法接近时，应设法利用压风管路等提供新鲜空气、饮料和食物。

处理冒顶事故中，应指定专人检查瓦斯和观察顶板情况，发现异常，立即撤出人员。

六、金属切削加工意外伤害与救治

1. 金属切削加工常见机械伤害

金属切削加工是用刀具从金属材料上切除多余的金属层，其过程实际就是切屑形成的过程。切屑可能对操作人员造成伤害，或对工件造成损坏，如崩碎的切屑可能迸溅伤人；带状切屑会连绵不断地缠绕在工件上，损坏已加工的表面。

金属切削主要的危险因素有：机械传动部件外露时，无可靠有效的防护装置；机床执行部件，如装夹工具、夹具或卡具脱落、松动；机床本体的旋转部件有突出的销、楔、键；加工超长工件时伸出机床尾端的部分；工、卡、刀具放置不当；机床的电气部件设置不规范或出现故障等。

金属切削加工常见的机械伤害有：

（1）挤压。如压力机的冲头下落时，对手部造成挤压伤害；人手也可能在螺旋输送机、塑料注射成型机中受到挤压伤害。

（2）咬入（咬合）。典型的咬入点是啮合的齿轮、传送带与带轮、链与链轮、两个相反方向转动的轧辊。

（3）碰撞和撞击。典型例子是人受到运动着的刨床部件的碰撞，另一种是飞来物撞击造成的伤害。

（4）剪切。这种事故常发生在剪板机、切纸机上。

（5）卡住或缠住。运动部件上的凸出物、皮带接头、车床的转轴、加工件等都能将人的手套、衣袖、头发、辫子甚至工作服口袋中擦拭机械用的棉纱缠住而使人造成严重伤害。

需要注意的是，一种机械可能同时存在几种危险，即可同时造成几种形式的伤害。

2. 金属切削加工常见机械伤害的原因

金属切削加工常见机械伤害的原因主要有：

（1）机械设备安全设施缺损，如机械传动部位无防护罩等。造成这种情况，可能是无专人负责保养，也可能是无定期检查、检修、保养制度。

（2）生产过程中防护不周。如车床加工较长的棒料时，未用托架。

（3）设备位置布置不当，如设备布置得太挤，造成通道狭窄，原材料乱堆乱放，阻塞通道。

（4）未正确使用劳动防护用品。

（5）没有严格执行安全操作规程，或者安全操作规程不全面完整。

（6）作业人员没有进行安全教育，不懂安全基本知识。

要杜绝这些隐患，光靠安全管理是不行的，还必须掌握一定的安全技术知识。

3. 机械伤害的应急处置与救治

机械制造企业常见事故类型主要有：机械伤害、起重伤害、车辆伤害、触电伤害、锅炉压力容器爆炸等伤害事故。发生事故后，做好以下应急处置与救治：

（1）伤害事故发生后，要立即停止现场活动，将伤员放置于平坦的地方，现场有救护经验的人员应立即对伤员的伤势进行检查，然后有针对性地进行紧急救护。

（2）在进行上述现场处理后，应根据伤员的伤情和现场条件迅速转送伤员。转送伤员非常重要，搬运不当，可能使伤情加重，严重时还能造成神经、血管损伤，甚至瘫痪，以后将难以治疗，并给受伤者带来终身的痛苦。所以转送伤员时要十分注意。

如果受伤人伤势不重，可采用背、抱、扶的方法将伤员运走。如果受伤人伤势较重，有大腿或脊柱骨折、大出血或休克等情况时，就不能用以上方法转送伤员，一定要把伤员小心地放在担架或木板上抬送。把伤员放置在担架上转送时动作要平稳。上、下坡或楼梯时，担架要保持平衡，不能一头高，一头低。伤员应头在后，这样便于观察伤员情况。在事故现场没有担架时，可以用椅子、长凳、衣服、竹子、绳子、被单、门板等制成简易担架使用。对于脊柱骨折的伤员，一定要用硬木板做的担架抬送。将伤员放在担架上以后，要让他平卧，腰部垫一个衣服垫，然后用东西把伤员固定在木板上，以免在转送的过程中滚动或跌落，否则极易造成脊柱移位或扭转，刺激血管和神经，使其下肢瘫痪。

（3）现场应急总指挥立即联系救护中心，要求紧急救护并向上级汇报，保护事故现场。

七、人员中暑的原因与应急救治措施

1. 人员中暑原因

在室外作业，在夏季高温的情况下，特别容易发生中暑现象。中暑是高温影响下的体温调节功能紊乱，常因烈日暴晒或在高温环境下重体力劳动所致。

正常人体温恒定在37℃左右，是通过下丘脑体温调节中枢的作用，使产热与散热取得平衡，当周围环境温度超过皮肤温度时，散热主要靠出汗，以及皮肤和肺泡表面的蒸发。人体的散热还可通过循环血流，将深部组织的热量带至上下组织，通过扩张的皮肤血管散热，因此经过皮肤血管的血流越多，散热就越多。如果产热大于散热或散热受阻，体内有过量热蓄积，即产生高热中暑。

2. 中暑的分类

（1）先兆中暑。先兆中暑为中暑中最轻的一种。表现为在高温条件下劳动或停留一定时间后，出现头昏、头痛、大量出汗、口渴、乏力、注意力不集中等症状，此时的体温可正常或稍高。这类病人经积极处理后，病情很快会好转，一般不会造成严重后果。处理方法也比较简单，通常是将病人立即带离高热环境，来到阴凉、通风条件良好的地方，解开衣服，口服清凉饮料及0.3%的冰盐水或十滴水、人丹等防暑药，经短时间休息和处理后，症状即可消失。

（2）轻度中暑。轻度中暑往往因先兆中暑未得到及时救治发展而来，除有先兆中暑的症状外，还可同时出现体温升高（通常＞38℃），面色潮红，皮肤灼热；比较严重的可出现呼吸急促，皮肤湿冷，恶心，呕吐、脉搏细弱而快，血压下降等呼吸、循环早衰症状。处理时除按先兆中暑的方法外，应尽量饮水或静脉滴注 5％葡萄糖盐水，也可用针刺人中、合谷、涌泉、曲池等穴位。如体温较高，可采用物理方法降温；对于出现呼吸、循环衰竭倾向的中暑病人，应送医院救治。

（3）重症中暑。重症中暑是中暑中最严重的一种。多见于年老、体弱者，往往以突然谵妄或昏迷起病，出汗停止可为其前驱症状。患者昏迷，体温常在 40℃以上，皮肤干燥、灼热，呼吸快、脉搏大于 140 次/分钟。这类病人治疗效果很大程度上取决于抢救是否及时。因此，一旦发生中暑，应尽快将病人体温降至正常或接近正常。降温的方法有物理和药理两种。物理降温简便安全，通常是在病人颈项、头顶、头枕部、腋下及腹股沟加置冰袋，或用凉水加少许酒精擦拭，一般持续半小时左右，同时可用电风扇向病人吹风以增加降温效果。药物降温效果比物理方式好，常用药为氯丙嗪，但应在医护人员的指导下使用。由于重症中暑病人病情发展很快，且可出现休克、呼吸衰竭，时间长可危及病人生命，所以应争分夺秒地抢救，最好尽快送条件好的医院施治。

3. 中暑的急救措施

（1）搬移。迅速将患者抬到通风、阴凉、干爽的地方，使其平卧并解开衣扣，松开或脱去衣服，如衣服被汗水湿透应更换衣服。

（2）降温。患者头部可捂上冷毛巾，可用 50％酒精、白酒、冰水或冷水进行全身擦拭，然后用电扇吹风，加速散热，有条件的也可用降温毯给予降温，但不要快速降低患者体温，当体温降至 38℃以下时，要停止一切冷敷等强降温措施。

（3）补水。患者仍有意识时，可给一些清凉饮料，在补充水分时，可加入少量盐或小苏打水。但千万不可急于补充大量水分，否则，会引起呕吐、腹痛、恶心等症状。

（4）促醒。病人若已失去知觉，可指掐人中、合谷等穴，使其苏醒。若呼吸停止，应立即实施人工呼吸。

（5）转送。对于重症中暑病人，必须立即送医院诊治。搬运病人时，应用担架运送，不可使患者步行，同时运送途中要注意，尽可能地用冰袋敷于病人额头、枕后、胸口、肘窝及大腿根部，积极进行物理降温，以保护大脑、心肺等重要脏器。

第二节　化工企业意外事故与应急措施

化工企业生产具有易燃、易爆、易中毒、高温、高压、易腐蚀等特点，与其他行业相比，生产过程中潜在的不安全因素更多，危险性和危害性更大，因此对安全生产的要求也更加严格。目前，随着化工生产技术的发展和生产规模的扩大，企业安全已经不再局限于企业自身，一旦发生有毒有害物质泄漏，不但会造成生产人员中毒伤害事故，导致生产停顿、设备损坏，并且还有可能波及社会，造成其他人身中毒伤亡，产生无法估量的损失和难以挽回的影响。

一、事故现场人员的紧急自救与互救

危险化学品事故现场急救的目的是挽救生命、稳定病情、减少伤残和减轻痛苦。

1. 一般救治原则

事故现场救治的基本原则是立即解除致病原因，脱离事故现场。将伤员安置于空气新鲜的环境中。如系严重中毒，要立即在现场实施治疗；一般中毒伤员要平坐或平卧休息，密切观察监护，随时注意病情变化。

对于神志不清的伤员应使其侧卧位，防止气道梗阻，缺氧者给予氧气吸入，呼吸停止者立即施行人工呼吸，心跳停止者立即施行胸外心脏按压。

对于皮肤烧伤者，应尽快清洁创面，并用清洁或已消毒的纱布保护好创面，酸、碱及其他化学物质烧伤者用大量流动清水冲洗 20 min 后再进一步处置，禁止在创面上涂敷消炎粉、油膏类。头面部灼伤时，要注意眼、耳、鼻、口腔的清洗，眼睛灼伤后要优先彻底冲洗。避免创面污染，不要把水疱弄破。

当伤员发生冻伤时，应迅速复温，复温的方法是采用 40～42℃ 恒温热水浸泡，使其温度提高至接近正常，在对冻伤的部位进行轻柔按摩时，应注意不要将伤处的皮肤擦破，以防感染。

对于骨折的伤员，特别是脊柱骨折时，在没有正确固定时，除止血外应尽量少动伤员，以免加重损伤。

切勿随意给伤员饮食，以免呕吐物误入气管内。

2. 急性化学中毒的现场救治要点

对于急性化学中毒的人员，应立即将伤员移离中毒现场，至空气新鲜场所并给予吸氧，脱除污染的衣物。

保持呼吸道通畅，防止梗阻。密切观察伤员意识、瞳孔、血压、呼吸、脉搏等生命体征，发现异常立即处理。

经口中毒，毒物为非腐蚀性者，立即用催吐、洗胃和导泻的办法使毒物尽快排出体外。但腐蚀性毒物中毒时，一般不提倡用催吐与洗胃的方法，可通过输液、利尿来加快代谢，使用排毒剂和解毒剂清除已吸收入体内的毒物。

保护重要器官功能，维持酸碱平衡，防止水电解质紊乱，防止继发感染、并发症和后遗症。

3. 现场急救的注意事项

（1）染毒区人员撤离现场的注意事项。染毒区人员撤离前，应自行或相互帮助戴好防毒面罩或用湿毛巾捂住口鼻，同时穿好防毒衣或雨衣，把暴露的皮肤保护起来，免受损害。

利用旗帜、树枝、手帕来辨明风向并迅速判明风向，尽可能利用交通工具向上风向作快速转移。撤离时，应选择安全的撤离路线，避免横穿毒源中心区域或危险地带，防止发生继发伤害。

遇呼吸心搏骤停的伤员应立即将其运离开染毒区，就地立即实施人工心肺复苏，并通知其他医务人员前来抢救，或者边做人工心肺复苏边就近转送医院。

（2）救援人员进入染毒区域的注意事项。救援人员进入染毒区域必须事先了解染毒区域的地形，建筑物分布，有无爆炸及燃烧的危险，毒物种类及大致浓度，选择合适的防毒用品，必要时穿好防护衣。

应至少2～3人为一组集体行动，以便互相监护照应。所用的救援装备需具备防爆功能。

进入染毒区的人员必须明确一位负责人，指挥协调在染毒区域的救援行动，最好配备一部对讲机随时与现场指挥部及其他救援队伍联系。

（3）开展现场急救工作时的注意事项。要备好防毒面罩和防护服，在现场急救过程中要注意风向的变化，一旦发现急救医疗点处于下风向遭受到污染时，立即做好自身及伤员的防护，并迅速向安全区域转移，重新设置现场急救医疗点。

在事故现场特别是有大批伤员的情况下，现场救援人员应重点搜寻与帮助危重伤员和老、弱、幼、妇群众迅速撤离。

在现场安全区域集中设置洗消站，采用脱除污染的衣物、用流动清水冲洗皮肤等方法，及时对被污染的撤出群众进行消毒，防止发生继发伤害。

在为伤员作医疗处置的过程中，应尽可能地保护好伤员的眼睛，切记不要遗漏对眼睛的检查和处理。还要注意对伤员污染衣物的处理，防止发生继发性损害。特别是对某些毒物中毒（如氰化物、硫化氢）的伤员，做人工呼吸会引起救援人员中毒，因此不宜进行口对口人工呼吸。

二、化工企业火灾事故的应急处置要点

1. 扑救危化品火灾的一般对策

（1）扑救初期火灾在火灾尚未扩大到不可控制之前，应尽快用灭火器来控制火灾。迅速关闭火灾部位的上下游阀门，切断进入火灾事故地点的一切物料，然后立即启用现有各种消防装备扑灭初期火灾和控制火源。

（2）对周围设施采取保护措施。为防止火灾危及相邻设施，必须及时采取冷却保护措施，并迅速疏散受火势威胁的物资。有的火灾可能造成易燃液体外流，这时可用沙袋或其他材料筑堤拦截流淌的液体或挖沟导流，将物料导向安全地点。必要时用毛毡、湿草帘堵住下水井、阴井口等处，防止火焰蔓延。

（3）扑救危险化学品火灾决不可盲目行动，应针对每一类化学品，选择正确的灭火剂和灭火方法。必要时采取堵漏或隔离措施，预防次生灾害扩大。当火势被控制以后，仍然要派人监护，清理现场，消灭余火。

2. 几种特殊物品的火灾扑救注意事项

（1）扑救液化气体类火灾，切忌盲目扑灭火势，在没有采取堵漏措施的情况下，必须保持稳定燃烧。否则，大量可燃气体泄漏出来与空气混合，遇着火源就会发生爆炸，后果将不堪设想。

（2）对于爆炸物品火灾，切忌用沙土盖压，以免增强爆炸物品爆炸时的威力；扑救爆炸物品堆垛火灾时，水流应采用吊射，避免强力水流直接冲击堆垛，以免造成堆垛倒塌引起再次爆炸。

（3）对于遇湿易燃物品火灾，绝对禁止用水、泡沫、酸碱等湿性灭火剂扑救。

（4）氧化剂和有机过氧化物的灭火比较复杂，应针对具体物质具体分析。

（5）扑救毒害品和腐蚀品的火灾时，应尽量使用低压水流或雾状水，避免腐蚀品、毒害品溅出；遇酸类或碱类腐蚀品，最好调制相应的中和剂稀释中和。

（6）易燃固体、自燃物品一般都可用水和泡沫扑救，只要控制住燃烧范围，逐步扑灭即可。但有少数易燃固体、自燃物品的扑救方法比较特殊。如 2,4-二硝基苯甲醚、二硝基萘、萘等是易升华的易燃固体，受热放出易燃蒸气，能与空气形成爆炸性混合物，尤其在室内，易发生爆燃，在扑救过程中应不时向燃烧区域上空及周围喷射雾状水，并消除周围一切火源。

注意：发生危险化学品火灾时，灭火人员不应单独灭火，应该 2～3 人一组，相互照应。灭火时出口应始终保持畅通，发生意外要保证能够及时撤出。

3. 发生爆炸事故的应急处置要点

发生危险化学品爆炸事故时，一般应采取以下应急处置对策：

（1）迅速判断和查明再次发生爆炸的可能性和危险性，紧紧抓住爆炸后和再次发生爆炸之前的有利时机，采取一切可能的措施，全力制止再次爆炸的发生。

（2）切忌用沙土盖压，以免增强爆炸物品爆炸时的威力。

（3）如果有疏散可能，人身安全确有可靠保障，应迅即组织力量及时疏散着火区域周围的爆炸物品，使着火区周围形成一个隔离带。

（4）扑救爆炸物品堆垛时，水流应采用吊射，避免强力水流直接冲击堆垛，以免堆垛倒塌引起再次爆炸。

（5）灭火人员应尽量利用现场现成的掩蔽体或尽量采用卧姿等低姿射水，尽可能地采取自我保护措施。消防车辆不要停靠离爆炸物品太近的水源。

（6）灭火人员发现有发生再次爆炸的危险时，应立即向现场指挥报告，现场指挥应迅速做出准确判断，确有发生再次爆炸征兆或危险时，应立即下达撤退命令。灭火人员看到或听到撤退信号后，应迅速撤至安全地带，来不及撤退时，应就地卧倒。

三、发生有害物质泄漏事故的应急处置要点

1. 进入泄漏现场的注意事项

进入泄漏现场进行应急处理时，一定要注意安全防护：

（1）进入现场救援人员必须佩戴必要的个人防护器具。

（2）如果泄漏物是易燃易爆的，事故中心区应严禁火种，切断电源，禁止车辆进入，立即在边界设置警戒线。

（3）如果泄漏物是有毒的，应使用专用防护服、隔绝式空气面具，并立即在事故中心区边界设置警戒线。

（4）应急处理时严禁单独行动，要有监护人，必要时用水枪、水炮掩护。

2. 确保人员安全

在确保人员安全的前提下，尽快关阀堵漏。根据实际情况，可以采取关闭阀门、停止作业或改变工艺流程、物料走副线、局部停车、打循环、减负荷运行等，采用合适的材料和技术手段堵住泄漏处。

3. 对泄漏物的处理

处理泄漏物，通常有以下几种办法：

（1）围堤堵截。筑堤堵截泄漏液体或者引流到安全地点。储罐区发生液体泄漏时，要及时关闭雨水阀，防止物料沿明沟外流。

（2）稀释与覆盖。向有害物蒸气云喷射雾状水，加速气体向高空扩散。对于可燃物，也可以在现场施放大量水蒸气或氮气，破坏燃烧条件。对于液体泄漏，为降低物料向大气中的蒸发速度，可用泡沫或其他覆盖物品覆盖外泄的物料，在其表面形成覆盖层，抑制其蒸发。

（3）收集。对于大型泄漏，可选择用隔膜泵将泄漏出的物料抽入容器内或槽车内；当泄漏量小时，可用沙子、吸附材料、中和材料等吸收中和。

（4）废弃。将收集的泄漏物运至废物处理场所处置。用消防水冲洗剩下的少量物料，冲洗水排入污水系统处理。

4. 努力减轻泄漏危险化学品的毒害

参加危险化学品泄漏事故处置的车辆应停于上风方向，消防车、洗消车、洒水车应在保障供水的前提下，从上风方向喷射开花或喷雾水流对泄漏出的有毒有害气体进行稀释、驱散；对泄漏的液体有害物质可用沙袋或泥土筑堤拦截，或开挖沟坑导流、蓄积，还可向沟、坑内投入中和（消毒）剂，使其与有毒物直接起氧化、氯化作用，从而使有毒物改变性质，成为低毒或无毒的物质。对某些毒性很大的物质，还可以在消防车、洗消车、洒水车水罐中加入中和剂（浓度比为5%左右），则驱散、稀释、中和的效果更好。

5. 搞好现场检测

应不间断地对泄漏区域进行定点与不定点的检测，以及时掌握泄漏物质的种类、浓度和扩散范围，恰当地划定警戒区。

6. 把握好灭火时机

当危险化学品大量泄漏，并在泄漏处稳定燃烧，在没有制止泄漏绝对把握的情况下，不能盲目灭火，一般应在制止泄漏成功后再灭火。否则，极易引起再次爆炸、起火，将造成更加严重的后果。

四、对人员中毒事故的应急处置要点

1. 中毒事故现场应急处置的一般原则

发生毒物泄漏人员中毒事故时，现场人员应采取以下措施：

按报送程序向有关部门领导报告；通知停止周围一切可能危及安全的动火、产生火花的作业，消除一切火源；通知附近无关人员迅速离开现场，严禁闲人进入毒区等。

进行现场急救的人员应遵守以下规定：

（1）参加抢救人员必须听从指挥，抢救时必须分组有序进行，不能慌乱。

（2）救护者应戴好防毒面具或氧气呼吸器、穿好防毒服后，从上风向快速进入事故现场。

（3）迅速将伤员从上风向转移到空气新鲜的安全地方。

（4）救护人员在工作时，应注意检查个人危险化学品应急救援防护装备的使用情况，如发现异常或感到身体不适时要迅速离开染毒区。

（5）假如有多个中毒或受伤的人员被送到救护点，应按照"先救命、后治病，先重后轻、先急后缓"的原则分类对伤员进行救护。

2. 对窒息性气体人员中毒的急救措施

一氧化碳、硫化氢、氮气、光气、双光气、二氧化碳及氰化物气体等统称窒息性气体，它们引起急性中毒事故的共同特点是突发性、快速性和高度致命性，常来不及抢救。因此，一旦发现此类窒息性气体的现场有人中毒昏倒，单凭勇敢精神和搭救愿望贸然进入毒源区，非但救不了他人，反而会危害自己。应当采取"一戴二隔三救出"的急救措施。

"一戴"。施救者应立即佩戴好输氧或送风式防毒面具；无条件可佩戴防毒口罩，但需注意口罩型号要与毒物防护种类相符，腰间系好安全带或绳索，方可进入高浓度毒源区域施救。由于防毒口罩对毒气滤过率有限，故佩戴者不宜在毒源处时间过久，必要时可轮流或重复进入。毒源区外人员应严密观察、监护，并拉好安全带（或绳索）的另一端，一旦发现危情迅速令其撤出或将其牵拉出。

"二隔"。由施救人员携带送风式防毒面具或防毒口罩，并尽快将其戴在中毒者口鼻上，紧急情况下也可用便携式供氧装置（如氧气袋、瓶等）为其吸氧。此外，毒源区域迅速通风或用鼓风机向中毒者方向送风也有明显效果。

"三救出"。抢救人员在"一戴、二隔"的基础上，争分夺秒地将中毒者移离出毒源区，进一步进行医疗急救。一般以2名施救人员抢救一名中毒者为宜，可缩短救出时间。

3. 对有限空间作业人员中毒的急救措施

对有限空间作业人员中毒的急救措施主要有：

（1）现场应急指挥负责人和应急人员首先对事故情况进行初始评估。根据观察到的情况，初步分析事故的范围和扩展的潜在可能性。

（2）使用检测仪器对有限空间有毒有害气体的浓度和氧气的含量进行检测。也可采用动物（如白鸽、白鼠、兔子等）试验方法或其他简易快速检测方法作辅助检测。

（3）根据测定结果采取加强通风换气等相应的措施，在有限空间的空气质量符合安全要求后方可作业。

（4）抢险人员要穿戴好必要的劳动防护用品（呼吸器、工作服、工作帽、手套、工作鞋、安全绳等），系好安全带，以防受到伤害。

（5）在有限空间内作业用的照明灯应使用 12 V 以下安全行灯，照明电源的导线要使用绝缘性能好的软导线。

（6）发现有限空间有受伤人员，用安全带系好被抢救者两腿根部及上体妥善提升，使受伤者脱离危险区域，避免影响其呼吸或触及受伤部位。

（7）抢险过程中，有限空间内抢险人员与外面监护人员应保持通讯联络畅通，并确定好联络信号，在抢险人员撤离前，监护人员不得离开监护岗位。

（8）救出伤员对其进行现场急救，并及时将伤员转送医院。

五、对化学灼伤人员的应急处置要点

1. 迅速脱去衣物，清洗创面

发生化学灼伤，由于化学物质的腐蚀作用，如不及时将其除掉，就会继续腐蚀下去，从而加重急剧灼伤的严重程度，某些化学物质如氢氟酸的灼伤初期无明显的疼痛，往往不受重视而贻误处理时机，加剧了灼伤程度。一旦发生化学灼伤，应当立即进行现场急救和处理。

当化学物质接触人体组织时，应迅速脱去衣服，立即用大量清水冲洗创面，不应延误，冲洗时间不得小于 20 min，以利于将渗入毛孔或黏膜内的物质清洗出去。清洗时要遍及各受害部位，尤其要注意眼、耳、鼻、口腔等处。对眼睛的冲洗一般用生理盐水或用清洁的自来水，冲洗时水流不宜正对角膜方向，不要揉搓眼睛，也可将面部浸入在清洁的水盆里，用手把上下眼皮撑开，用力睁大两眼，头部在水中左右摆动。

2. 进行现场急救

抢救时必须考虑现场具体情况，在有严重危险的情况下，应首先使伤员脱离现场，送到空气新鲜和流通处，迅速脱除污染的衣着及佩戴的防护用品等。

小面积化学灼伤创面经冲洗后，如确实致伤物已消除，可根据灼伤部位及灼伤深度采取包扎疗法或暴露疗法；中、大面积化学灼伤，经现场抢救处理后应送往医院处理。

第三节　火灾危险与急救知识

　　火灾是指失去控制并对财物和人身造成损害的燃烧现象。导致火灾发生的原因很多，大致可以将火灾原因分为电气火灾、生活用火火灾、违章操作火灾、吸烟火灾、玩火火灾、放火火灾、自燃火灾、雷击火灾、其他火灾等类别。火灾事故发生后，往往由于人们缺乏相应的逃生知识与急救知识，造成不应有的伤亡，所以应该了解和掌握火灾时的安全疏散和逃生知识，提高自救能力。

一、火灾发生的一般规律

　　火灾与一些自然因素有关，如地域、气候、气象等因素，同时还与社会因素有关，许多火灾事故的发生更多的是由于社会因素的原因造成的，如电气火灾、违章操作火灾、吸烟火灾、玩火火灾等。所以说，火灾是一种自然现象，同时也是一种社会现象。

1. 社会环境因素对火灾的影响

　　在不同的社会发展时期，社会环境因素的变化对火灾的影响很大，包括政治、经济、文化、风俗习惯等因素的影响。

　　（1）工业的发展，设备随之增多；人民生活水平的提高，家用电器随之增多。随着经济的发展，引发火灾的因素增多，从而促使火灾增多。

　　（2）自动化水平的提高，提高了监控质量；阻燃新材料的使用，使火灾难以发生；新技术的使用，使灭火设备更先进，灭火能力增强，起火成灾率减小。

　　（3）政局稳定、法制健全、社会安定、消防管理严密有效，火灾则少。反之，社会混乱、管理失控，火灾将增多，损失将增大。

　　（4）教育的普及，文化素质的提高，人们遵守法律法规的自觉性将提高；防火灭火科技知识的丰富，人们自身抗御火灾的警惕性和技能将提高，起火成灾率将减少。

　　（5）风俗习惯对火灾形成有很大的影响。传统风俗习惯中，如燃放烟花爆竹，上坟烧纸，供神焚香，酗酒吸烟，乱扔烟头等，将容易引起火灾。

2. 火灾的季节变化规律

　　我国地域广阔，各地经济发展、风土人情有所差异，但就火灾随季节的变化而言，有着基本共同的规律：冬季（上年 12—2 月）火灾起数最多，春季（3—5 月）次之，秋季（9—11 月）又次之，夏季（6—8 月）火灾起数最少。

冬天气温低，生产、生活取暖用火、用电增多，夜晚照明时间加长，这是火灾多发的原因之一。春节期间正常秩序被打乱，以及燃放烟花爆竹，是火灾多发的原因之二。20 世纪 90 年代，全国春节期间火灾年平均约占冬季总数的 1/4，仅烟花爆竹引起火灾年平均占冬季总数近 15%。

春季风大，加上气温回升快，土壤水分蒸发量大，水气散失极快，形成风高物燥的气候。在这个季节人们还有春游踏青、清明祭扫的习惯，野外火源增多。据统计，春季是森林火灾最多的时期，东北地区四五月间，是森林火灾最频繁季节；在南方，西南和西北的南部地区，二三月份为森林火险最严重季节。

秋季气温、湿度与春季相近，风力比春、冬季小。中秋之后，北方庄稼开始成熟，禾秆渐趋枯萎，收获、打场用火、用电量增加，柴草堆垛林立。特别是进入晚秋，寒潮频袭，气温下降，风力上升，时有火灾发生。

夏季气温高，雨水多，日照时间长，用火量和用火时间减少，物质燃烧难度增加，因此火灾起数夏季最少。然而需要注意的是夏季自燃火灾占全年之首，同时雷电火灾也明显高于其他季节。更为重要的是夏季气温高，闪点低的易燃物品的燃烧及危险物品的爆炸可能性增加，一旦发生火灾，损失往往惨重。

3. 火灾昼夜变化规律

火灾在一日 24 小时内的发生规律是：10 时至 22 时为起火高峰期；22 时至次日上午 8 时为起火低峰期，其中凌晨 4 时至 8 时起火风险最小；20 时至早晨 6 时火灾成灾率较高，损失较大。而且白天起火风险大，尤以下午为最大；夜间起火风险小，尤以后半夜为最小。成灾率是白天低夜间高。这个规律的形成，与人们的生活和生产经营活动规律密切相关。白天是人们从事生产和经营活动最集中、最频繁的时间，也是用火用电和使用易燃易爆物品最多的时间，如果疏于防范，容易失火。特别是下午，人们的精力、体力处于疲劳、困倦状态，易放松警惕，更容易发生火灾。但由于人们都在岗位上，即使失火也能早发现、快报警，由于扑救及时，故成灾率较低。而夜间，虽然停止或减少了生产经营活动，用火用电量减少，失火机会少，但一旦起火，不易发现，或者发现较晚，由于得不到及时扑救，往往小火酿成大火，故成灾率高、火灾损失大。

从近些年来的火灾原因看，由于生产生活用火不慎，违反安全操作规程，电气故障，吸烟、玩火等原因引起的火灾起数，占总数的 80% 左右，说明火灾的发生同人们的警惕性、执行法规的程度、消防知识掌握的多少、消防安全管理水平有直接的密切联系。

二、火灾发生时的安全疏散与逃生知识

1. 火灾时烟气的危害

在各种火灾事故中，死亡人员中有相当一部分人不是直接被火烧死的，而是由于烟气的毒害造成的。据美国学者对在建筑火灾中死亡的 1 464 人的死因进行的分析表明，其中 1 026 人死于窒息和中毒，占总数的 70%。现在由于建筑物内大量使用易燃、可燃材料，特别是用塑料材料进行装饰装修，火灾时有大量有毒气体、蒸气的产生，因而严重威胁着被困人员的生命安全。

火灾时烟气的危害主要表现在四个方面：

（1）烟气的毒害性可致人伤亡。当空气中二氧化碳浓度增大时，氧含量低于正常呼吸值时，人感到缺氧，因而活动能力减弱，思想混乱，甚至晕倒、窒息；当烟气中各种毒性气体含量超过人正常生理所允许的最低浓度时，就会发生中毒死亡事故。

（2）烟气的减光性阻碍人员的疏散和灭火行动。烟气弥漫时，可见光受到烟气的遮蔽，能见度大大降低。且烟气又强烈地刺激人的眼睛，使人睁不开眼，不易辨别方向，不易查找起火点，严重影响人们的行动。

（3）烟气的恐怖性造成人的心理恐慌。建筑物发生火灾时，烟气的流动速度比人在火场中的行动速度要快。人首先受到烟气的威胁，由于毒害性和减光性的影响，往往使人产生极大恐惧，甚至失去理智，惊慌失措，混乱无绪，采取不应该采取的措施，以致发生伤亡事故。

（4）烟气携带高温热量。高温烟气载有热量，且温度很高，在燃气扩散弥漫的区域，可将其热量传给周围可燃建筑构件和可燃物，室内空间温度上升很快，待达到500℃时，会发生轰燃现象，即室内的可燃物大部分可瞬间着起来，使火势急剧扩大，人在这种场合会被严重烧伤。

2. 防止烟气危害的措施

防止烟气危害的措施有以下几项。

（1）设法排烟，降低烟雾浓度。为了安全疏散和灭火施救活动，可采取的防排烟措施有：①自然换气排烟法。将着火的房间、楼层或其上层的窗户打开，借助烟的升力和风力排烟。②机械排烟法。用排烟机排烟，灵活性较大。如用吸气法，吸烟口应设在建筑物顶部，若用鼓风法，送风口应设在地面。③喷雾水驱烟法。从空气流入侧用水枪喷水雾，向下风侧驱赶烟雾，同时还可以净化空气。

（2）个人用毛巾防烟法。用折叠的毛巾捂口鼻能起到良好的防烟作用。如果将干毛巾

折叠 8 层，烟雾消除率可达 60%，实验证明，人在这种情况下于充满刺激性烟雾的 15 m 长走廊里慢速行走，没有刺激性感觉。如果用湿毛巾保护口鼻，则防烟效果更好，因为水能将一些有害气体溶解掉。捂口鼻时，要使过滤烟的面尽量增大。穿过烟雾区时，即使感到呼吸阻力增大，也决不能将毛巾从口鼻拿开，以防烟气中毒。

3. 发生火灾安全疏散的方法

（1）及时报告火警

发生火灾不要惊慌失措，要保持镇静，要及时报警，火警电话号码 119 要记清。

1）火警电话打通后，应讲清楚着火单位，所在区县、街道、门牌或乡村的详细地址。

2）要讲清什么东西着火，起火部位，燃烧物质和燃烧情况，火势怎样。

3）报警人要讲清自己姓名、工作单位和电话号码。

4）报警后要派专人在街道路口等候消防车到来，指引消防车去火场的道路，以便迅速、准确到达起火地点。

（2）安全疏散注意事项

发生火灾，在进行疏散时需要注意以下事项：

1）保持安全疏散秩序。在疏散过程中，始终应把疏散秩序和安全作为重点，尤其要防止发生拥挤、践踏、摔伤等事故。遇到只顾自己逃生，不顾别人死活的不道德行为和相互践踏、前拥后挤的现象，要想方设法坚决制止。如看见前面的人倒下去，应立即扶起；发现拥挤应给予疏导或选择其他的辅助疏散方法给予分流，减轻单一疏散通道的压力。实在无法分流时，应采取强硬手段坚决制止。同时要告诫和阻止逆向人流的出现，保持疏散通道畅通。制止逃生中乱跑乱窜、大喊大叫的行为。因为这种行为不但会消耗大量体力，吸入更多的烟气，还会妨碍别人的正常疏散和诱导混乱。尤其是前呼后拥的混乱状态出现时，决不能贸然加入，这是逃生过程中的大忌，也是扩大伤亡的缘由。

1994 年 11 月 27 日，阜新市艺苑歌舞厅发生火灾。火灾刚刚发生时，老板的女儿喊叫"起火啦!"老板及其女儿从后门逃走。然而正跳得起劲的舞客们充耳不闻。舞厅有近 300 人，当他们真的感觉是火灾后，立即拥向小门逃生。一人跌倒还未爬起，后面接踵而至的人便被绊倒，逃生者就人叠人地堵住了小门。混乱而无序的疏散完全葬送了逃生的机会，最后只有 30 人逃出，233 人死亡，20 人受伤。灾后发现，遇难者呈扇形拥在门口处叠了 9 层，约 1.5 m 高，景象惨不忍睹。

2）应遵循的疏散顺序。就多层场所而言，疏散应以先着火层，后以上各层、再下层的顺序进行，以安全疏散到地面为主要目标。优先安排受火势威胁最严重及最危险区域内的人员疏散。此时若贻误时机，则极易产生惨重的伤亡后果。建筑物火灾中，一般是着火楼层内的人员遭受烟火危害的程度最重，要忍受高温和浓烟的伤害。如疏散不及时，极易发生跳楼、中毒、昏迷、窒息等现象和症状。因此当疏散通道狭窄或单一时，应首先救助和疏散着火层的人员。着火层以上各层是烟火蔓延将很快波及的区域，也应作为疏散重点尽快疏散。相对来说，下面各层较为安全，不仅疏散路径短，火势殃及的速度也慢，能够容许留有一段安全疏散时间。分轻重缓急按楼层疏散，可大大减轻安全疏散通道压力，避免人流密度过大、路线交叉等原因所致的堵塞、践踏等恶果，保持通道畅通。

疏散中先老、弱、病、残、孕，先旅客、顾客、观众，后员工，最后为救助人员疏散的顺序，这是单位负责人和消防队领导必须遵循的疏散原则。对于行动有困难的特殊人员，还应指派专人或青壮年人员协助撤离。负责疏导安全撤离的员工和消防队员，决不可只顾自己逃生而抛下旅客、顾客、观众不管，这是渎职行为。

3) 发扬团结友爱、舍己救人的精神。火灾中善于保护自己顺利逃生是重要的，同时也要发扬团结友爱、舍己救人的精神，尽力救助更多的人撤离火灾危险境地。火灾疏散统计资料表明，孩子、老人、病人、残疾人和孕妇，在火灾伤亡者中占有相当大的比例，这主要是由于他们的体质和智能不足，思维出现差错和行动迟缓而造成的。如能及时给予协助，就能使他们得以逃生。

4) 疏散、控制火势和火场排烟，原则上应同时进行。组织力量利用楼内消火栓、防火门、防火卷帘等设施控制火势，启用通风和排烟系统降低烟雾浓度，阻止烟火侵入疏散通道，及时关闭各种防火分隔设施等措施，都可为安全疏散创造有利条件，使疏散行动进行得更为顺利、安全。

5) 疏散中原则上禁止使用普通电梯。普通电梯由于缝隙多，极易受到烟火的侵袭，而且电梯竖井又是烟火蔓延的主要通道，所以采用普通电梯作为疏散工具是极不安全和危险的。曾有中途停电、窜入烟火和成为火势蔓延通道的多起悲剧案例。因而发生火灾时，原则上应首先关闭普通电梯。

6) 不要滞留在没有消防设施的场所。逃生困难时，可将防烟楼梯间、前室、阳台等作为临时避难场所。千万不可滞留于走廊、普通楼梯间等烟火极易波及又没有消防设施的部位。

7) 逃生中注意自我保护。学会逃生中自我保护的基本方法，是保证自我逃生安全的重要组成部分。如在逃生中因中毒、撞伤等原因对身体造成伤害，不但贻误逃生行动，还会遗留后患甚至危及生命。

火场上烟气具有较高的温度，但安全通道的上方烟气浓度大于下部，贴近地面处浓度最低。所以疏散时穿过烟气弥漫区域时要以低姿行进为好，例如弯腰行走、蹲姿行走、爬姿等。但当你采用上述这些姿势逃离时动作速度不宜过猛过快，否则会增大烟气的吸入量，因视线不清发生碰壁、跌倒等事故。

8）注意观察安全疏散标志。在烟气弥漫能见度极差的环境中逃生疏散时，应低姿细心搜寻安全疏散指示标志和安全门的闪光标志，按其指引的方向稳妥进行，切忌只顾低头乱跑或盲目随从别人。

9）脱下着火衣服。如果身上衣服着火，应迅速将衣服脱下，或就地翻滚，将火压灭。如附近有浅水池、池塘等，可迅速跳入水中。如果身体已被烧伤时，应注意不要跳入污水中，以防感染。

4. 火场逃生自救方法

当火灾突然降临，一定要强制自己保持头脑冷静，根据周围环境和各种自然条件，选择恰当自救方式。自救方式是否恰当，直接关系到生死命运。有这样两个事例。

2004 年 6 月 9 日下午，北京京民大厦游泳馆在修建过程中发生火灾，共造成 11 人死亡、48 人受伤。其中在大厦四层的职工宿舍里发现了几名死者，他们由于惊慌和自救意识差，连屋门都没有关，导致毒烟飘进房内导致人员死亡。与之相反，四层北侧的一间办公室中有 4 名女孩，她们知道屋门是防火门，将房门关严，耐心等待救援，结果没有受到任何损伤。

2010 年 11 月 5 日 9 时左右，吉林某商业大厦发生火灾，造成 19 人死亡、27 人受伤。在这起突发事故中，也出现临危不乱、互助逃生的事例。其中一位叫张丽英的老人，看到有浓烟滚上来后，立刻组织大家逃生。她们推开教室门时，发现楼梯内已漆黑一片。于是她带领大家从另一个小门走到第 2 教室，发现第 2 教室有一扇窗户打开了，趴着窗户看到有一处缓台，由于所有教室的 80 多人此时已经都挤在这个窗户跟前，但窗户狭小，大家又都十分慌张，由于都是老年人，个个腿脚发软，哭喊一片。她立刻大喊："大家不要慌张，我们排好队，这样都能逃出去了。"于是，按照年龄排队，年纪大的人，站在前面，60 岁以下的老年人排在后面，这样大家找到主心骨，马上排了长队，她组织大家，从窗户跳到 1 m 多高的缓台。她是最后一个跳过去的，并拨打 119 报警。

火场逃生自救方法主要有：

（1）熟悉所处环境。对于经常工作或居住的建筑物，可以事先制订较为详细的逃生计划，并进行必要的逃生训练和演练。必要时可把确定的逃生出口（如门窗、阳台、室外楼梯、安全出口、楼梯间等）和路线绘制在图上，并贴在明显的位置上，以便大家平时熟悉和在发生火灾时按图上的逃生方法、路线和出口，有事时顺利逃出危险地区。

（2）选择逃生方法。逃生的方法有多种。应该根据火场上的火势大小，被围困的人员所处位置和可供使用的救生器材不同，采取不同的逃生方法。在火场上发现或意识到自己可能被烟火围困，生命受到威胁时，要立即放下手中的工作，采取相应的逃生措施和方法，切不可延误逃生良机。

应根据火势情况，优先选择最简便、最安全的通道和疏散设施。如楼房着火时，首先选择安全疏散楼梯、室外疏散楼梯、普通楼梯间等。尤其是防烟楼梯间、室外疏散楼梯更安全可靠，在火灾逃生时，应充分利用。但火场上不得乘坐普通电梯。当您身处房间，要打开门、窗时，必须先摸摸门、窗是否发热。如果发热，就不能打开，应选择其他出口；如果不热，也只能小心慢慢打开，并迅速撤出，然后将门立即关好。

当经常使用的通道被烟火封锁后，应该先向远离烟火的方向疏散，然后再向靠近出口和地面的方向疏散。向远离烟火的方向疏散时，应以水平疏散为主，尽量避免向楼上疏散。同时，一旦到达一个较为安全的地方，决不要停留在原地，应迅速采取措施，利用一切逃生手段，向靠近地面的方向逃生。

当一时想不出更好的疏散路线时，而他人的疏散路线又比较安全可靠，则可模仿他人的行为进行疏散。但千万不要盲目、消极地效仿他人的行为。如果盲目地跟着别人跑，盲目地跟着别人跳楼，这样做会导致更加惨痛的悲剧。例如，宣城明珠大酒店 2001 年 5 月 17 日晚发生火灾，起火时，酒店 4 楼歌舞厅有 34 人，慌乱之中，有 16 人跳楼，3 人摔死，13 人严重摔伤。但有 2 人用窗帘结成绳索，从 3 楼客房窗户滑下，安全逃生。

如果门窗、通道、楼梯等已被烟火封锁但未倒塌，还有可能冲得出去时，则可向头部、身上浇些冷水或用湿毛巾等将头部包好，用湿棉被、毯子将身体裹好冲出危险区。

当各通道全部被烟火封死时，应保持镇静，寻找可利用的逃生器材和办法进行自救。

如果被烟火困在 2 层楼内，在没有逃生器材或得不到救助的不得已的情况下，也可采取跳楼逃生办法。但跳楼之前，应先向地面扔一些棉被、床垫等柔软物件，然后用手扒住窗台或阳台，身体下垂，自然落下，同时注意屈膝双脚着地，这样可缩短距离，保护身体免得受伤。

如果被困在 3 楼以上的楼层内，可千万不要急于往下跳，可转移到其他较安全的地点，耐心等待救援。

（3）利用避难层逃生。在高层建筑和大型建筑物内，在经常使用的电梯、楼梯、公共厕所附近，以及袋形走廊末端都设有避难层和避难间。火灾时，可将短时间内无法疏散到地面的人员、行动不便的人员，以及在灭火期间不能中断工作的人员，如医护人员和广播、通信工作人员等，暂时疏散到避难间。其他被困人员在短时间内无法疏散到地面时，也可先疏散到避难层逃生。

（4）充分利用各种逃生器材和设施。利用逃生器材和设施进行逃生，主要有：

1）利用缓降器逃生。缓降器由挂钩（或吊环）、吊带、绳索及速度控制器组成，是一种靠人的自身重量缓慢沉降的安全救生装置，可以用安装器具固定在建筑物的窗口、阳台、屋顶外沿等处。

2）利用救生袋逃生。救生袋是两端开口，供逃生者从高处进入其内部缓慢滑降的长条袋状物。被困人员入袋内，可依靠自重和不同姿势来控制降落速度，缓慢降落至地面脱险。

3）利用自救绳逃生。在紧急情况下，可利用粗绳索，或利用床单、窗帘、衣服等系在一起作为自救绳，将绳的一端固定好，另一端投到室外，而后沿自救绳滑到安全地带或地面。

4）利用自然条件逃生。被困人员在疏散时，在疏散设施无法使用，又无其他应急材料可作救生器材的情况下，则可充分利用建筑物本身及附近的自然条件，进行自救。如阳台、窗台、屋顶、落水管、避雷线，以及靠近建筑物的低层建筑屋顶或其他构筑物等。但要注意查看落水管、避雷线是否牢固，否则不能利用。

（5）暂时避难方法。在各种通道被切断，火势较大，一时又无人救援的情况下，对于没有避难间的建筑里，被困人员应开辟临时避难场所与浓烟烈火搏斗。当被困在房间里时，应关紧迎火的门窗，打开背火的门窗，但不能打碎玻璃，要是窗外有烟进来时，还要关上窗子。如门窗缝隙或其他孔洞有烟进来时，应该用湿毛巾、湿床单等物品堵住或挂上湿棉被等物品，并不断向物品上和门窗上洒水，最后向地面洒水，并淋湿房间的一切可燃物，以延缓火势向室内蔓延，运用一切手段和措施与火搏斗，直到消防队到来，救助脱险。

开辟避难间时，要选择在有水源和能同外界联系的房间，目的是有水源可以降温、灭火、消烟，以利避难人员生存，同时又能与外面联系以获得救助。有电话要及时报警，无电话，可向窗外伸出彩色鲜艳的衣物或抛出小物件发出求救信号，或用其他明显标志向外报警，夜间可开灯或用手电筒向外报警。

（6）互救和救助。互救是在火灾中使他人免于受害的疏散行为。引起互救行为的原因各不相同，如同情、救难、助人等，但其共同之处都是为了使别人获得方便和利益，而把个人生死置之度外的表现。这是人类社会高尚的美德，是值得大力赞美和弘扬的。

自发性互救。自发性互救是指在火灾现场单独的个人或几个人，在无组织的情况下，采用特殊手段帮助他人的疏散行为。如告知起火。首先发现起火的受灾者，在报警同时高喊"着火了！"或敲门向左邻右舍报警；指示安全疏散走道和安全出口等。

帮助疏散。在火情紧急时，年轻力壮的受灾者帮助年老体弱者首先逃离火灾现场。其具体方法是：对于神志清醒者，可指定通路，让他们自行疏散；对于在烟雾中迷失方向者、年老体弱者，应该引导他们疏散；对病人、不能行走的儿童以及失去知觉的人，可运用背、抱、抬、扛等救人方法，把他们输送到安全地点。

（7）采取防烟措施。可以利用防毒面具防烟、防毒。例如，较大的宾馆饭店通常备有过滤式防毒面具，它能过滤烟雾中的烟粒子和 CO 等毒气。若确认已发生火灾，应迅速戴上防毒面具。其方法是，将面罩下方先套住下颚，然后将头带拉紧，使面罩紧贴面部以防漏气。还可以利用毛巾、衣服、软席垫布等织物叠成多层捂住口鼻，以防烟、防毒。将毛巾等织物润湿，则除烟效果更好。实践证明，将干毛巾叠成 16 层，就能使透过毛巾的烟雾浓度减少到 10％以下，即烟雾的消除率达 90％以上。但考虑实用，一条毛巾以叠成 8 层为宜，其烟雾消除率可达 60％。若利用其他织物，应视其薄厚、疏密来确定折叠的层数，一般层数越多，除烟效果越好。使用毛巾和其他织物捂住口鼻时，一定要使滤烟的面积尽量增大，确实将口鼻捂严。在穿过烟雾区时，即使感到呼吸阻力大（呼吸困难），也绝不能把毛巾从口鼻上移开。因为一旦移开，毒气达到一定的浓度，吸上几口就会立即中毒。

在火灾的初期阶段，靠近地面的烟气和毒气比较稀薄，能见度相对比较高。受灾者在逃生时，应采取低姿行走、探步前进的方法，若烟雾太浓，判断准确方向后，应沿地面爬行，逃离现场。

三、火灾中发生人员烧伤的急救知识

1. 人身上着火时的紧急处置

（1）当身上套着几件衣服时，火一下是烧不到皮肤的，应将着火的外衣迅速脱下来。有纽扣的衣服可用双手抓住左右衣襟猛力撕扯将衣服脱下，不能像平时那样一个一个地解纽扣，因为时间来不及。如果穿的是拉链衫，则要迅速拉开拉锁将衣服脱下。

（2）身上如果穿的是单衣，应迅速趴在地上；背后衣服着火时，应躺在地上；衣服前后都着火时，则应在地上来回滚动，利用身体隔绝空气，覆盖火焰，窒息灭火。但在地上滚动的速度不能太快，否则火不容易压灭。

（3）在家里，使用被褥、毯子或麻袋等物灭火，效果既好又及时，只要打开后遮盖在身上，然后迅速趴在地上，火焰便会立刻熄灭；如果旁边正好有水，也可用水浇。

（4）在野外，如果附近有河流、池塘，可迅速跳入浅水中；但若人体已被烧伤，而且创面皮肤已烧破时，则不宜跳入水中，更不能用灭火器直接往人体上喷射，因为这样做很容易使烧伤的创面感染细菌。

2. 火灾现场的急救知识

火灾是日常生活中最常见的一种灾害，常由高温、沸水、烟雾、电流等造成烧伤。更严重的是使人的皮肤、躯体、内脏等造成复合伤，甚至可致残或死亡。

（1）烧伤深度的区分

烧伤深度我国多采用三度四分法。

Ⅰ度，称红斑烧伤。只伤表皮，表现为轻度水肿，热痛，感染过敏，表皮干燥，无水疱，需 3～7 天痊愈，不留瘢痕。

浅Ⅱ度，称水泡性烧伤。可达真皮，表现为剧痛，感觉过敏，有水疱，创面发红，潮湿、水肿，需 8~14 天痊愈，有色素沉着。

深Ⅱ度，真皮深层受累。表现为痛觉迟钝，可有水疱，创面苍白潮湿，有红色斑点，需 20~30 天或更长时间才能治愈。

Ⅲ度，烧伤可深达骨。表现为镇痛，皮肤失去弹性，干燥，无水疱，似皮革，创面焦黄或炭化。

烧伤面积越大，深度越深，危害性越大。头、面部烧伤易出现失明，水肿严重；颈部烧伤严重者易压迫气道，出现呼吸困难，窒息；手及关节烧伤易出现畸形，影响工作、生活；会阴烧伤易出现大小便困难，引起感染；老、幼、弱者治疗困难，愈合慢。

（2）火灾烧伤的急救原则

火灾烧伤的急救原则是：一脱，二观，三防，四转。

一脱：急救头等重要的问题是使伤员脱离火场，灭火应分秒必争。

二观：观察伤员呼吸、脉搏、意识如何，目的是分出轻重缓急进行急救。

三防：防止创面不再受污染，包括清除眼、口、鼻的异物。

四转：把重伤者迅速安全地送往医院。

（3）火灾烧伤的现场急救方法

火灾烧伤的现场急救方法主要有：

1）清理创面。先口服镇痛药哌替啶 50~100 毫克/次，最好用生理盐水稀释 1 倍从静脉缓慢推入。立即止痛后，用微温清水或肥皂水清除泥土、毛发等污物，再用蘸 75％酒精（或白酒）的棉球轻轻清洗创面，不要把水泡挤破。然后用无菌纱布或毛巾、被单敷盖，再用绷带或布带轻轻包扎。也可采用暴露法，但要用无菌或干净的大块纱布、被罩盖上，保护创面，防止感染。

2）轻度烧伤者可饮 1 000 毫升水，水中加 3 克盐、50 克白糖，有条件再加入碳酸氢钠 1.5 克。严重者按体重进行静脉输液。

3）要清除呼吸道污物，呼吸困难要进行人工呼吸，心跳失常者进行胸外按压，同时拨"120"请急救中心来急救。

注意事项：

1）在使用交通工具运送火灾伤员时，应密切注意伤员伤情，要进行途中医疗监测和不间断的治疗。注意伤员的脉搏、呼吸和血压的变化，对重伤员需要补液治疗，路途较长时需要留置导尿管。

2）冷却受伤部位，用冷自来水冲洗伤肢，冷却伤处。

3）不要刺破水疱，伤处不要涂药膏，不要粘贴受伤皮肤。

4）头面部烧伤时，应首先注意眼睛，尤其是角膜有无损伤，并优先予以冲洗。

第七章　职业病防治知识

我国的劳动者人数众多，职业病危害也十分严重，职业病发病率呈现出逐年上升的趋势，对劳动者的健康构成威胁。需要注意的是，许多小企业缺乏职业卫生保障，特别容易导致职业病的发生，而这些小企业却是大批农村劳动力的主要就业单位。此外，企业职工的流动性和不稳定性，带来的各种职业病危害更加明显增加，对劳动人群健康所造成的损害日趋严重。因此必须加强管理，加强法制建设，通过法律法规来制止和控制职业病的危害。

第一节　职业病基本知识

按照《职业病防治法》规定要求，用人单位应当为劳动者创造符合国家职业卫生标准和卫生要求的工作环境和条件，并采取措施保障劳动者获得职业卫生保护。对企业职工来讲，了解有关职业病知识，做到有病治病、无病防病，预防职业病对自己的伤害，是十分有效的积极措施。

一、职业病界定及职业病目录

1. 职业病的界定

根据《职业病防治法》第二条的规定，职业病是指企业、事业单位和个体经济组织等用人单位的劳动者在职业活动中，因接触粉尘、放射性物质和其他有毒、有害因素而引起的疾病。

构成《职业病防治法》所称的职业病，必须具备四个要件：

（1）患病主体必须是企业、事业单位或者个体经济组织的劳动者。

（2）必须是在从事职业活动的过程中产生的。

（3）必须是因接触粉尘、放射性物质和其他有毒、有害物质等职业病危害因素而引起的，其中放射性物质是指放射性同位素或射线装置发出的 α 射线、β 射线、Y 射线、X 射线、中子射线等电离辐射。

（4）必须是国家公布的职业病分类和目录所列的职业病。

在上述四个要件中，缺少任何一个要件，都不属于《职业病防治法》所称的职业病。

2. 职业病的特点

当职业病危害因素作用于人体的强度与时间超过一定的限度时，人体不能代偿其所造成的功能性或器质性病理的改变，从而出现相应的临床症状，影响劳动能力，这类疾病在医学上通称为职业病，即泛指职业危害因素所引起的特定疾病（与国家法定职业病有所区别）。

职业病的发生，一般与这样三个因素有关：该疾病应与工作场所的职业病危害因素密切相关；所接触的危害因素的剂量（浓度或强度）无论过去或现在，都足够可以导致疾病的发生；必须区别职业性与非职业性病因所起的作用，而前者的可能性必须大于后者。

一些职业病防治医学专家们认为，职业病还具有以下七个特点：

（1）病因明确，病因即职业危害因素，在控制病因或作用条件后，可以消除或减少发病。

（2）所接触的病因大多是可以检测的，而且其浓度或强度需要达到一定的程度，才能使劳动者致病，一般接触职业病危害因素的浓度或强度与病因有直接关系。

（3）在接触同样有害因素的人群中，常有一定数量的发病率，很少只出现个别病人。

（4）如能早期诊断，及早、妥善治疗与处理，预后相对较好，康复相对较易。

（5）不少职业病，目前世界上尚无特效治疗，只能对症治疗，所以发现并确诊越晚疗效越差。

（6）职业病是可以预防的。

（7）在同一生产环境从事同一种工作的人中，个体发生职业病的机会和程度也有很大差别，这主要取决于以下因素：遗传因素、年龄和性别的差异、缺乏营养、其他疾病和精神因素、不良生活方式或个人习惯，如长期摄取不合理膳食、吸烟、过量饮酒、缺乏锻炼和精神过度紧张等，都能增加职业性损害程度；而掌握职业病防治科学知识的劳动者，并具有健康的生活方式、良好的生活习惯，就能较为自觉地采取预防危害因素的措施。

3. 职业病的分类和目录

《职业病防治法》将职业病范围限定于对劳动者身体健康危害大的几类职业病，并且授权国务院卫生行政部门会同国务院劳动保障行政部门规定、调整并公布职业病的分类和目录。

2013年12月23日，国家卫生计生委、人力资源社会保障部、安全监管总局、全国总工会联合下发《关于印发〈职业病分类和目录〉的通知》（国卫疾控发〔2013〕48号）。《通知》指出：根据《中华人民共和国职业病防治法》有关规定，国家卫生计生委、安全监管总局、人力资源社会保障部和全国总工会联合组织对职业病的分类和目录进行了调整，从即日起施行。2002 年 4 月 18 日，原卫生部和原劳动保障部联合印发的《职业病目录》同时废止。

职业病分类和目录如下

（1）职业性尘肺病及其他呼吸系统疾病：

尘肺病：1）矽肺，2）煤工尘肺，3）石墨尘肺，4）炭黑尘肺，5）石棉肺，6）滑石尘肺，7）水泥尘肺，8）云母尘肺，9）陶工尘肺，10）铝尘肺，11）电焊工尘肺，12）铸工尘肺，13）根据《尘肺病诊断标准》和《尘肺病理诊断标准》可以诊断的其他尘肺病。

其他呼吸系统疾病：1）过敏性肺炎，2）棉尘病，3）哮喘，4）金属及其化合物粉尘肺沉着病（锡、铁、锑、钡及其化合物等），5）刺激性化学物所致慢性阻塞性肺疾病，6）硬金属肺病。

（2）职业性皮肤病：1）接触性皮炎，2）光接触性皮炎，3）电光性皮炎，4）黑变病，5）痤疮，6）溃疡，7）化学性皮肤灼伤，8）白斑，9）根据《职业性皮肤病的诊断总则》可以诊断的其他职业性皮肤病。

（3）职业性眼病：1）化学性眼部灼伤，2）电光性眼炎，3）白内障（含辐射性白内障、三硝基甲苯白内障）。

（4）职业性耳鼻喉口腔疾病：1）噪声聋，2）铬鼻病，3）牙酸蚀病，4）爆震聋。

（5）职业性化学中毒：1）铅及其化合物中毒（不包括四乙基铅），2）汞及其化合物中毒，3）锰及其化合物中毒，4）镉及其化合物中毒，5）铍病，6）铊及其化合物中毒，7）钡及其化合物中毒，8）钒及其化合物中毒，9）磷及其化合物中毒，10）砷及其化合物中毒，11）铀及其化合物中毒，12）砷化氢中毒，13）氯气中毒，14）二氧化硫中毒，15）光气中毒，16）氨中毒，17）偏二甲基肼中毒，18）氮氧化合物中毒，19）一氧化碳中毒，20）二硫化碳中毒，21）硫化氢中毒，22）磷化氢、磷化锌、磷化铝中毒，23）氟及其无机化合物中毒，24）氰及腈类化合物中毒，25）四乙基铅中毒，26）有机锡中毒，27）羰基镍中毒，28）苯中毒，29）甲苯中毒，30）二甲苯中毒，31）正己烷中毒，32）汽油中毒，33）一甲胺中毒，34）有机氟聚合物单体及其热裂解物中毒，35）二氯乙烷中毒，36）四氯化碳中毒，37）氯乙烯中毒，38）三氯乙烯中毒，39）氯丙烯中毒，40）氯丁二烯中毒，41）苯的氨基及硝基化合物（不包括三硝基甲苯）中毒，42）三硝基甲苯中毒，43）甲醇中毒，44）酚中毒，45）五氯酚（钠）中毒，46）甲醛中毒，47）硫酸二甲酯中毒，48）丙烯酰胺中毒，49）二甲基甲酰胺中毒，50）有机磷中毒，51）氨基甲酸酯类中毒，52）杀虫脒中毒，53）溴甲烷中毒，54）拟除虫菊酯类中毒，55）铟及其化合物中毒，56）溴丙烷中毒，57）碘甲烷中毒，58）氯乙酸中毒，59）环氧乙烷中毒，60）上述条目未提及的与职业有害因素接触之间存在直接因果联系的其他化学中毒。

（6）物理因素所致职业病：1）中暑，2）减压病，3）高原病，4）航空病，5）手臂振动病，6）激光所致眼（角膜、晶状体、视网膜）损伤，7）冻伤。

（7）职业性放射性疾病：1）外照射急性放射病，2）外照射亚急性放射病，3）外照射慢性放射病，4）内照射放射病，5）放射性皮肤疾病，6）放射性肿瘤（含矿工高氡暴露所致肺癌），7）放射性骨损伤，8）放射性甲状腺疾病，9）放射性性腺疾病，10）放射复合伤，11）根据《职业性放射性疾病诊断标准（总则）》可以诊断的其他放射性损伤。

（8）职业性传染病：1）炭疽，2）森林脑炎，3）布鲁氏菌病，4）艾滋病（限于医疗卫生人员及人民警察），5）莱姆病。

（9）职业性肿瘤：1）石棉所致肺癌、间皮瘤，2）联苯胺所致膀胱癌，3）苯所致白血病，4）氯甲醚、双氯甲醚所致肺癌，5）砷及其化合物所致肺癌、皮肤癌，6）氯乙烯所致肝血管肉瘤，7）焦炉逸散物所致肺癌，8）六价铬化合物所致肺癌，9）毛沸石所致肺癌、胸膜间皮瘤，10）煤焦油、煤焦油沥青、石油沥青所致皮肤癌，11）β—萘胺所致膀胱癌。

（10）其他职业病：1）金属烟热，2）滑囊炎（限于井下工人），3）股静脉血栓综合征、股动脉闭塞症或淋巴管闭塞症（限于刮研作业人员）。

二、职业病的诊断与鉴定相关事项

1. 有关职业病诊断机构的规定

据统计，全国目前共有各级各类职业病诊断机构及诊断组织 708 个，其中省级诊断机构和组织 86 个，设区的市级 620 个和 2 个县级尘肺诊断组。这其中还有经国家认定具有诊断权的产业系统诊断组织有 97 个。

随着改革开放和市场经济的发展，一些地方的职业病诊断工作由于掌握标准不统一，把关不严也出现了不少新问题。一是一些不具有法人资格的诊断组织从事职业病诊断工作，在出现诊断争议或法律纠纷时，推卸责任，劳动者的权益难以保障；二是误诊、漏诊、错诊情况时有发生。

为了确保诊断质量，维护劳动者的合法权益，在职业病诊断方面，新修订的《职业病防治法》作了如下规定：

第四十四条规定：医疗卫生机构承担职业病诊断，应当经省、自治区、直辖市人民政府卫生行政部门批准。省、自治区、直辖市人民政府卫生行政部门应当向社会公布本行政区域内承担职业病诊断的医疗卫生机构的名单。

承担职业病诊断的医疗卫生机构应当具备下列条件：

（1）持有《医疗机构执业许可证》。

（2）具有与开展职业病诊断相适应的医疗卫生技术人员。

（3）具有与开展职业病诊断相适应的仪器、设备。

（4）具有健全的职业病诊断质量管理制度。

承担职业病诊断的医疗卫生机构不得拒绝劳动者进行职业病诊断的要求。

为了便于劳动者进行职业病的诊断，《职业病防治法》还规定：劳动者可以在用人单位所在地、本人户籍所在地或者经常居住地依法承担职业病诊断的医疗卫生机构进行职业病诊断。这条规定有以下三个方面的含义：一是劳动者可以在用人单位所在地进行职业病诊断；二是劳动者可以在本人户籍所在地进行职业病诊断；三是劳动者可以在本人经常居住地进行职业病诊断。

2. 职业病诊断原则

职业病诊断与一般疾病的诊断有很大的区别，是一项技术性、政策性很强的工作，进行诊断时，劳动者本人或用人单位必须提供详细的职业接触史和现场劳动卫生学资料。

《职业病防治法》第四十七条规定：职业病诊断，应当综合分析下列因素：

（1）病人的职业史；

（2）职业病危害接触史和工作场所职业病危害因素情况；

（3）临床表现以及辅助检查结果等。

没有证据否定职业病危害因素与病人临床表现之间的必然联系的，应当诊断为职业病。

具体来讲，职业病诊断应当综合分析下列因素：一是病人的职业史。二是职业病危害接触史、工作场所职业病危害因素情况、现场调查与危害评价。职业病危害接触史应包括接触毒物的种类、浓度以及接触毒物时间。现场调查与危害评价包括职业病防护设施运转状态及个人防护用品佩戴情况；同一作业场所其他作业工人是否受到伤害或有类似的表现；工作场所毒物检测与分析。三是临床表现以及辅助检查结果等。临床表现包括患者的症状与体征，根据其临床表现和患者的职业接触史及现场调查情况，有针对性地进行辅助检查并作出相应的分析，如职业病危害因素的危害作用与病人的临床表现是否相符；接触危害因素的浓度（强度）与疾病严重程度是否一致；接触危害因素的时间、方式与职业病发病规律是否相符；病人发病过程和（或）病情进展或出现的临床表现，与拟诊的职业病规律是否相符。这些因素是职业病诊断的基本要素，任何职业病诊断都不得排除上述因素。

3. 有关职业病诊断程序的要求

职业病诊断一般要经历四个阶段：

（1）劳动者或用人单位（简称"当事人"）提出诊断申请。申请时，当事人应当提供以下资料：①职业史、既往史书面材料；②职业健康监护档案复印件；③职业健康检查结果；④作业场所历年职业卫生监测资料；⑤接尘者应提交最近一次 X 线胸片和报告单；⑥诊断机构要求提供的其他有关材料。

（2）受理。对当事人所提供资料审核符合要求的，予以受理；不符合要求的应当通知当事人予以补充。

（3）现场调查取证。在职业病诊断过程中，除当事人提供的资料外，必要时，诊断机构要深入现场，针对诊断中的疑点进行取证。用人单位应当按照诊断机构的要求为申请职业病诊断的劳动者提供有关资料。

（4）诊断。参加诊断的职业卫生医师应当根据临床检查结果，对照受理或现场取证的所有资料，进行综合分析，按照职业病诊断标准，提出诊断意见。

为了保证职业病诊断机构做出的诊断科学、客观、公正，并便于明确诊断责任，《职业病防治法》对职业病诊断程序提出两项特别要求：一是关于集体诊断。实行集体诊断是职业病诊断的原则之一。根据规定，承担职业病诊断的医疗卫生机构在进行职业病诊断时要有三名或三名以上取得职业病诊断资格的执业医师共同诊断。二是集体签章。职业病诊断机构对劳动者做出职业病诊断，必须出具职业病诊断证明书。职业病诊断证明书是具有法律效力的文书。劳动者依据其诊断证明可依法享受职业病待遇。同时，职业病诊断证明书必须由参与职业病诊断的医师共同署名，必须经承担职业病诊断的医疗卫生机构审核并加盖诊断机构公章，这一方面是确保诊断证明书的法律效力，另一方面是明确做出诊断的医疗卫生机构及诊断医师应承担的法律责任，这对于保证诊断质量，防止权力滥用是必要的。

4. 申请职业病诊断需要准备的材料

职工申请职业病诊断应提交申请书、本人健康损害证明、用人单位提供的职业史证明等。职业史证明的内容应从开始接触有害物质作业的时间算起，尽可能包括工种、工龄、接触生产性有害物质的种类、操作方式或操作特点、每日或每月的接触时间、是否连续接触有害物质、作业场所的环境条件、设备设施及其效果、历年作业场所有害物质浓度检测数据等。

职业病诊断、鉴定需要用人单位提供有关职业卫生和健康监护等资料时，用人单位应当及时、如实提供，职工和有关机构也应当提供与职业病诊断、鉴定有关的资料。职工不能提供职业史证明的，可提交劳动关系证明材料作为佐证。劳动关系证明应当以劳动合同、劳动关系仲裁或法院判决书以及用人单位自认的材料为依据。

对于用人单位未与职工签订劳动合同或劳动合同期满，已经与用人单位解除劳动合同的，职工申请职业病诊断时如果用人单位否认与职工的劳动关系，职工提供以下任何一种凭证并经过劳动部门认定，职业病诊断机构都可以作为职业病诊断的依据：

（1）能够证明劳动用工关系的资料，如工资支付凭证或记录（工资支付花名册）、交纳的各项社会保险费记录等。

（2）能够表明职工身份的资料，如用人单位向职工发放的"工作证""身份证"等证件。

（3）能够证明用工招用关系的资料，如职工填写的用人单位招聘"登记表""报名表"等招用记录。

（4）考勤记录以及 3 人以上其他职工的证言等。

5. 职业病诊断争议当事方及其权利

《职业病防治法》第五十三条规定：当事人对职业病诊断有异议的，可以向做出诊断的医疗卫生机构所在地地方人民政府卫生行政部门申请鉴定。职业病诊断争议由设区的市级以上地方人民政府卫生行政部门根据当事人的申请，组织职业病诊断鉴定委员会进行鉴定。当事人对设区的市级职业病诊断鉴定委员会的鉴定结论不服的，可以向省、自治区、直辖市人民政府卫生行政部门申请再鉴定。

按照《职业病防治法》的这一规定，当事人对职业病诊断有异议的，可以向做出职业病诊断的医疗卫生机构所在地地方人民政府卫生行政部门申请鉴定。这里的当事人是指劳动者及其有关用人单位。接受当事人申请的部门是做出诊断的医疗卫生机构所在地地方人民政府卫生行政部门，包括县卫生局。这样规定，既给予当事人获得救治的机会，也便于当事人就近主张权利。卫生行政部门在收到当事人的申请报告后，应当依法及时组织鉴定。申请人应提供下列资料：

（1）鉴定申请书，包括对职业病诊断争议的书面陈述、申辩。

（2）职业病诊断病历记录，诊断证明书。

（3）鉴定委员会要求提供的其他材料。卫生行政部门应责成做出职业病诊断的医疗卫生机构按照鉴定委员会的要求，移交鉴定诊断所需的全部资料。

6. 发生职业病诊断争议后职工的维权途径

根据《劳动法》和《企业劳动争议处理条例》的规定，职工与用人单位因职业卫生和劳动保护发生争议后，可以与本单位行政进行协商，也可以向本单位劳动争议调解委员会申请调解。调解不成的，可以向劳动仲裁委员会申请仲裁。职工也可以在劳动争议发生后直接向劳动争议仲裁委员会申请仲裁。劳动争议仲裁委员会不予受理或者当事人对仲裁裁决不服的，还可以向人民法院提起诉讼。

职工的职业健康合法权益受到侵害时，还可以拨打"职工维权热线"——"12351"，向各级工会组织反映。职工维权热线已经在全国总工会和省（自治区、直辖市）总工会、地（市）总工会开通运行。职工向当地工会反映情况，可直接拨打本地区职工维权热线电话"12351"；拨打本地区以外的职工维权热线电话在"12351"号码前加拨所要地区的长途区号。

第二节　粉尘类职业危害与防治知识

粉尘类职业危害主要是导致尘肺病的发生。2015年12月15日由国家卫生和计划生育委员会发布、自2016年5月1日实施的《职业性尘肺病的诊断》(GB 270—2015)，将尘肺病定义为："在职业活动中长期吸入生产性矿物性粉尘并在肺内潴留而引起的以肺组织弥漫性纤维化为主的疾病。"患者通常长期处于充满尘埃的场所，因吸入大量灰尘，导致末梢支气管下的肺泡积存灰尘，一段时间后肺内发生变化，形成纤维化灶。近几年，国家相关管理部门通过采取专项整治等一系列措施，使得大中型企业作业条件有了较大改善，尘肺病高发势头得到一定遏制。但是，在一些中小企业，由于管理人员法律意识淡薄，不依法落实职业病防治主体责任，不履行应尽义务的原因，加之一些职工缺少有关尘肺病防治知识，缺乏自我保护意识和能力，致使尘肺病依然有所发生。因此，职工要了解有关粉尘类职业危害知识和防治知识，积极做好自身防护，这对于防治尘肺病是十分必要的。

一、生产性粉尘与尘肺病知识

1. 生产性粉尘的来源与分类

在一些工矿企业，如煤矿、非煤矿山等企业，在进行煤矿或矿石的开采过程中，或者是对原料进行破碎、过筛、搅拌装置的过程中，常常会散发出大量微小颗粒，在空气中浮悬很久而不落下来，被作业人员吸入肺中。这就是生产性粉尘。生产性粉尘是指在生产过程中形成并能够长时间飘浮于空气中的大量微小颗粒。

生产性粉尘来源十分广泛，如固体物质的机械加工、粉碎；金属的研磨、切削；矿石的粉碎、筛分、配料或岩石的钻孔、爆破和破碎等；耐火材料、玻璃、水泥和陶瓷等工业中原料加工；皮毛、纺织物等原料处理；化学工业中固体原料加工处理，物质加热时产生的蒸汽、有机物质燃烧不完全所产生的烟等。此外，粉末状物质在混合、过筛、包装和搬运等操作时产生的粉尘，以及沉积的粉尘二次扬尘等。

生产性粉尘是污染环境、损害劳动者健康的重要职业性有害因素，可引起包括尘肺病在内的多种职业性肺部疾病。

根据生产性粉尘的性质可分为三类。

(1) 无机性粉尘：包括矿物性粉尘，如石英、石棉、煤等；金属性粉尘，如铁、锡、

铝等及其化合物；人工无机粉尘，如水泥、金刚砂等。

（2）有机性粉尘：包括植物性粉尘，如棉、麻、面粉、木材；动物性粉尘，如皮毛、丝尘；人工合成的有机染料、农药、合成树脂、炸药和人造纤维等。

（3）混合性粉尘：指上述各种粉尘的混合存在形式，一般是两种以上粉尘的混合。生产环境中最常见的就是混合性粉尘。

2. 生产性粉尘对人体的危害

粉尘主要通过呼吸道进入人体，并可以沉积在呼吸道。粉尘颗粒越小、飘浮在空气中的时间越长，越容易进入呼吸道深部。颗粒较小的粉尘易沉积在肺泡组织，最具致病性。颗粒较大的粉尘，通常阻留在上呼吸道，易随痰咳出。

粉尘对人体健康的影响包括以下几个方面：

（1）破坏人体正常的防御功能。长期大量吸入生产性粉尘，可使呼吸道黏膜、气管、支气管的纤毛上皮细胞受到损伤，破坏了呼吸道的防御功能，肺内尘源积累会随之增加，因此，接尘工人脱离粉尘作业后还可能会患尘肺病，而且会随着时间的推移病程加深。

（2）可引起肺部疾病。长期大量吸入粉尘，使肺组织发生弥漫性、进行性纤维组织增生，引起尘肺病，导致呼吸功能严重受损而使劳动能力下降或丧失。矽肺是纤维化病变最严重、进展最快、危害最大的尘肺。

（3）致癌。有些粉尘具有致癌性，如石棉是世界公认的人类致癌物质，石棉尘可引起间皮细胞瘤，可使肺癌的发病率明显增高。

（4）毒性作用。铅、砷、锰等有毒粉尘，能在支气管和肺泡壁上被溶解吸收，引起铅、砷、锰等中毒。

（5）局部作用。粉尘堵塞皮脂腺使皮肤干燥，可引起痤疮、毛囊炎、脓皮病等；粉尘对角膜的刺激及损伤可导致角膜的感觉丧失，角膜浑浊等改变；粉尘刺激呼吸道黏膜，可引起鼻炎、咽炎、喉炎。

3. 尘肺病的特点

尘肺病是由于在生产活动中长期吸入生产性粉尘引起的以肺组织弥漫性纤维化为主的全身性疾病。肺纤维化就是肺间质的纤维组织过度增长，进而破坏正常肺组织，使肺的弹性降低，影响肺的正常呼吸功能。

引起尘肺病的生产性粉尘主要有两类，一类是无机矿物性粉尘，包括石英粉尘、煤尘、石棉、水泥、电焊烟尘、滑石、云母、铸造粉尘等，还有一类是有机粉尘。

尘肺病具有以下特点：

（1）病因明确。作业环境中存在较高浓度的生产性粉尘，是引起尘肺病的主要原因。控制生产性粉尘浓度或采取有效的个人呼吸防护措施可避免或减少尘肺病的发生。

（2）发病缓慢。职工在生产环境中长期吸入超过国家规定标准浓度的粉尘，经过数月、数年或更长时间发生尘肺病。

（3）脱离粉尘作业仍有可能患尘肺病或病情进展。

（4）通常在相同作业场所从事作业的职工中具有一定的发病率，很少只出现个别病例。

（5）可防不可治。远离尘肺病的关键在于预防，一旦患上尘肺病很难根治，而且发现越晚，疗效越差。

4. 容易患尘肺病的行业、工种与场所

目前粉尘是我国主要的职业病危害因素，因此尘肺病也是我国最主要的职业病。可以说工业生产过程中粉尘是随时随处都存在的，主要的行业及工种是：

（1）矿山开采业。各种金属矿山及非金属矿山的开采是产生粉尘最多的行业，故也是尘肺病危害最严重的行业。在金属或非金属矿山接触粉尘最多的工种是凿岩工、放炮工、支柱工、运输工等，在煤矿主要是掘进工、采煤工、搬运工等。矿山开采业使用风动工具凿眼、爆破，特别是干式作业（干打眼）可产生大量的粉尘。

（2）机械制造业。机械制造业首先是制造金属铸件，即铸造业，铸造模具所使用的原料主要是天然砂，其次是黏土。由于对铸件的要求不同，铸造模具所用的原料的成分也不同，有些二氧化硅可达70%～90%；黏土主要是高岭土和膨润土，为硅酸盐。铸造业曾经是发生矽肺的主要行业之一。机械制造业主要接触粉尘的工作包括配砂、混砂、成型以及铸件的打箱、清砂等。

（3）金属冶炼业。金属冶炼中矿石的粉碎、烧结、选矿等，可产生大量的粉尘，冶炼工人广泛分布在钢铁冶炼和其他金属冶炼业中。

（4）建筑材料业。耐火材料、玻璃、水泥制造业，石料的开采、加工、粉碎、过筛以及陶瓷中原料的混配、成型、烧炉、出炉和搪瓷工业。主要接触二氧化硅粉尘和硅酸盐粉尘。

（5）筑路业。包括铁道、公路修建中的隧道开凿及铺路。

（6）水电业。水利电力行业中的隧道开凿，地下电站建设。

（7）其他，如石碑、石磨加工、制作等。

一般来讲，接触粉尘作业场所更容易引起尘肺病，这些场所包括：作业场所产尘量大，粉尘浓度高于国家标准；生产性粉尘的石英纯度高；生产过程采取干式作业，而且没有通风除尘设施；作业时间长，劳动强度大；没有配备个人呼吸防护用品等。

5. 影响尘肺发病的因素

尘肺病人从接尘到发病一般有 10 年左右的时间，时间长的 15～20 年才发病，短的 1～2 年，甚至半年就能发病。尘肺的发病时间（发病工龄）主要取决于粉尘中游离二氧化硅（或硅酸盐）的含量、粉尘的粒径大小和吸入量。劳动强度大小、个人身体状况和个人防护好坏对尘肺的发病也有不同程度的影响。

（1）游离二氧化硅含量。大量的实验研究和卫生调查都表明，粉尘中游离二氧化硅含量越高，发病的时间越短，病变发展速度越快，危害性越大。如吸入含游离二氧化硅 70% 以上的粉尘时，往往形成以结节为主的弥漫性纤维化，而且发展较快，又易于融合。当粉尘中游离二氧化硅含量低于 10% 时，则肺内病变以间质性为主，发展较慢且不易融合。

（2）粉尘的粒径。人体的呼吸器官对粉尘的进入有防御能力，随吸气进入呼吸道的粉尘并不全部吸入肺泡（肺泡的直径只有几微米至十几微米），大部分被阻留在鼻腔中或黏附在各级支气管的黏膜上，随着呼气和痰液排出体外，仅有很少一部分粒径较小的尘粒有可能进入肺泡而沉积在肺部。粒径越小，在空气中停留的时间越长，通过上呼吸道而被吸入肺部的机会越多。此外粒径越小，粉尘的比面积越大，在人体内的化学性质越活泼，导致肺组织纤维化的作用也越明显。所以粉尘粒径越小，对人体的危害性越大。从死于矽肺的人的肺组织中发现的尘粒，95%～99% 的粒径都小于 5 μm。所以，现在一般认为 5 μm 以下的呼吸性粉尘对人体的危害性最大。

（3）粉尘的吸入量。粉尘的吸入量与工人作业点空气中的粉尘浓度和接触粉尘的时间成正比。粉尘浓度越高，从事粉尘作业的时间越长，则吸入量越多，就越容易患尘肺。对从事粉尘作业的工人来说，控制住作业点的粉尘浓度，就可以控制粉尘的吸入量，也就在一定程度上控制了尘肺的发生。

（4）劳动强度。人的呼吸量是随着劳动强度的增加而增加的。这是因为劳动过程中人体内新陈代谢需要氧气参加，劳动强度越大，所需的氧气就越多。据推算，在含尘浓度相同的作业环境中，从事中度和重度劳动强度的工人吸入的粉尘量相应增加 1.5～3 倍。由此可见，劳动强度的大小是影响尘肺发病的重要因素之一。

（5）个人身体状况。因为粉尘是通过对人体起作用而引起尘肺的，所以人体本身的一些因素也影响着尘肺的发生和发展。一般来说，体质差、患有各种慢性病（如支气管炎、肺部疾病、心脏病等）的工人比较容易发病。此外，不注意个人防护（如不戴防尘口罩等）的工人也容易发病。

应该特别指出的是，虽然每个人的体质不同，抵抗力不同，但如果吸入肺部的粉尘量过多，体质差异也就不明显了。因此，在影响尘肺发病的各种因素中，起决定作用的还是粉尘的性质和吸入量。

二、尘肺病的主要症状

1. 尘肺病患者的主要的症状

我国目前的尘肺病诊断标准，将尘肺分为一期尘肺（Ⅰ）、二期尘肺（Ⅱ）、三期尘肺（Ⅲ）。分期的主要依据是病人X光胸片中肺内小阴影密集度及其分布范围和大阴影的有无。需要注意的是，尘肺病患者早期通常没有特异的临床症状，出现临床症状多与并发症有关。

尘肺病的主要症状有：

（1）气短。这是最早出现的症状。起初病人只在重体力劳动或爬坡时感到气短，以后在一般劳动或走上坡路、上楼梯等时候出现气短，病情较重或有并发症时，即使不活动也会感到气短，甚至不能平卧。

（2）胸闷、胸痛。该症状出现也比较早。有的患者开始可能感到胸部发闷，呼吸不畅或有压迫感，有的则出现间断性胸部隐痛或针刺样疼痛，并且在气候变化或阴雨天加重。晚期病人表现为胸部紧迫感或沉重感。

（3）咳嗽、咳痰。早期患者一般仅有干咳，合并肺部感染或较晚期病人咳嗽加重，并有咳痰，少数病人痰中带血。

从事粉尘作业的职工出现以上症状要特别警惕，要尽快到专业机构进行职业健康体检。

2. 尘肺病常见的并发症

尘肺病患者比较常见的并发症有肺结核、支气管炎、肺炎、肺气肿、肺源性心脏病、自发性气胸等。比较少见的有：支气管扩张、肺脓肿等。并发症是加快尘肺病加重的主要原因，且常常也是引起尘肺病死亡的主要原因。因此，防止尘肺病人的并发症有很重要的意义。

（1）肺结核。肺结核可以使尘肺病的症状加重。除气急、胸痛外，可能有全身无力、疲劳、盗汗、潮热及咳嗽、吐痰、咯血等。血沉可以加快。痰化验可能找到结核杆菌。肺部可以听到局限性的湿性啰音等。胸部X线片上除看到尘肺病变外，还可看到结核病变。

（2）支气管炎与肺炎。支气管炎与肺炎这两种病也是尘肺病人比较常有的并发症，其中以支气管炎更常见。当尘肺病人并发支气管炎时，其表现有咳嗽、吐痰、发热等症状。如并发支气管肺炎时，则咳嗽更加厉害，发热、气急较明显。当并发了大叶性肺炎时，则发病比较突然，高热、吐铁锈色痰、胸痛与气急更显著，还可能有口唇及口角发生疱疹等。

化验检查时，可发现白细胞增高，特别是大叶性肺炎，增加比较显著。X线检查时，这三种病各有不同的疾病特点。

（3）肺气肿。肺气肿是较常见的并发症。往往随着病情的发展，肺气肿也越严重。肺气肿的主要表现是慢性进行性的呼吸困难和缺氧。检查时，典型肺气肿病人可以看到有呼吸短促、两肩高耸，颈部因而变得较短，胸部外形像桶状等。肺功能检查可有不同程度的损害。X线照片和透视检查都可以看出肺气肿的变化特点。

（4）肺源性心脏病。肺源性心脏病就是由于肺部疾病的原因而引起的心脏病。尘肺病人发生肺源性心脏病的主要表现有：除尘肺的症状外，还可能有气急加重，以致感到呼吸很困难，口唇及指甲发绀也比较明显。当发生心力衰竭时，可能出现昏迷或者昏睡。

（5）自发性气胸也是尘肺病比较常有的并发症。尘肺并发气胸是急症，诊断不及时或误诊，可造成严重后果。尘肺病人发生自发性气胸时有什么表现呢？当发生局限性气胸时，可以没有什么症状或仅感到胸部发闷发紧。当发生比较广泛的气胸时，可能突然感到胸痛和呼吸困难，胸痛可放射至发生气胸的这一侧的肩部、手臂和腹部；同时还可能有脸色苍白、发绀、出汗等。当检查病人时，可发现脉搏比较细微，血压下降，肋间隙增宽，心脏及气管移向，叩诊时，声音比平时响亮，呈鼓音，呼吸音减弱或者消失等；X线检查时，可以很清楚地看到自发性气胸的情形。

3. 尘肺病没有传染性

尘肺病不会传染给他人，有些人可能认为身边有几个劳动者都得了尘肺病，因此怀疑尘肺病能相互传染。这其实是由于大家的工作环境相同，工作场所中有害物质的浓度、性质等都近似，并不是由于疾病的传染。但由于尘肺病人容易发生某些具有传染性的并发症，如活动性肺结核，这就有可能将肺结核传染给他人。

三、不同类型尘肺病的症状

1. 矽肺病的主要症状

矽肺是尘肺病的一种，是由于在生产活动中长期吸入含有游离二氧化硅的生产性粉尘而引发的以肺组织弥漫性纤维化为主的全身性疾病。矽肺病是我国目前患病人数最多、危害性最大的一种职业病。也是世界上最古老，最广泛发生的职业病。

矽肺病的发生，主要与接触矽尘的作业有关。硅在自然界分布很广泛，在地壳的矿石中，约95%含有数量不等、形态不同的纯石英或二氧化硅，因此凡能接触含有二氧化硅的一切粉尘的作业都有可能引起矽肺。主要行业有：

（1）采矿业，如金属矿石开采，云母、氟石、硅质煤等开采。

（2）开山筑路，如隧道和涵洞钻孔、爆破等。

（3）建筑材料业，如花岗岩、砂岩、板岩浮石开采、轧石以及石料加工。

（4）钢铁冶金业的矿石原料加工准备，炼钢炉修砌。

（5）机械制造业，铸造工艺中的型砂准备、浇铸、开箱、污砂整理、喷砂等。

（6）耐火材料业中的原料准备成型、焙烧等。

（7）陶瓷工业中的原料准备、碾碎加工、磨细等。

（8）玻璃制造业中的原料准备。

（9）石粉行业，如石英加工、碾压、生磨、筛粉、装袋、运输等。

（10）造船业的喷砂除锈。

（11）搪瓷业原料准备和喷花、施釉等。

2. 煤工尘肺主要症状

在煤矿开采过程中，由于工种不同，作业工人可分别接触煤尘、煤和岩石混合型粉尘或矽尘，从而引起肺部弥漫性纤维化和结节性改变，统称煤工尘肺。煤尘肺早期无症状，病程进展缓慢。肺气肿形成同时伴有阻塞性细支气管炎者，可出现活动后气急、咳嗽、咳痰。伴有支气管扩张时可有大量浓痰咳出。晚期病人呼吸道易感染。易继发肺源性心脏病、心力衰竭，出现缺氧和二氧化碳潴留症状。

3. 石墨尘肺的主要症状

石墨尘肺是由于长期吸入高浓度石墨粉尘所引起的尘肺。石墨尘肺患者肺脏的改变酷似煤工尘肺，肺内出现大小不等的黑斑点。患有石墨尘肺的病人多有不明显的症状，如出现轻度鼻咽部发干、咳嗽、咳黑色黏痰，劳动后有胸闷、气短现象。由于石墨尘肺容易并发病毒、细菌感染，包括结核感染，所以患者可出现反复发作的呼吸系统炎症，加重肺功能损害。

4. 电焊工尘肺的主要症状

电焊工尘肺是长期大量吸入电焊烟尘所致的一种尘肺。电焊烟尘的化学组成以氧化铁为主，此外还有二氧化锰、非结晶型二氧化硅、氟化硅、氟化钠，作为一种混合型粉尘，因此，电焊工尘肺是一种混合型尘肺。电焊作业分布范围很广，主要以船舶、车辆、机械、锅炉制造、化工设备安装等部门电焊工人数量最多，当在船体、锅炉或油罐等通风不良或密闭容器内焊接时，接触电焊粉尘浓度较高，易发生尘肺。发病工龄一般在 10 年以上。

电焊工尘肺早期症状、体征不明显，可有胸部不适、胸闷、气急、咳嗽、咳痰、胸部隐痛等。并发呼吸系统传染时，上述症状加重，双肺可闻及干、湿啰音等。合并锰中毒、氟中毒和金属烟雾热时，可出现相应的症状和体征。X线表现以不规则小阴影为主，在两肺中下野为多，间有类圆形小阴影，直径多在 1.5 mm 以下。部分病例以类圆形小阴影为主，而且密集度常常较高，此种表现多见于在粉尘浓度很高环境中作业的工人，少数病例还可出现大阴影。

5. 石棉肺的主要症状

石棉肺也是尘肺病的一种，其主要病理改变是肺间质纤维化和胸膜纤维化。石棉所致肺间质纤维化开始多在肺下部，随病情进展逐渐向全肺扩散，严重时正常肺组织的细支气管、肺泡等完全被纤维化代替，并和扩张的细支气管混合在一起形成蜂窝状改变，从而影响正常的呼吸功能。胸膜纤维化主要表现为胸膜增厚、粘连，由于纤维化组织的收缩及胸膜纤维化，可使肺脏体积明显缩小。在一般职业接触情况下，石棉肺发生可能需要较长的时间，一般经 10～20 年，在停止接触石棉粉尘后，肺纤维化仍可继续进展，病情不断加重。值得注意的是，长期接触石棉粉尘的工人，离岗时虽然没有发现石棉肺，但离岗后仍有部分工人可能发生石棉肺。

接触石棉尘的作业包括：石棉的加工与处理如开包工、梳棉工、织布工、造船厂的修造工、运输工、建材工、石器材和电气绝缘制造工、耐火材料制造、石棉制品检修、刹车片制造、旧建筑的拆除与维修及废石棉再生工等，老式氯碱生产工艺中的电解槽修槽工（电解槽中垫有石棉）、石棉水泥瓦生产工等。上述工种在石棉的粉碎、切割、磨光等作业中，均可产生大量的石棉粉尘。石棉矿的采矿工、选煤工、运输工、装卸工等均接触石棉粉尘。

四、粉尘危害治理与尘肺病预防措施

1. 我国防尘降尘的"八字方针"

目前，尘肺病尚无有效的根治方法，但完全可以预防。预防尘肺病的关键，在于最大限度防止有害粉尘的吸入，只要措施得当，尘肺病是完全可以预防的。

我国针对防尘降尘制定了"革、湿、密、风、护、管、教、查"八字方针，大致内容可分为两个方面：

（1）技术措施方面。主要是采用工程技术措施消除或降低粉尘危害，这是预防尘肺病最根本的措施：①革，即革新生产工艺技术，这是消除尘肺的根本措施，包括改干式作业为湿式作业，尽量使用不含游离二氧化硅或游离二氧化硅含量较低的生产原料。②湿，即湿式作业。如湿式碾磨石英和耐火材料，矿山湿式凿岩、井下运输喷雾洒水等。③密，即通过生产过程机械化、密闭化、自动化，将粉尘发生源密闭起来。④风，即通风除尘。加强工作场所通风或在粉尘发生源局部采取强力抽风措施排出粉尘。

（2）卫生保健措施方面。主要是加强作业人员的宣传教育、检查监护和个人防护。①护，即加强个人防护和个人卫生。佩戴防尘护具，如防尘安全帽、防尘口罩、送风头盔、送风口罩等，讲究个人卫生，勤换工作服，勤洗澡。②管，即建立并严格执行防尘工作管理制度。③教，做好宣传教育，使防尘工作成为职工的自觉行动。④查，依法对工作场所的粉尘浓度定期进行检测，对接尘职工进行定期职业健康检查，包括上岗前体检、岗中的定期健康检查和离岗时体检，对于接尘工龄较长的工人还要按规定做离岗后的随访检查。

2. 从事粉尘作业职工应遵循的基本卫生防护要求

从事粉尘作业职工应遵循的基本卫生防护要求是：

（1）从事粉尘作业职工应学习、掌握和遵守岗位操作规程，了解作业场所存在的粉尘危害因素和可能造成的健康损害。

（2）定期对通风除尘设备、设施进行检查，保证其处于良好状态，如果设备、设施发生异常，要及时报告，进行维护。

（3）按要求佩戴个人防护用品。

（4）参加用人单位安排的职业健康检查。

3. 粉尘作业的个人卫生保健措施

粉尘作业的个人卫生保健措施主要有：

（1）加强个人卫生。一是要注意个人防护用品使用中的卫生，如使用防毒口罩，在使用前应了解其性能、用法和如何判断失效等知识，经常更换滤料，以免误用或使用无效口罩。保持清洁卫生，做到专人专用、防止交叉感染。二是要注意个人卫生，不要在车间抽烟、进食和饮水及存放食品、水杯，更不能在生产炉热饭、烤食品，以免毒物污染食品进入消化道。要勤洗手，凡是脱离操作后，做其他事前要洗手，如抽烟、吃饭、喝水、去卫生间等。尘毒作业工人下班后要洗澡，换干净衣服回家，工作服勤换洗，不要穿工作服回家等。

（2）科学加强营养。应在保证平衡膳食的基础上，根据接触毒物的性质和作用特点，适当选择某些特殊需要的营养成分加以补充，以增强全身抵抗力，并发挥某些成分的解毒作用，例如高蛋白、高维生素的食品。此外，需要补充适当量的糖，糖可提供葡萄糖醛酸与毒物结合，排出体外，如苯。夏季的高温作业工人，补充含盐清凉饮料，可促进毒物的排泄，而且提倡喝茶水，茶含有鞣酸，能促进唾液分泌，有解渴作用，又含咖啡因，兴奋中枢神经，解除疲劳。

（3）加强锻炼，促进代谢。同时禁烟、酒，白酒（乙醇）可将储存在骨骼内的铅动员到血流中，产生铅中毒症状。

4. 正确选择防尘口罩

防尘口罩是一种通过净化过滤阻止粉尘吸入人体的呼吸防护器。需要注意的是，防尘口罩是利用防尘技术设备将粉尘浓度降到可容许浓度以下之后的辅助个人防护用具，不能把单纯使用防尘口罩作为预防尘肺病的主要措施。

防尘口罩被国家列为特种劳动防护用品，实行工业产品生产许可制度和安全标志认证制度。企业提供的防尘口罩必须是符合标准的国家认可产品，要能有效地阻止粉尘，尤其是 5 μm 以下的粉尘进入呼吸道。防尘口罩要符合重量轻，佩戴舒适、卫生，保养方便，既能有效阻止粉尘，又能保证工作时呼吸顺畅的要求。纱布口罩不能阻挡对人体危害最大的细微粉尘，国家明文规定纱布口罩不能作为防尘口罩使用。

职工在接尘作业中必须坚持佩戴防尘口罩，注意选取与脸形相适应的型号，最大限度防止空气从缝隙不经过滤进入呼吸道。要按照使用说明正确佩戴防尘口罩，否则起不到防尘作用。要经常对防尘口罩进行检查，发现失效及时更换。更换防尘口罩的时间，则取决于接尘环境的粉尘浓度、每个人的使用时间、各种防尘口罩的容尘量以及使用不同的维护方法等。目前还没有办法统一规定具体的更换时间，当防尘口罩的任何部件出现破损、断裂和丢失（如鼻夹、鼻夹垫）以及明显感觉呼吸阻力增加时，应及时更换。

5. 不适合从事粉尘作业的人员

具有下列情况者不能从事粉尘作业：

（1）不满 18 周岁。

（2）患活动性肺结核。

（3）患严重的慢性呼吸道疾病，如萎缩性鼻炎、鼻腔肿瘤、支气管哮喘、支气管扩张、慢性支气管炎等。

（4）严重影响肺功能的胸部疾病，如弥漫性肺纤维化、肺气肿、严重胸膜肥厚与粘连、胸廓畸形等。

（5）严重的心血管系统疾病。

五、尘肺病的检查与诊断

1. 粉尘作业职工职业健康体检的必要性

粉尘作业职工职业健康体检，是指对从事接触粉尘危害作业职工进行的特定身体检查，包括上岗前、在岗期间、离岗时检查以及离岗后的医学随访。其目的是早期发现和治疗尘肺病或由生产性粉尘引起的健康损害，保护职工的身体健康。从事粉尘作业职工的职业健康检查项目应包括拍摄符合质量要求的 X 线胸片；接触棉、麻等有机粉尘者还应进行肺功能测定等。

粉尘作业职工职业健康体检与一般性的身体检查是有区别的。一般性身体检查是用人单位对非接触职业病危害作业的职工进行的身体检查，属常规体检，以查五官科、心、肝、肾、肺、泌尿科、妇科等为主，发现常见病，早期治疗，其目的是保护职工的健康。

职业健康检查与一般检查不同之处在于：

（1）职业健康检查具有针对性。如就业前的职业健康检查是针对即将从事有害作业工种的职业禁忌进行的。

（2）职业健康检查具有特异性。不同的职业病危害因素造成的健康损害不同。如粉尘作业，主要是引起呼吸系统损伤，因此，要拍 X 线胸片、肺功能检查等。

（3）职业健康检查具有强制性。为保护职工的职业健康，用人单位对从事粉尘作业职工进行上岗前、在岗期间和离岗时的职业健康检查是强制性的，对此国家法律有明确规定。

（4）职业健康检查不是所有医院都能进行。应由取得省级以上人民政府卫生行政部门批准的医疗卫生机构进行，否则检查结果无效。

2. 粉尘作业职工上岗前的职业健康体检

粉尘作业职工上岗前的职业健康体检，是指用人单位对即将从事粉尘作业的职工在上岗之前对职工身体进行的特定检查。上岗前职业健康体检是强制性的，应在职工从事接触粉尘作业前完成。对于即将从事粉尘作业的新录用人员，包括转岗到接触粉尘作业岗位的人员均应进行上岗前的职业健康体检。

上岗前职业健康体检主要目的是掌握职工是否有职业禁忌证，是否适合从事粉尘作业，以便建立从事粉尘作业职工的基础健康档案。上岗前为职工进行的职业健康体检不是剥夺有职业禁忌证职工的劳动权利，而是保护其身体健康。

从事粉尘作业职工的上岗前职业健康体检项目主要包括：了解其职业史、既往病史、结核病接触史等，拍摄 X 线胸片、肺功能以及必要的其他实验室检查。

3. 粉尘作业职工在岗期间的定期职业健康体检

在岗期间的职业健康体检，是指用人单位依照国家规定对长期从事粉尘作业的职工健康状况定期进行的检查。在岗期间的职业健康体检周期根据生产性粉尘的性质、工作场所的粉尘浓度、防护措施等因素决定。2014 年国家颁布的《职业健康监护技术规范》（GBZ 188－2014），对接触各类生产性粉尘作业职工的体检周期都做了详细规定。

在岗期间职业健康体检的目的主要是早期发现尘肺病患者，及时发现有职业禁忌证的职工和对"观察对象"进行动态观察，以便将发现的有职业禁忌证或有早期职业健康损害者及时调离，安排适当工作。此外，通过在岗期间的职业健康体检，还可以动态观察职工群体的健康变化，并对作业场所粉尘危害的控制效果进行评价。

定期职业健康体检应包括：了解职业史和自觉症状、拍摄 X 线胸片等。

4. 粉尘作业职工离岗时的职业健康体检

离岗时的职业健康体检，是指职工在准备调离或脱离所从事的粉尘作业前所进行的全面健康检查。

离岗时职业健康体检主要目的，是确定职工在停止接触生产性粉尘时的健康状况。对于从事粉尘作业的职工来说，离岗时的体检结果非常重要，这是职工一旦患尘肺病应该从哪里获取职业病待遇的依据。

离岗职业健康体检，应尽量安排在解除或终止劳动合同前一个月内为宜，如最后一次在岗期间的健康体检是在离岗前 90 日内，可视为离岗时体检。用人单位如不安排离岗职业健康体检，职工可向当地卫生监督机构或劳动保障部门投诉，也可依法申请劳动仲裁。

离岗职业健康体检应包括：了解职业史和自觉症状、拍摄 X 线胸片等。

5. 粉尘作业职工离岗后的医学随访

已经脱离粉尘作业的职工即使调离原单位，也应根据接触粉尘作业情况继续进行医学随访观察。这是由于原来进入肺部的生产性粉尘（尤其是矽尘）对肺组织具有持续性的致纤维化作用，脱离粉尘作业后职工仍可发生尘肺病，或使原有尘肺病加重，所以对于从事过粉尘作业的职工，离岗后还必须进行定期医学随访，以便早期发现尘肺病，或及时掌握原有尘肺病的病情进展情况。

6. 已确诊的尘肺病患者的定期健康体检

已确诊的尘肺病患者仍需要进行定期健康检查，这是由于尘肺病即使在脱离粉尘作业后病情仍有可能进展的特点所决定的。比如，职工离岗体检时诊断为一期尘肺病，虽然该职工以后不再从事粉尘作业，但由于原来进入肺组织的粉尘仍然具有持续性的致纤维化作用，使原有尘肺病病情加重。为了及时了解病情进展情况，已确诊的尘肺病患者还必须进行定期健康体检。

7. 尘肺病患者的诊断与治疗

从事粉尘作业的职工，如果在工作一段时间后，怀疑自己得了尘肺病，应该到省级以上人民政府卫生行政部门批准的医疗卫生机构进行诊断。职工可以在用人单位所在地，或者本人居住地依法承担职业病诊断的医疗卫生机构，进行尘肺病诊断。

诊断尘肺病的必备要素包括：职工接触粉尘作业史、现场粉尘危害调查与评价资料、临床表现以及辅助检查结果等。没有证据否定尘肺病危害因素与病人临床表现之间的必然联系的，在排除其他致病因素后，应当诊断为尘肺病。

职工在申请职业病诊断时，应提交申请书、本人健康损害证明、用人单位提供的职业史证明等。职业史证明的内容应从开始接触粉尘作业的时间算起，尽可能包括工种、工龄、接触生产性粉尘的种类、操作方式或操作特点、每日或每月的接触时间、是否连续接触粉尘、作业场所的环境条件、防尘设施及其效果、历年作业场所粉尘浓度检测数据等。

尘肺病诊断、鉴定需要用人单位提供有关职业卫生和健康监护等资料时，用人单位应当及时、如实提供，职工和有关机构也应当提供与职业病诊断、鉴定有关的资料。职工不能提供职业史证明的，可提交劳动关系证明材料作为佐证。劳动关系证明应当以劳动合同、劳动关系仲裁或法院判决书以及用人单位自认的材料为依据。

8. 注意利用职业健康监护档案

职业健康监护档案是职工健康监护全过程的客观记录资料，是系统地观察职工健康状况的变化、评价个体和群体健康损害的依据。职业健康监护档案由用人单位建立和保存。

职业健康监护档案内容包括：职工的职业史、既往史、职业病危害接触史；作业场所的粉尘种类、浓度等监测结果；职业健康检查结果及处理情况；职业病诊断等资料。

职工有权查阅、复印本人的职业健康监护档案。用人单位应当如实、无偿提供档案的复印件并在所提供的复印件上签章。职工离开原单位时，应当索要个人的健康监护档案复印件（原件用人单位长期保存），并妥善保管好健康监护档案的所有资料，以备发生纠纷后留作证据，维护自身的合法权益。

9. 确诊为尘肺病后的注意事项

尘肺病的纤维化是不可逆的病变，目前还没有一种根治的办法。因此，已经诊断为尘肺病者，应脱离接触粉尘，要尽力维护患者的身体健康状态。

（1）一般来说，症状不多也没有并发症的尘肺病人不需要住院，自己注意养成健康的生活习惯，并进行合理适度的保健锻炼，就可以正常的生活。首先病人不能吸烟，吸烟可加重病情；要预防感冒，注意气候变化及时调整穿衣及户外活动；要适度的锻炼，如打太极拳、深呼吸等，做一点力所能及的体力活动，可增加免疫力。

（2）预防并发症。矽肺的常见和主要的并发症是肺部感染、结核、气胸、肺心病。预防感冒，特别是冬季不要感冒，在感冒流行期不要到人员过于集中的地方，可有效地预防和减少肺部感染的机会；不要密切接触结核病人；保持大便通畅，不要突然过分用力；咳嗽时要及时治疗，避免用力咳嗽，可预防和减少气胸的发生。

（3）及时治疗并发症。有肺部感染、肺心病心功能不全、合并结核病时，必须及时到医院治疗；突然发生气胸，必须立即到医院治疗。

这里特别需要注意的是，如果确诊为尘肺病，患者以前如果吸烟的话，应该戒烟。因为吸烟能加重尘肺病人的症状，增加各种并发症。据研究，接尘工人吸烟与接尘在引起慢性支气管炎上有相加作用。吸烟会加重矽肺肺心病的病情，停止吸烟可减轻肺功能的减退。因此，要说服尘肺病患者改变吸烟的不良习惯。

10. 尘肺病患者的肺灌洗治疗

肺灌洗是针对尘肺病人一直存在的粉尘性和巨噬细胞性肺泡炎而采取的治疗措施。研究表明，尘肺病一旦形成后，肺内残留粉尘继续与肺泡巨噬细胞作用，这是尘肺病虽然脱离粉尘作业环境，但病变仍然继续发展升级的主要原因。如能早期进行肺灌洗，排出病人肺泡内沉积的煤矽粉尘和大量的能分泌致纤维化介质的尘细胞，不仅可以明显改善症状，而且有利于遏制病变进展，延缓病期升级。对 X 光胸片尚未出现病变的接尘工人及可疑尘肺工人进行肺灌洗，可防止其发病或推迟其发病时间。

通过肺灌洗清除肺内残留的部分粉尘和尘细胞，可遏制和延缓病变升级，但不解决肺间质中的粉尘和已经纤维化的病变，肺灌洗不能使尘肺病变逆转，所以诊断和待遇都不变。

第三节　工业毒物职业危害与防治知识

在现代工业生产以及农业生产过程中，不可避免地接触到各种化学物质，如果处置不当或者保护不当，就有可能发生因为过量吸收生产性毒物而引起中毒，这被称为职业中毒。生产性毒物在生产中应用广泛，品种繁多，我国新的《职业病目录》中公布了 60 种职业中毒，涉及的毒物如铅、汞、氯气、硫化氢、苯、甲苯、汽油、有机磷农药以及放射性物质铀等。在生产过程中，开采、提炼、使用、储存、运输等环节都可能接触到毒物，如果防护措施不当，毒物就有可能通过呼吸道、皮肤进入人体引起中毒。

一、生产性毒物与职业中毒知识

1. 生产性毒物的分类

生产过程中形成或应用的各种对人体有害的化学物，称为生产性毒物。生产性毒物的分类方法很多，按其生物作用可分为神经毒、血液毒、窒息性毒及刺激性毒等；按其化学性质可分为金属毒、有机毒、无机毒等；按其用途可分为农药、食品添加剂、有机溶剂、战争毒剂等。

生产性毒物的分类很多，按其化学成分可分为金属、类金属、非金属、高分子化合物毒物等；按物理状态可分为固态、液态、气态毒物；按毒理作用可分为刺激性、腐蚀性、窒息性、神经性、溶血性和致畸、致癌、致突变性毒物等。

一般将生产性毒物按其综合性分为以下几类：

（1）金属及类金属毒物。如铅、汞、锰、镉、铬、砷、磷等。

（2）刺激性和窒息性毒物。如氯、氨、氮氧化物、一氧化碳、氰化氢、硫化氢等。

（3）有机溶剂。如苯、甲苯、汽油、四氯化碳等。

（4）苯的氨基和硝基化合物。如苯胺、三硝基甲苯等。

（5）高分子化合物。如塑料、合成橡胶、合成纤维、胶黏剂、离子交换树脂等；农药，如杀虫剂、除草剂、植物生长调节剂等。

2. 生产性毒物的来源和存在状态

在生产过程中的以下环节容易出现毒物：

（1）原料，如制造氯乙烯所用的乙烯和氯。

（2）中间体或半成品，如制造苯胺的中间体、硝基苯。

（3）辅助材料，如橡胶行业作为溶剂的苯和汽油。

（4）成品，如农药对硫磷、乐果等。

（5）副产品或废弃物，如炼焦时产生的煤焦油、沥青。

（6）夹杂物，如某些金属、酸中夹杂的砷。

（7）其他，以分解产物或反应物形式出现的物质，如聚氯乙烯塑料制品加热至160～170℃时分解产生氯化氢，磷化铝遇湿自然分解产生磷化氢。

3. 毒物在生产环境中的形态

毒物在生产环境中有以下几种形态：

（1）固体。如氰化钠、对硝基氯苯。

（2）液体。如苯、汽油等有机溶剂。

（3）气体。即常温、常压下呈气态的物质，如二氧化硫、氯气等。

（4）蒸气。固体升华、液体蒸发或挥发时形成的，如喷漆作业中的苯、汽油、醋酸酯类等的蒸气。

（5）粉尘。能较长时间悬浮在空气中的固体微粒，其粒子大小多在 $0.1\sim10\ \mu m$。机械粉碎、辗磨固体物质，粉状原料、半成品或成品的混合、筛分、运送、包装过程等，都能产生大量粉尘，如炸药厂的三硝基甲苯粉尘。

（6）烟（尘）。微悬浮在空气中直径小于 $0.1\ \mu m$ 的固体微粒。某些金属熔融时产生的蒸气在空气中迅速冷凝或氧化而形成烟，如熔炼铅所产生的铅烟，熔钢铸铜时产生的氧化锌烟。

（7）雾。为悬浮于空气中的液体微滴，多由于蒸气冷凝或液体喷洒形成，如喷洒农药时的药雾，喷漆时的漆雾。

（8）气溶胶。悬浮于空气中的粉尘、烟及雾，统称为气溶胶。

4. 人员作业中与生产性毒物的接触机会

人员在作业过程中，主要有以下一些生产操作能接触到毒物：

（1）原料的开采和提炼。在开采过程中可形成粉尘或逸散出蒸气，如锰矿中的锰粉，汞矿中的汞蒸气；冶炼过程中产生大量的蒸气和烟，如炼铅。

（2）材料的搬运和储藏。固态材料产生的粉尘，如有机磷农药；液态有毒物质包装泄漏，如苯的氨基、硝基化合物；储存气态毒物的钢瓶泄漏，如氯气等。

（3）材料加工。原材料的粉碎、筛选、配料，手工加料时导致的粉尘飞扬及蒸气的逸出，不仅污染操作者的身体和地面，还能成为二次毒源。

（4）化学反应。某些化学反应如果控制不当，可发生意外事故，如放热产气反应过快，可发生满锅，使物料喷出反应釜，易燃、易爆物质反应控制不当可发生爆炸，反应过程中释放出有毒气体等。

（5）操作。成品、中间体或残余物料出料时，物料输送管道或出料口发生堵塞，工人进行处理时，成品的烘干、包装以及检修设备时，都可能有粉尘和有毒蒸气逸散。

（6）生产中应用。在农业生产中喷洒杀虫剂，喷漆中使用苯作稀释剂，矿山掘进作业使用炸药等，如果用法不当就会造成污染。

（7）其他。有些作业虽未使用有毒物质，但在特定情况下亦可接触到毒物以至发生中毒，如进入地窖、废弃巷道或地下污水井时发生硫化氢、一氧化碳中毒等。

二、生产性毒物对人体的危害

生产性毒物对人体的危害是造成职业中毒，常见的职业中毒分为急性中毒、慢性中毒和亚急性中毒。急性中毒是由于生产过程中有毒物质短时间内或一次大量进入人体而引起的中毒，大多数是由于生产事故造成的。慢性中毒是由于在生产过程中长期过量接触有毒物质引起的中毒，这是生产中最常见的职业中毒，主要由于相应的防护措施缺乏或不当造成。亚急性中毒是介于急性和慢性之间的中毒，往往接触毒物数周或数月可突然发病。

1. 生产性毒物进入人体的途径

生产性毒物进入人体的途径主要有以下三条：

（1）呼吸道。这是最常见和主要的途径。凡是呈气体、蒸气、粉尘、烟、雾形态存在的生产性毒物，在防护不当的情况下，均可经呼吸道侵入人体，整个呼吸道都能吸收毒物。

（2）皮肤。皮肤是某些毒物吸收进入人体的途径之一。毒物可通过无损伤皮肤的毛孔、皮脂腺、汗腺被吸收进入血液循环。

（3）消化道。在生产环境中，单纯从消化道吸收而引起中毒的机会比较少见。往往是由于手被毒物污染后，直接用污染的手拿食物吃，而造成毒物随食物进入消化道。如手工包装美曲膦酯等农药时，也可能引起毒物经消化道或皮肤吸收。

2. 毒物对人体的不良影响

（1）局部刺激和腐蚀作用。强酸（硫酸、硝酸）、强碱（氢氧化钠、氢氧化钾）可直接腐蚀皮肤和黏膜。

（2）阻止氧的吸收、运输和利用。一氧化碳吸入后很快与血红蛋白结合，而影响血红蛋白运送氧气；刺激性气体和氯气吸入可形成肺水肿，妨碍肺泡的气体交换，使其不能吸收氧气；惰性气体或毒性较小的气体如氮气、甲烷、二氧化碳，可由于在空气中降低氧分压而造成窒息。

（3）改变机体的免疫功能。毒物干扰机体免疫功能，致使机体免疫功能低下，易患相关疾病。

（4）集体酶系统的活性受到抑制。

（5）"三致"，即致癌、致畸、致突变作用。

3. 生产性毒物对机体毒作用的影响因素

毒物在排除的过程中，可对某些器官或组织造成损害，如经肾脏排泄的某些金属毒物（镉、汞等），可引起近曲小管损害；随唾液排泄的汞可引起口腔炎；砷经肠道排出可引起结肠炎，经汗腺排出则可引起皮炎。

生产性毒物对人体的毒作用主要受以下因素的影响：

（1）毒物的化学结构。

（2）毒物的理化特性。

（3）毒物的剂量、浓度和作用时间。

（4）毒物的联合作用。

（5）个体状态。

（6）其他环境因素和劳动强度等。

4. 进入人体的毒物的排出途径

生产性毒物侵入人体后，在体内可经过代谢转化或直接排出体外，排出毒物的途径有：

（1）呼吸道。经呼吸道进入人体的毒物，直接由呼吸道排出一部分，如一氧化碳、苯、汽油蒸气等。

（2）消化道。有些金属毒物，如铅、锰经胆汁由肠道随粪便排出一部分，粪便排出的金属毒物也包括由消化道侵入而未被吸收的部分。

（3）肾脏。是毒物从体内排出的主要器官，如铅、汞、苯的代谢产物，大多数皆随尿液排出。

（4）其他。汗腺、乳腺、唾液腺均可排出一定量的毒物，如铅、汞、砷。另外指甲、头发虽不是排泄器官，但有些毒物如砷、铅、锰、汞等，也可聚集于此而后排出体外。

三、生产性毒物的防护、急救与治疗

1. 接触生产性毒物作业人员的个人防护

个体防护在防毒综合措施中起辅助作用，但在特殊场合下却具有重要作用，例如进入高浓度毒物污染的密闭容器操作时，佩戴正压式空气呼吸器就能保护操作人员的安全健康，避免发生急性中毒。应根据工作场所存在毒物的种类、浓度（剂量）情况选择适合的呼吸防护器材。每个接触毒物的作业人员都应学会使用，掌握注意事项。常用的有隔离式防毒面具、过滤式防毒面具、防毒口罩和正压式空气呼吸器等。为防止毒物沾染皮肤，接触酸碱等腐蚀性液体及易经皮肤吸收的毒物时，应穿耐腐蚀的工作服，戴橡胶手套、工作帽，穿胶鞋。为了防止眼损伤，可戴防护眼镜。

2. 职业中毒的急救和治疗原则

职业中毒的治疗可分为病因治疗、对症治疗和支持治疗三类。病因治疗的目的是尽可能消除或减少致病的物质基础，并针对毒物致病的发病机理进行处理。对症治疗是缓解毒物引起的主要症状，促使人体功能恢复。支持治疗可改善患者的全身状况，使患者早日恢复健康。

（1）急性职业中毒

1）现场急救。立即将患者搬离中毒环境，尽快将其移至上风向或空气新鲜的场所，保持呼吸道通畅。若患者衣服、皮肤已被毒物污染，为防止毒物经皮肤吸收，需脱去污染的衣物，用清水彻底冲洗受污染的皮肤（冬天宜用温水）。如污染物为遇水能发生化学反应的物质，应先用干布抹去污染物后，再用水冲洗。在救治中，应做好对中毒者保护心、肺、脑、眼等的现场救治。对重症患者，应严密观察其意识状态、瞳孔、呼吸、脉搏、血压。若发现呼吸、循环有障碍时，应及时进行复苏急救，具体措施与内科急救原则相同。对严重中毒需转送医院者，应根据症状采取相应的转院前救治措施。

2）阻止毒物继续吸收。患者到达医院后，如发现现场紧急清洗不够彻底，则应进一步清洗。对气体或蒸气吸入中毒者，可给予吸氧。经口中毒者，应立即采用引吐、洗胃、导泄等措施。

3）解毒和排毒。对中毒患者应尽早使用有关的解毒、排毒药物，若毒物已造成组织严重的器质性损害时，其疗效有时会明显降低。必要时，可用透析疗法和换血疗法清除体内的毒物。

4）对症治疗。由于针对病因的特效解毒剂的种类有限，因而对症疗法在职业中毒的治疗中极为重要，主要目的在于保护体内重要器官的功能，解除病痛，促使患者早日康复，有时是为了挽救患者的生命，其治疗原则与内科处理类同。

（2）慢性职业中毒

早期常为轻度可逆性功能性病变，而继续接触则可演变成严重的器质性病变，应及早诊断和处理。中毒患者应脱离毒物接触，使用有关的特效解毒剂，如常用的金属络合剂。应针对慢性中毒的常见症状，如类神经症、精神症状、周围神经病变、白细胞降低、接触性皮炎以及慢性肝、肾病变等，进行相应的对症治疗。此外，适当的营养和休息也有助于患者的康复。

慢性中毒经治疗后，对患者应进行劳动能力鉴定，并作合理的工作安排。

3. 急性中毒的现场处理措施

急性中毒病情发展很快，现场处理是对急性中毒者的第一步处理。

（1）切断毒源，包括关闭阀门，加隔板、停车、停止送气、堵塞漏气设备，使毒物不再继续侵入人体，扩散、逸散的毒气应尽快采取抽毒或排毒、引风吹散或中和等办法处理。如氯泄漏可用废氨水喷雾中和，使之生成氯化钠。

（2）搞清毒物种类、性质，采取相应保护措施。既要抢救别人，又要保护自己，莽撞的闯入中毒现场只能造成更大损伤。

（3）尽快使患者脱离中毒现场后，松开领扣、腰带，呼吸新鲜空气。迅速脱掉被污染的衣物，清水冲洗皮肤 15 min 以上，或用温水、肥皂水清洗，注意保暖。有条件的厂矿卫生所，应立即针对毒物性质给予解毒和驱毒剂，使进入体内的毒物尽快排出。

（4）发现病人呼吸困难或停止时，进行人工呼吸（氰化物类剧毒中毒时，禁止采用口对口人工呼吸法）。有条件的立即吸氧或加压给氧，针刺人中、百会、十宣等穴位，注射呼吸兴奋剂。

（5）心脏骤停者，立即进行胸外心脏按压，心脏注射"三联针"。

（6）发生 3 人以上多人中毒事故，要注意分类，先重者后轻者，注意现场的抢救指挥，防止乱作一团。对危重者尽快地转送医疗单位急救，在转运途中注意观察呼吸、心跳、脉搏等变化，并重点而全面地向医生介绍中毒现场的情况，以利于准确无误的制定急救方案。

在急救过程中，对急性中毒者应密切观察病情，有效的对症治疗，力争最佳的治疗效果，防止产生各种后遗症。